"十三五"国家重点出版物出版规划项目

地球观测与导航技术丛书

合成孔径雷达森林参数反演技术与方法

李增元　陈尔学　著

科学出版社

北　京

内 容 简 介

合成孔径雷达是探测森林参数的重要手段，尤其随着极化、干涉、长波长合成孔径雷达的发展，显示出了对森林植被垂直结构参数探测的独特优越性。本书以森林资源培育、管理以及全球变化研究等方面需求的森林参数为出发点，首先给出了森林参数的基本概念；之后，简单介绍了合成孔径雷达的基础理论，以承接后续的森林参数反演；最后，以本团队近年来的研究成果为主，将方法论述与应用示例相结合，系统地介绍了极化、干涉、极化干涉和层析合成孔径雷达用于森林参数反演和估测的技术与方法，书中也综述了相关方面国际上主流的前沿研究动向。

本书可作为遥感专业研究生的教学参考书,也可供从事相关研究与应用的科研人员参考。

图书在版编目（CIP）数据

合成孔径雷达森林参数反演技术与方法 / 李增元等著. —北京：科学出版社，2018.12

（地球观测与导航技术丛书）

ISBN　978-7-03-059836-3

Ⅰ.①合… Ⅱ.①李… Ⅲ.①合成孔径雷达-应用-森林遥感 Ⅳ.①S771.8

中国版本图书馆 CIP 数据核字（2018）第 264891 号

责任编辑：朱海燕　籍利平 / 责任校对：何艳萍
责任印制：徐晓晨 / 封面设计：图阅社

科 学 出 版 社 出版
北京东黄城根北街 16 号
邮政编码：100717
http://www.sciencep.com

北京九州迅驰传媒文化有限公司 印刷
科学出版社发行　各地新华书店经销

*

2019 年 3 月第 一 版　开本：787×1092　1/16
2020 年 1 月第二次印刷　印张：13　插页：12
字数：308 000

定价：**118.00 元**
（如有印装质量问题，我社负责调换）

《地球观测与导航技术丛书》编写说明

地球空间信息科学与生物科学和纳米技术三者被认为是当今世界上最重要、发展最快的三大领域。地球观测与导航技术是获得地球空间信息的重要手段，而与之相关的理论与技术是地球空间信息科学的基础。

随着遥感、地理信息、导航定位等空间技术的快速发展和航天、通信和信息科学的有力支撑，地球观测与导航技术相关领域的研究在国家科研中的地位不断提高。我国科技发展中长期规划将高分辨率对地观测系统与新一代卫星导航定位系统列入国家重大专项；国家有关部门高度重视这一领域的发展，国家发展和改革委员会设立产业化专项支持卫星导航产业的发展；工业和信息化部、科学技术部也启动了多个项目支持技术标准化和产业示范；国家高技术研究发展计划(863 计划)将早期的信息获取与处理技术(308、103)主题，首次设立为"地球观测与导航技术"领域。

目前，"十一五"规划正在积极向前推进，"地球观测与导航技术领域"作为 863 计划领域的第一个五年计划也将进入科研成果的收获期。在这种情况下，把地球观测与导航技术领域相关的创新成果编著成书，集中发布，以整体面貌推出，当具有重要意义。它既能展示 973 计划和 863 计划主题的丰硕成果，又能促进领域内相关成果传播和交流，并指导未来学科的发展，同时也对地球观测与导航技术领域在我国科学界中地位的提升具有重要的促进作用。

为了适应中国地球观测与导航技术领域的发展，科学出版社依托有关的知名专家支持，凭借科学出版社在学术出版界的品牌启动了《地球观测与导航技术丛书》。

丛书中每一本书的选择标准要求作者具有深厚的科学研究功底、实践经验，主持或参加 863 计划地球观测与导航技术领域的项目、973 计划相关项目以及其他国家重大相关项目，或者所著图书为其在已有科研或教学成果的基础上高水平的原创性总结，或者是相关领域国外经典专著的翻译。

我们相信，通过丛书编委会和全国地球观测与导航技术领域专家、科学出版社的通力合作，将会有一大批反映我国地球观测与导航技术领域最新研究成果和实践水平的著作面世，成为我国地球空间信息科学中的一个亮点，以推动我国地球空间信息科学的健康和快速发展！

李德仁

2009 年 10 月

序

　　合成孔径雷达（synthetic aperture radar，SAR）成像技术是以微波波段的电磁波作为探测手段，利用成像传感器获取观测对象散射特征和相关信息的信息获取技术。与传统的光学成像相比，SAR 成像不受日照和天气条件的限制，能够全天时、全天候地对目标或场景进行观测，已发展成为资源勘察、环境监测和灾害评估的重要手段，是 21 世纪最具发展潜力的高技术领域之一。

　　经过长年的发展，SAR 技术与系统已从单波段、单极化逐步发展到多波段、全极化 SAR、干涉 SAR、极化干涉 SAR，特别是近几年迅速发展起来的极化干涉层析 SAR，更是把 SAR 遥感应用推向了高潮，这已在很大程度上实现了从高分辨率定性成像到精准高分辨率定量测量的转变。

　　森林是陆地生态系统的主题，是遥感研究与应用的重要对象。森林植被是一种典型的分布式体散射地物，多生长在成像条件恶劣、地形复杂的山区。作为一种主动微波遥感手段，SAR 虽然具有独特的在恶劣气象条件下高效成像的优势，但同时也由于复杂的地形和植被结构，对 SAR 森林定量遥感带来了巨大的挑战。"多维度 SAR"的概念就是为了迎接这个挑战，更有效地发展成像机制优化方法、成像处理和信息提取技术方法而提出的。我欣喜地看到，李增元研究员等将要出版的这本专著正是"多维度 SAR"概念模型和方法论在森林植被定量遥感研究方向上的较为完整和系统的应用与实践。

　　该书紧紧围绕森林植被参数的 SAR 遥感定量反演技术和方法，首先沿着"维度"这条线，递进式地介绍了 SAR、极化 SAR、干涉 SAR、极化干涉 SAR 和干涉层析 SAR 的基础理论和方法；随后，将前沿技术方法研究和应用实例相结合，逐章分别论述了极化、干涉、极化干涉和层析 SAR 用于森林参数反演和估测的技术与方法，全面展示了作者在 SAR 森林植被定量遥感领域的研究成果，反映了他们对该领域国际学术前沿的敏锐洞察力和勤勉踏实但又勇于创新的科研作风，是一本倾注了作者多年心血、目前国内外还为数极少的 SAR 森林植被遥感专著。

　　该书的出版将为 SAR 在我国林业的深入推广和应用提供理论基础与实践指导，也期望该书在推动我国多维度 SAR 技术理论研究和应用推广方面发挥应有的作用。我相信该著作会得到读者的喜爱和关注。

中国科学院院士　吴一戎

2018 年 12 月 8 日

前　　言

森林参数的遥感定量反演不仅可为我国森林资源的科学管理、森林质量精准提升经营方案的编制、森林培育经营效果的动态评价和生态修复工程的规划与实施等林业应用提供精确的森林资源监测信息，而且还可以为我国政府参与气候谈判、履行国际生态环境公约、深入全球气候变化科学研究提供高时空分辨率的森林生物量、碳储量动态变化信息。

合成孔径雷达（SAR）具有光学遥感所不具备的全天候、全天时成像能力，而且对地物的几何结构和介电特性敏感，通常利用长波长 SAR 的后向散射强度反演森林参数不容易出现遥感信号的饱和现象。长波长 SAR 干涉测量技术是目前唯一的真正能够穿透冠层、同时测量冠层结构和林下地形参数的遥感技术。将 SAR 极化信息和干涉信息相结合，甚至采用基于多轨（极化）干涉 SAR 数据的层析 SAR 技术，可进一步提高森林参数的定量反演精度。极化干涉 SAR、层析 SAR 森林参数反演技术已成为国内外 SAR 遥感应用科学研究的热点方向。

本书紧密结合森林资源调查应用需求，从森林参数 SAR 定量遥感反演角度，系统描述了极化 SAR、干涉 SAR、极化干涉 SAR 和层析 SAR 应用于森林参数定量反演的理论、技术与方法，是我们科研团队十多年研究成果结晶的体现。全书共包括 6 章。第 1 章介绍了森林参数遥感反演的基本概念和 SAR 遥感系统的发展概况；第 2 章从雷达成像理论出发，简要介绍了 SAR、极化 SAR、干涉 SAR、极化干涉 SAR、层析 SAR 的基础理论和方法；第 3~6 章从 SAR 地形校正及森林参数估测、干涉 SAR 森林参数反演、极化干涉 SAR 森林参数反演、层析 SAR 森林参数反演 4 个方面，将理论方法和实例应用相结合，系统阐述了利用不同模式的 SAR 遥感手段反演森林高度、蓄积量和地上生物量等参数的模型和方法。

本书由李增元和陈尔学组织编写，李增元统稿、修订并定稿。赵磊、张王菲核对、校稿。参加编写的主要人员包括：第 1 章：李增元、陈尔学。第 2 章：张王菲、陈尔学、赵磊；第 3 章：赵磊、李增元、陈尔学；第 4 章：冯琦、田昕、陈尔学；第 5 章：李增元、罗环敏；第 6 章：李文梅、李兰、陈尔学。科研团队的在读研究生万祥星、范亚雄、徐昆鹏、文哲、赵俊鹏等参加了书稿编辑工作。

本书成果得益于国家科研项目的支持，包括 973 计划（2013CB733400、2007CB714404）、国家重点研发计划（2017YFD0600900、2017YFGX040109）、国家自然科学基金（60890074）、863 计划（2011AA120405）和中欧国际合作项目"龙计划"等。在编写过程中得到了科学出版社相关领导、编辑的指导与关心，在此对大家的支持和帮助表示诚挚的谢意。

期望本书能对相关科研工作者提供技术、方法与研究思路的借鉴，为教学提供参考。由于作者知识面所限，书中难免存在不妥之处，敬请读者批评指正。

李增元

2018 年 9 月 1 日

目　　录

《地球观测与导航技术丛书》编写说明

序

前言

第1章　绪论 ··· 1

　1.1　森林参数遥感反演基本概念 ·· 1

　　1.1.1　森林的定义 ·· 1

　　1.1.2　森林参数 ·· 2

　　1.1.3　森林垂直结构参数 ··· 2

　1.2　合成孔径雷达森林参数定量反演技术特点 ··· 3

　　1.2.1　森林资源遥感监测主要内容 ·· 3

　　1.2.2　森林资源遥感监测的主要手段 ·· 3

　　1.2.3　SAR森林参数定量反演技术和方法的特点 ·· 3

　1.3　SAR遥感系统发展概况 ··· 4

　　1.3.1　SAR遥感系统发展历程 ·· 5

　　1.3.2　机载SAR遥感系统的发展 ·· 5

　　1.3.3　星载SAR遥感系统的发展 ·· 6

　　1.3.4　SAR遥感系统的技术发展阶段 ·· 8

　　1.3.5　我国SAR遥感系统研发进展 ··· 9

　参考文献 ··· 9

第2章　成像雷达基础理论方法 ··· 12

　2.1　雷达成像理论基础 ··· 12

　　2.1.1　雷达方程 ·· 12

　　2.1.2　真实孔径雷达 ·· 15

　　2.1.3　合成孔径雷达 ·· 19

　2.2　极化SAR ·· 24

　　2.2.1　极化波的表征 ·· 24

　　2.2.2　极化SAR系统 ··· 27

　　2.2.3　极化波的地物散射特点 ··· 29

　　2.2.4　极化SAR数据表征 ·· 34

　　2.2.5　极化SAR统计描述 ·· 35

　　2.2.6　极化SAR目标分解 ·· 36

　2.3　干涉合成孔径雷达 ··· 39

2.3.1 干涉合成孔径雷达测高原理 ·································· 39

2.3.2 干涉相干性及其统计特性 ·································· 43

2.3.3 InSAR 系统模型 ·· 44

2.3.4 InSAR 数据处理 ·· 46

2.4 极化干涉 SAR ··· 49

2.4.1 矢量干涉 ·· 49

2.4.2 极化干涉相干优化 ·· 52

2.5 干涉层析 SAR ··· 54

参考文献 ·· 57

第 3 章 SAR 地形校正及森林参数估测 ······························· 59

3.1 国内外研究现状 ··· 59

3.2 SAR 地形校正方法 ··· 61

3.2.1 极化 SAR 地形效应校正方法 ······························ 61

3.2.2 干涉 SAR 地形效应校正方法 ······························ 65

3.3 基于 SAR 地形校正的森林地上生物量估测 ··················· 70

3.3.1 实验区和数据 ·· 70

3.3.2 结果与分析 ··· 73

参考文献 ·· 87

第 4 章 InSAR 森林参数估测 ··· 90

4.1 国内外研究现状 ··· 90

4.1.1 InSAR 森林高度估测研究 ···································· 90

4.1.2 InSAR 森林 AGB/蓄积量估测研究 ························· 91

4.2 InSAR 森林高度估测 ··· 92

4.2.1 DEM 差分法 ·· 93

4.2.2 相干幅度法 ··· 93

4.2.3 机载实验 ·· 94

4.2.4 星载实验 ·· 97

4.3 InSAR 森林 AGB/蓄积量估测 ·································· 106

4.3.1 间接估测法 ·· 106

4.3.2 干涉水云模型估测法 ·· 108

参考文献 ··· 115

第 5 章 PolInSAR 森林参数反演 ······································ 118

5.1 国内外研究现状 ·· 118

5.2 PolInSAR 森林高度反演模型 ··································· 119

5.2.1 相干散射模型 ·· 120

5.2.2 森林高度反演方法 ··· 122

5.2.3 森林高度反演实验 ··· 125

5.3 极化干涉相干优化森林高度反演 ······························· 132

    5.3.1　极化相干优化算法 ··· 133

    5.3.2　相干优化对森林高度反演的影响 ··· 134

  5.4　森林高度反演方法的改进 ·· 138

    5.4.1　地体散射比对相干性的影响 ··· 138

    5.4.2　地体散射比对高度反演精度的影响 ····································· 139

  参考文献 ··· 141

第 6 章　层析 SAR 森林参数反演 ··· 144

  6.1　层析 SAR 森林参数反演国内外研究现状 ······························· 144

  6.2　极化相干层析森林高度反演 ·· 146

    6.2.1　极化相干层析基本原理 ··· 146

    6.2.2　极化相干层析模拟仿真实验 ··· 149

    6.2.3　极化相干层析森林参数反演实验 ··· 156

  6.3　干涉层析 SAR 森林高度反演 ·· 164

    6.3.1　干涉层析 SAR 成像方法 ·· 164

    6.3.2　干涉层析 SAR 模拟仿真实验 ··· 168

    6.3.3　干涉层析 SAR 森林高度反演实验 ······································· 170

  6.4　层析 SAR 森林地上生物量反演 ·· 181

    6.4.1　极化干涉层析 SAR 成像方法 ··· 181

    6.4.2　极化干涉层析 SAR 森林地上生物量估测方法 ··················· 183

    6.4.3　极化干涉层析 SAR 森林地上生物量反演实验 ··················· 185

  参考文献 ··· 189

彩图

第1章 绪 论

1.1 森林参数遥感反演基本概念

遥感可用于地表覆盖或土地利用类型的分类,也可用于地球生物物理、化学参数的定量反演或估测,这是遥感技术的两大应用方向。本书的遥感对象是森林,所讨论的遥感技术聚焦于森林参数(属于植被的生物物理参数)的遥感定量反演,林地类型、森林类型的分类及变化检测等遥感监测技术不属于本书的讨论范围。

1.1.1 森林的定义

森林生态学上通常将森林定义为主要由树木组成,且具有足够大的覆盖范围(大到足够形成具有一定特征的森林气候)的一种植被形态。联合国粮农组织(Food and Agriculture Organization of the United Nations,FAO)在组织全球森林资源评价工作中,将森林定义为连续覆盖面积超过 0.5hm^2,地表覆盖的林木高于 5m,且郁闭度大于 10%,或具有潜力达到这些指标的土地,包括:①虽然目前生长着幼林,其高度和郁闭度还没有达到指标,但有希望达到树高 5m 以上和郁闭度大于 10%的土地;②由于采伐或灾害导致的暂时性的森林植被消除,但有希望在 5 年内恢复的土地;③林内道路、防火道等面积比较小的开放区域(open areas);④国家公园、自然保护区和其他出于环境保护、科学、历史、文化等需求而设立的保护区的森林;⑤包括面积超过 0.5hm^2,宽度超过 20m 的防护林;⑥由于轮作暂时达不到指标但预期更新后的林木可达到树高 5m 和郁闭度不低于 10%的林地;⑦潮间带红树林,不管其地类是否被划分为陆地类别;⑧橡胶树、栓皮栎和圣诞树等人工林;⑨竹林、棕榈林,但树高和郁闭度需达到指标。不包括农业系统中的林木,如果园、油棕榈种植园、橄榄种植园及用于农田防护的林木(FAO,2012)。

我国《国家森林资源连续清查技术规定》(国家林业局,2014)中虽没有明确给出森林的定义,但明确了地类分类系统,将林地划分为乔木林地、灌木林地、疏林地、竹林地、未成林造林地、苗圃地、迹地和宜林地。按照 FAO 对森林的定义,乔木林地、疏林地、未成林造林地都可认为是森林。我们国家将乔木林地的郁闭度下限定为 20%,将疏林地郁闭度限定为 10%~19%,除了缺少高度限制指标外,从郁闭度上,有林地和疏林地都符合 FAO 对森林的定义;我国对未成林造林地的定义具有"虽然现在没有成林,但有希望成林"的含义,这也符合 FAO 对森林的定义;迹地包括采伐迹地、火烧迹地和其他迹地,这显然也属于 FAO 所定义的森林的范畴。通过以上对比,也可以看出,FAO 对"森林"的定义,实际上并不是主要从地表"覆盖"的角度定义的,也考虑了"土地利用"属性。

FAO 对森林的定义不包括灌木林地。在我国 2011 年 1 月发布的《森林资源规划设计调查技术规程》（GB/T 26424-2010）国家标准中，森林覆盖率的计算公式明确将国家特别规定灌木林的面积统计在内。另外，根据《中华人民共和国森林法实施条例》（2018 年 3 月），"森林包括乔木林和竹林"，并在第二十四条特别说明"森林法所称森林覆盖率是指以行政区划为单位的森林面积与土地面积的百分比，森林面积包括郁闭度 20%以上的乔木林地面积和竹林地面积、国家特别规定的灌木林地面积、农田林网以及村旁、路旁、水旁、宅旁林木的覆盖面积"。

综上所述，FAO 和我们国家对"森林"的定义是有较大不同的，并且我国森林资源调查相关技术标准、技术规定和 2018 年修订的森林法实施条例中的规定也略有不同。在利用遥感进行森林参数定量反演时，可根据具体的应用目标和用户的需求确定"森林"的具体含义。

1.1.2 森林参数

由以上对"'森林'定义"的讨论可知，森林和组成它的个体"林木"或"单木"有本质的区别。"森林"是由一定数量的"林木"个体组成的，因此森林参数必须通过组成森林的"林木"个体的参数经统计计算得到。描述"林木"个体的定量参数主要包括树高、胸径、冠幅、材积、生物量、叶面积指数（leaf area index，LAI）等。注意本书的"参数"是指其数值具有连续变化特点的"定量"参数，不包括树种类型、树干形状等定性特征。与"林木"参数相对应的"森林"参数主要包括森林高度、平均胸径、平均冠幅、蓄积量、生物量、LAI、郁闭度等。森林高度的定义有很多种，如胸径加权平均高、优势木平均高等（关玉秀等，1986）。当我们讨论遥感定量反演得到的森林蓄积量、森林生物量空间分布专题图（栅格）时，每个栅格单元的数值一般不是指一个空间分辨单元（像元）面积内的森林蓄积量总量（m^3）、生物量总量（t），而是指单位面积的森林蓄积量（m^3/hm^2）、森林生物量（t/hm^2），这时用森林蓄积量密度、生物量密度的概念更加贴切。

1.1.3 森林垂直结构参数

森林垂直结构是指森林植被某特征量自地表向上随垂直向高度的一种分布特征，强调的是"垂直"维度上的结构特征。以森林地上任何高度处一个很小高度圆盘切片内的生物量为例，我们可以用一个函数 $\Omega(h)$ 来表示在高度 h 处每立方米内的生物量（t/m^3），这个 $\Omega(h)$ 就可认为是表达森林垂直结构的一个参量，这个参量是高度 h 的函数。假设森林的最大高度为 h_0，则森林单位面积地上生物量 Ω_{total} 可表示为式(1.1)。

$$\Omega_{total} = \int_0^{h_0} \Omega(h)\mathrm{d}h \tag{1.1}$$

由于 $\Omega(h)$ 是很难在地面进行测量的，因此，为了进行森林的经营管理所开展的森林资源调查工作通常只测量得到林分总的地上生物量 Ω_{total}。

类似地我们也可以认为森林蓄积量实际上指的也是单位面积的森林蓄积总量。叶面积指数是植被遥感定量反演的重要参数之一，也是一个总量的概念，同样可以用式(1.1)表示为叶面积密度（LAD）在森林高度区间[0,h_0]上的积分。

因此，森林高度、蓄积、地上生物量、LAI、郁闭度等不是严格意义上的森林垂直结构参数，而是森林垂直结构信息的一种综合体现。但由于 $\Omega(h)$ 很难在地面测量，我们即便是通过遥感反演得到 $\Omega(h)$，目前也只能通过 Ω_{total} 进行精度验证。

1.2 合成孔径雷达森林参数定量反演技术特点

1.2.1 森林资源遥感监测主要内容

森林资源、湿地资源、荒漠化/沙化/石漠化土地等是林业资源遥感监测的主要对象。本书主要聚焦于森林资源遥感监测技术。根据《中华人民共和国森林法实施条例》（2018 年 3 月），森林资源包括森林、林木、林地以及依托森林、林木、林地生存的野生动物、植物和微生物。森林包括乔木林和竹林；林木包括树木和竹子；林地包括郁闭度 0.2 以上的乔木林地以及竹林地、灌木林地、疏林地、采伐迹地、火烧迹地、未成林造林地、苗圃地和县级以上人民政府规划的宜林地。由于过去对依托森林、林木、林地生存的野生动物、植物和微生物等资源的遥感调查监测技术研究和应用都较少，目前森林资源遥感监测通常主要是指对森林、林木和林地的调查和监测。

森林资源遥感监测包括森林资源类别（如森林类型、林木树种类型、林地类型等）的遥感分类和变化检测、森林资源数量化参数（高度、蓄积、生物量等）的遥感定量反演或估测两大基本内容。本书主题为合成孔径雷达森林参数定量反演技术与方法，属于森林资源参数遥感定量反演技术和方法研究范畴。

虽然本书不讨论遥感分类和变化检测技术，但森林参数的遥感定量反演通常是以遥感分类和变化检测的结果为基础的。如我们要对一个区域的森林蓄积量进行遥感制图，其前提条件是已知森林的空间分布，所建立的蓄积量遥感反演模型只用于地类为"森林"的遥感像元。而且，通常区分不同的森林类型建立反演模型要比不区分森林类型建模精度更高，要采取这种"分层"反演的策略，就需要首先具备森林类型分布图。

1.2.2 森林资源遥感监测的主要手段

从遥感模式上区分，遥感技术可概括为被动、主动两大类。被动遥感主要包括光学遥感（可见光-近红外、热红外等）和被动微波（如微波辐射计）遥感；主动遥感主要包括合成孔径雷达（synthetic aperture radar，SAR）、激光雷达等。除了微波辐射计很少用于森林资源遥感外，其他主、被动遥感手段都适合森林资源的调查和监测应用。这些主被动遥感手段都适用于森林资源类型的分类、变化检测制图，但对森林参数定量反演应用来说，光学遥感更适合森林植被 LAI、郁闭度、生化参数的定量反演，不太适合用于森林高度、蓄积量和生物量等垂直结构参数的定量反演，而主动遥感手段正好可弥补光学遥感在这方面的不足。

1.2.3 SAR 森林参数定量反演技术和方法的特点

森林参数的遥感定量反演技术方法可概括为两大类。第一类是基于遥感观测的电磁波物理量，如可见-近红外遥感的反射率、SAR 遥感的后向散射系数/极化参数，或者综合应用基于这些物理量空间分布计算得到的纹理特征、地形特征等，通过建立经验模型、半经验物理模型进行反演。但由于光学遥感不能穿透植被冠层，只对森林冠层信息，如 LAI、郁闭度、叶绿素含量等敏感，对森林高度、蓄积量、生物量等垂直结构参数不敏感，在参数反演时容易出现"信号饱和"现象；而微波对森林结构体的大小、形状、空间分布特征及组分含水量敏感，特别是长波长微波可穿透森林冠层与森林的主干、枝干等组分发生作用，使得 SAR 后向散射强度、极化分解、极化合成等遥感观测量对森林垂直结构参数更加敏感，不容易出现"信号饱和"问题。

第二类森林参数的遥感定量反演技术方法主要基于遥感对地物的"立体"观测能力，包括立体摄影方法和干涉 SAR 方法。光学和 SAR 都可以通过立体摄影测量获取地物的垂直维信息，但立体测量技术的高程测量精度受遥感影像的空间分辨率所局限，空间分辨率较低时较难达到较高的测高精度。SAR 遥感还可以采用干涉技术测量高程，测高精度受空间分辨率限制较小，理论上可达到微波波长级高程测量精度。若干涉 SAR 所采用的微波波长较短，如 X-、Ka-波段，测得的数字表面模型（DSM）就更加接近光学立体摄影测量测得的结果，若干涉 SAR 观测的是森林，则所采用的微波波长越短，DSM 越能刻画森林冠层顶部的结构信息。但若要测量森林覆盖下的地形，或者说提取数字高程模型（DEM），在森林冠层完全郁闭时，只有长波长的 SAR 才具有穿透森林冠层测量到林下地形的能力。由于光学立体摄影测量不具有对森林冠层的穿透能力，虽然在空间分辨率很高时对稀疏的森林也有一定的林下地形探测能力，但不可能用于测量高郁闭度森林的林下地形（NI et al., 2015；倪文俭等，2018）。

由于微波波长越长对森林冠层的穿透能力越强，因此综合利用短、长波长的干涉 SAR 技术就可提取森林冠层顶部的高程、林下地形的高程，两者的差异就和森林高度、蓄积量、生物量等参数相关，从而具有定量反演森林垂直结构参数的能力（ULBRICHT et al., 2000）。

另外，我们还可以将极化 SAR、干涉 SAR 两种技术手段结合起来，采用较长波长（如 L-波段）的极化干涉 SAR 直接反演森林高度。采用长波长（如 P-、L-波段）单极化/全极化干涉 SAR 层析成像技术提取森林的三维垂直信息，进而用于反演森林高度、森林生物量等参数。

显然，森林垂直结构参数的遥感定量反演技术方法要求所采用的遥感手段同时具有高精度探测森林冠层、林下地形的能力。光学立体摄影测量、激光雷达遥感采用的都是可见光-近红外反射波段，电磁波达到目标后就会被反射回来，不具有穿透森林结构组分（如树枝、树叶、树干等，都属于不透光目标）的遥感机理，只能通过林冠内、林木间的空隙探测林下地形信息，一旦森林郁闭度较大，就失去了提取 DEM 的能力。相比之下，目前只有长波长的 SAR 具有真正穿透冠层的能力，使得无论是利用 SAR 观测的物理量还是干涉 SAR 测量的高程信息反演森林参数，都具有光学遥感无法比拟的优势，更不用说因微波对云、雨、雾等具有强穿透性为 SAR 遥感所带来的特有的"全天候、全天时"遥感监测能力。

1.3　SAR 遥感系统发展概况

雷达是由于第二次世界大战中的军事需求而发展起来的，最早用于跟踪恶劣天气及黑夜中的飞机和舰船。早期的雷达系统利用时间延迟测量雷达与目标之间的距离，通过天线指向探测目标方位，继而又利用多普勒频移检测目标的速度（CUMMING et al., 2007）。当遥感平台飞过其所覆盖的区域时，随着遥感平台的运动而产生二维图像。成像雷达成像过程中不受太阳光源及天气情况的限制，能够全天时、全天候对目标或场景进行观测；此外，成像雷达可以对地物的极化、干涉信息进行提取和处理，极大地扩展了对地物信息获取的维度，成像雷达的这些特性，使得其成为 21 世纪最具发展潜力的遥感技术之一（MOREIRA A et al., 2013）。

1.3.1　SAR 遥感系统发展历程

早期的侧视机载成像雷达（side looking airborne radar，SLAR），是通过真实孔径雷达波束的旋转扫描或移动扫描来实现地物二维成像的。具体来讲，距离向分辨率通过脉冲压缩技术来实现，而方位向分辨率则通过压缩波束在方位向上的宽度来实现。因此，SLAR 所提供的二维影像，一般在方位向上具有很低的分辨率，这是因为，在一定的电磁波波长下，方位向上的波束宽度与雷达天线孔径的长度成反比，要想获得方位向上的高分辨率就必须使用较长孔径的天线，而在实际中无论对于星载平台还是机载平台，这都是很难实现的。

为了克服这一瓶颈，1951 年 6 月美国 Goodyear 公司的 WILEY C 创造性地提出了利用频率分析法改善雷达方位向分辨率（WILEY C A, 1985）的方法，从此开启了合成孔径雷达时代。1953 年，美国伊利诺伊大学和密歇根大学通过实验获得了第一幅非聚焦型的合成孔径雷达影像（SHERWIN C W et al., 1962）。1957 年 8 月 23 日，密歇根大学与美国军方合作研究的 SAR 实验系统，成功地获得了第一幅全聚焦 SAR 影像（BROWN W M and PORCELLO L J, 1969），这标志着 SAR 进一步由理论迈向实践。与此同时，前苏联、法国和英国也开展了类似研究（CHAN Y K and KOO V C, 2008）。此后 SAR 技术飞速发展，其应用也从军事领域迅速地拓展到更为广阔的民用领域（吴一戎等，2000；袁孝康，2002；王腾等，2009；林幼权，2009；王颖等，2008）。

1.3.2　机载 SAR 遥感系统的发展

相对于星载 SAR 而言，机载 SAR 更灵活，更容易实现，易于实时成像，而且机载 SAR 也是验证星载 SAR 的必要手段，机载 SAR 遥感系统的研发是各国 SAR 系统研究的必经阶段。因此，从 20 世纪 60 年代第一部机载 SAR 系统开始，机载 SAR 系统在过去的几十年里取得了长足发展。美国在机载 SAR 的研发和使用上处于世界领先水平，先后发展了多种机载 SAR 系统，包括 AN/APG 系列军用雷达系统、AIR-SAR 系统、P3/SAR 系统、LynxSAR 系统、TE-SAR 系统以及 HISAR 系统等（万力，2004；喻腊梅，2007；王腾等，2009）。与此同时，其他发达国家在机载 SAR 研发上也取得了瞩目成果，比如德国的 E-SAR、F-SAR，日本的 PiSAR，法国的 RAMSES、SETHI，加拿大的 C/X-SAR，中国的 CASMSAR 等。国内外主要机载 SAR 系统及其特征见表 1.1。

表 1.1 国内外主要机载 SAR 系统及特征

传感器	使用时间	频率及极化方式	特征描述	国家
AN/APG	20 世纪 70 年代	多个波段	军事应用	美国
TESAR	—	Ku	用于前线部队，为陆军旅和陆战特遣部队提供战场情报	美国
LynxSAR	—	Ku	既可完成军事侦察和警戒，也可民用	美国
P3/SAR		X,C,L,UHF	海军军用侦察	美国
HISAR	1997 年	X	空对空监视；军事侦察；海上巡逻作业；地面成像；边境监视；环境资源管理；交通、农业和森林的监视	美国
AIRSAR	20 世纪 80 年代初	C，L，P（全极化）	同时具有顺轨和交轨干涉模式，可获得精度为 5m 的数字高程模型（DEM）	美国
C/X-SAR	1974 年	C,L（双极化）	主要用于 RADARSAT 数据应用发展的研究	加拿大
EMISAR	1989 年	C,L（全极化）	可以实现交轨干涉和重轨干涉	丹麦
E-SAR	1988 年	X,C,L,P	包括单通道测量模式、极化 SAR 干涉模式、干涉 SAR 测量模式和极化干涉 SAR 测量模式	德国
Pi-SAR	1996 年	X,L	X 波段分辨率为 1.5m，L 波段分辨率为 3.0m；X 波段具有干涉测量能力，可对地表进行测图	日本
RAMSES	—	W,Ka, Ku, X, C,S,L,P	有 6 个波段可以用于全极化测量，可在多基线顺轨、交轨下进行干涉和极化干涉测量	法国
SETHI	2007 年	X,L,P,VHF	对 RAMSES 系统改进而形成的新一代机载 SAR 和光学成像系统，可适用于更小型的飞机	法国
F-SAR	2009 年	X,C,S,L,P（全极化）	是 E-SAR 系统的继承，具有同时多频段工作能力，单航过干涉测量能力，高分辨率（0.2~1.5m）	德国
CASMSAR	2013 年	X,P（多极化）	高精度（0.5~5m）干涉、极化干涉 SAR 数据	中国

注：表中"—"表示未查阅到相关资料。

1.3.3 星载 SAR 遥感系统的发展

星载 SAR 相比机载 SAR 具有在短时间内对大面积地域进行成像的能力，而且 SAR 系统由卫星携带，平台稳定性高,适合采用重复轨或星座方式实现干涉 SAR 数据的采集。1978 年 5 月美国宇航局（NASA）发射了世界上首颗搭载 SAR 的海洋一号卫星（Seasat-A），对地球表面近 1 亿 km^2 的面积进行了测绘，标志着 SAR 成功进入空间领域。此后，星载 SAR 技术得到迅速的发展，一系列星载 SAR 先后升空。除 Seasat-A 外，NASA 还进行了一系列航天飞机成像雷达（shuttle imaging radar）任务，如 SIR-A（1981）、SIR-B（1984）和 SIR-C/X-SAR（1994）。其他国家也竞相开展了星载 SAR 的研究与应用。前苏联于 1987 年和 1991 年分别发射了 ALMAZ-1 和 ALMAZ-2。欧空局（ESA）于 1991 年、1995 年、2002 年、2014 年和 2016 分别发射了 ERS-1、ERS-2、ENVISAT ASAR、Sentinel-1A 和 Sentinel 1B。日本于 1992 年发射了 JERS-1，2006 年发射了 ALOS-PALSAR，2014 年发射了 ALOS-2

PALSAR-2。加拿大于 1995 年发射了 RADARSAT-1，2007 年发射了 RADARSAT-2。德国宇航局（DLR）2007 年和 2010 年先后发射了 TerraSAR-X(2007)和 TanDEM-X（2010）。中国于 2012 年成功发射一颗 HJ-1C SAR 卫星，并于 2016 年成功发射一颗 C 波段的多极化SAR 卫星（GF-3）。国内外已发射星载 SAR 系统及特征见表 1.2。

表 1.2 主要的星载 SAR 系统及特征

SAR 系统	发射时间	波段及极化方式	主要特征描述	国家或机构
Seasat	1978 年	L（HH）	第一个民用 SAR 卫星，仅运行了 3 个多月	美国
SIR-A	1981 年	L（HH）	第一次观测到撒哈拉沙漠的地下古河道，显示了 SAR 穿透地表的能力	美国
SIR-B	1984 年	L（HH）	同时实现了 SAR 立体成像、数字记录和数字处理	美国
ERS-1/2	1991 年，1995 年	C（VV）	欧洲第一颗 SAR 卫星	欧洲空间局
SIR-C/X-SAR	1994 年	L、C(全极化)，X（VV）	第一颗 C 波段全极化 SAR 卫星	美国、德国、意大利
RADARSAT-1	1995 年	C（HH）	加拿大第一颗 SAR 卫星，包括幅宽为 500m 的 ScanSAR 成像模式	加拿大
SRTM	2000 年	C（全极化），X（VV）	第一个星载干涉 SAR 系统	美国、德国、意大利、欧洲空间局
ENVISAT-ASAR	2002 年	C（双极化）	第一颗具有收发模式的 SAR 系统	欧洲空间局
ALOS-PALSAR	2006 年	L（双极化、全极化）	高级对地观测 SAR 卫星	日本
TerraSAR-X/TanDEM	2007 年，2010 年	X（全极化）	第一颗双基站干涉 SAR 系统，分辨率最高可达 1m。并于 2014 年获得全球 DEM 数据	德国
RADARSAT-2	2007 年	C（全极化）	分辨率提高到 1m×3m（方位向×距离向）	加拿大
COSMO-SkyMed-1/4	2007 年，2010 年	X（双极化）	四颗卫星星座，分辨率最高可达 1m	意大利
RISAT	2012 年	C（全极化）	2016 年发射了后继的 RISAT-1a，L 波段的 RISAT-3 正在研发中	印度
HJ-1C	2012 年	S（VV）	中国第一颗 S 波段星载 SAR 系统	中国
Sentinel-1A/1B	2014 年	C（双极化）	二颗卫星组成星座	欧洲空间局
ALOS-2 PALSAR-2	2014 年，2016 年	L（全极化）	ALOS-1 后继星，分辨率 1m×3m（方位向×距离向）	日本
GF-3	2016 年	C（全极化）	具有全极化 SAR 数据获取能力和 12 种工作模式，最高分辨率达 1m×1m（方位向×距离向）	中国

欧美等国家或国际组织还提出了一些 SAR 卫星发射计划，其中已经列上发射日程的SAR 系统见表 1.3，除了 RCM 采用 C 波段紧缩极化成像模式外，其他系统都采用 L 或 P波段全极化观测模式，比较适合用于森林参数的遥感定量反演。

表 1.3　国内外具有发射计划的星载 SAR 系统及其主要特征

SAR 系统	计划发射年份	波段及极化方式	主要特征描述	国家或机构
SAOCOM-1A	2018	L（全极化）	阿根廷第一颗 SAR 卫星，与后续星形成观测星座，具有 InSAR、InSAR 层析能力	阿根廷
RCM	2018	C（全极化、紧缩极化）	三颗星组成星座	加拿大
NISAR	2020	S，L（全极化）	具有全极化、InSAR 成像模式，用于灾害监测，森林生物量动态监测	美国-印度
BIOMASS	2022	P（全极化）	具有重复轨干涉 SAR、层析干涉 SAR 成像能力，主要用于全球森林地上生物量变化监测	欧洲空间局
TanDEM-L	2022	L（全极化）	L-波段串联式雷达卫星系统，应对全球环境和气候变化	德国

1.3.4　SAR 遥感系统的技术发展阶段

机载 SAR 的广泛应用和星载 SAR 的快速发展，使得 SAR 在军事侦察、植被分析、地形测绘、环境及灾害监测等方面发挥了重要的作用，同时也推动了 SAR 自身技术的不断发展与丰富。SAR 在极化、频率、角度和时相等空间观测能力的发展大致经历了以下三个阶段（吴一戎，2013）。

第一个阶段，首先是实现合成孔径处理以提高方位向分辨率，再发展到利用 SAR 的干涉信息进行地形的高程测量。如前所述，美国的 WILEY C 于 1951 年提出的合成孔径方法使得高分辨率雷达成像得以实现（WILEY C A,1985），开启了 SAR 成像时代。随后，在 1970 年 Rogers 等人将雷达干涉技术应用于金星表面的测量（ROGERS A E E et al., 1970）。1974 年 GRAHAM 成功利用干涉模式的 SAR 系统对地表地形进行了测绘，使得 SAR 干涉测量（InSAR）成为可能。InSAR 的提出是 SAR 技术的又一次重要发展。在接下来的十几年里，InSAR 逐渐成为一个新的科学研究热点，并取得了长足发展（王超等，2002；Bamler R, 1998）。从 1996 年至 2001 年，美国执行的"航天飞机雷达地形测量任务 Shuttle Radar Topography Mission（SRTM）"，利用航天飞机完成了约占全球百分之八十陆地面积的高程测绘，并经处理制成了全球数字高程模型（ROSEN P A, 2000）。当前，InSAR 技术在地震分析（邵芸等，2010）、板块运动探测、地面沉降探测，冰川及积雪监测（程晓等，2006）等方面发挥了重要作用。

第二个发展阶段是在单一观测空间内的延伸，主要体现在以下几个方面：波段由微波波段向太赫兹扩展；极化由单极化向全极化发展；观测角度由单站 SAR 向双基/多基 SAR 方向发展。特别是极化 SAR 的提出与发展，进一步提高了 SAR 的观测能力。相对于传统 SAR 而言，极化 SAR 对地物的细微结构、方向、形状、对称性以及物质构成更加敏感，因此，能够更有效地提取地物结构与介电信息（CLOUDE S R and POTTIER E, 1996；BOERNER W M et al., 1991；LEE J S and POTTIER E, 2009；MOTT, 2008）。目前，极化 SAR 已成为对地观测的重要手段之一，全球已有多颗具备全极化观测能力的星载 SAR 系统在运行，如德国的 TerraSAR-X、加拿大的 RADARSAT-2、日本的 ALOS-2 PALSAR-2 和中国的

GF-3 等。

第三个阶段则是对 SAR 进行两个观测空间的综合研究，主要体现在极化和角度两个空间的融合，即极化干涉 SAR (Polarimetric Interferometry SAR, PolInSAR)，以及将角度和频率融合的 MIMO-SAR。PolInSAR 是对传统标量干涉测量的极化扩展，是极化空间内的矢量干涉（CLOUDE S R and PAPATHANASSIOU K P, 1998；PAPATHANASSIOU K P and CLOUDE S R, 2001；YAMADA H et al., 2001）。由于极化信息有利于识别主要的散射机制，而干涉信息能确定散射中心的空间位置，因此，PolInSAR 具有识别并确定不同散射机制对应的散射中心空间位置的能力（李新武等，2002；李哲等，2009），为地物的有效反演提供了多维度的信息，是 SAR 研究领域的热点与前沿（周伟等，2013）。目前，PolInSAR 平台主要以机载为主，有德国的 E-SAR、F-SAR，日本的 PiSAR，美国的 AIR-SAR，以及法国的 RAMSES。近年来，欧、美和加拿大等已开始星载 PolInSAR 系统的研究，如：BIOMASS、SAOCOM、Tandem-L 等星载 SAR 系统。

1.3.5　我国 SAR 遥感系统研发进展

我国 SAR 系统研究始于 20 世纪 70 年代中期，由中国科学院电子学研究所率先开展，并在 1979 年成功研制出机载 SAR 原理样机，获得了我国第一批雷达影像。1987 年完成国家"六五"攻关项目"机载多条带多极化 SAR"，装备在中国科学院遥感飞机上。1990 年研制成功 SAR 机–地实时传输系统。1994 年完成了 863 项目"机载实时成像器"，在飞机最大飞行速度时系统吞吐量达到 1 帧/3min，每帧图像 35km×35km（郑波浪，2006）。上述研究的稳步推进，使得机载雷达系统成为我国民用遥感的有效工具之一，在我国的洪涝灾害监测中发挥了重要作用。

自 80 年代末，国家 863 计划部署了 SAR 及相关技术的一系列课题，其中"星载 SAR 模样机研制"列为 863 计划重大项目，于 1998 年顺利通过了验收，在星载 SAR 关键技术领域取得了研究突破。自"八五""九五"以来，根据国家的迫切需要和国际上 SAR 技术的发展趋势，我国还安排了与 SAR 及 SAR 成像处理技术相配套的工程任务，部署了 SAR 定标技术、SAR 干涉技术等一系列前沿课题和相关的应用研究，其中包括机载高分辨率雷达系统。

经过近几十年的发展，特别是近 10 年来，我国 SAR 成像技术得到了迅猛发展，二维成像分辨率已由最初的几十米提高到目前的亚米级。"十五"期间，在国家 863 计划支持下，成功研制了我国第一部机载双天线干涉 SAR 系统（吴一戎，2013）。"十三五"期间，我国发射了一系列高分辨率遥感卫星，2017 年，我国第一颗星载 C-波段多极化 SAR 卫星完成了在轨测试，其设计理念和设备性能与 RADARSAT-2 等星载 SAR 系统相当。

参 考 文 献

程晓，李小文，邵芸，等. 2006. 南极格罗夫山地区冰川运动规律 DINSAR 遥感研究. 科学通报, (17): 2060~2067.

关玉秀，林昌庚. 1986. 测树学. 北京：中国林业出版社.

国家林业局. 2014. 国家森林资源连续清查技术规定.

李新武，郭华东，廖静娟，等. 2002. 航天飞机极化干涉雷达数据反演地表植被参数. 遥感学报，6(6): 424~429.

李哲，陈尔学，王建. 2009. 几种极化干涉 SAR 森林平均高反演算法的比较评价. 遥感技术与应用, (5): 611~616.

林幼权. 2009. 星载合成孔径成像雷达发展现状与趋势. 现代雷达, 31(10): 10~13.

倪文俭，张大凤，汪垚，等. 2018. 高分二号异轨立体数据的森林高度提取. 遥感学报, 22(3): 392~399.

邵芸，谢酬，岳中琦，等. 2010. 青海玉树地震差分干涉雷达同震形变测量. 遥感学报, (5): 1029~1037.

万力. 2004. 战斗机载合成孔径雷达. 现代兵器(4): 8~11.

王超，张红，刘智. 2002. 星载合成孔径雷达干涉测量. 北京：科学出版社.

王腾，徐向东，董云龙，等. 2009. 合成孔径雷达的发展现状和趋势. 舰船电子工程, (5): 5~9.

王颖，曲长文，周强. 2008. 合成孔径雷达发展研究. 舰船电子对抗, 31(6): 59~61.

吴一戎. 2013. 多维度合成孔径雷达成像概念. 雷达学报, (2):135~142.

吴一戎，朱敏慧. 2000. 合成孔径雷达技术的发展现状与趋势. 遥感技术与应用,(2): 121~123.

喻腊梅. 2007. 从美国研制的机载 SAR 雷达看 SAR 雷达技术的发展. 西安：全国信号与信息处理联合学术会议.

袁孝康. 2002. 合成孔径雷达的发展现状与未来. 上海航天, (5): 42~47.

郑波浪. 2006. 机载高分辨率合成孔径雷达运动补偿研究. 北京：中国科学院大学博士学位论文.

周伟，陈尔学，刘国林，等. 2013. 基于 ALOS 极化干涉 SAR 数据的 DEM 提取方法研究. 遥感技术与应用,(1): 44~51.

BAMLER R. 1998. Synthetic aperture radar interferometry. Inverse Problems, 14(4): 12~13.

BOERNER W M, YAN W L, XI A Q, et al. 1991. On the basic principles of radar polarimetry: The target characteristic polarization state theory of Kennaugh, Huynen's polarization fork concept, and its extension to the partially polarized case. Proceedings of the IEEE, 79(10):1538~1550.

BROWN W M, Porcello L J. 1969. An introduction to synthetic-aperture radar. IEEE Spectrum, 6(9):52~62.

CHAN Y K, KOO V C. 2008. An introduction to synthetic aperture radar(SAR). Progress in Electromagnetics Research B, (2):27~60.

CLOUDE S R, PAPATHANASSIOU K P. 1998. Polarimetric sar interferometry. IEEE Transactions on Geoscience and Remote Sensing, 36(5):1551~1565.

CLOUDE S R, POTTIER E. 1996. A review of target decomposition theorems in radar polarimetry. IEEE Transactions on Geoscience and Remote Sensing, 34(2):498~518.

CUMMING I G，FRANK H W，et al. 2007. 合成孔径雷达成像:算法与实现. 洪文，胡东辉译. 北京：电子工业出版社.

FAO. 2012. Forest Resources Assessment Working Paper 180：FRA 2015 Terms and Definitions. FAO Rome.

LEE J S, POTTIER E. 2009. Polarimetric radar imaging : From basics to applications. Boca Raton: CRC Press.

MOREIRA A, PRATS-IRAOLA P, YOUNIS M, et al. 2013. A tutorial on synthetic aperture radar. IEEE Geoscience & Remote Sensing Magazine, 1(1):6~43.

MOTT H. 2008. 极化雷达遥感. 杨汝良译. 北京：国防工业出版社.

NI W J, SUN G Q, RANSON K J, et al. 2015. Extraction of ground surface elevation from ZY-3 winter stereo imagery over deciduous forested areas. Remote Sensing of Environment, 159: 194~202.

PAPATHANASSIOU K P, CLOUDE S R. 2001. Single-baseline polarimetric sar interferometry. IEEE Transactions on Geoscience and Remote Sensing, 39(11): 2352~2363.

ROGERS A E E, ASH M E, COUNSELMAN C C, et al. 1970. Radar measurements of the surface topography and roughness of mars. Radio Science, 5(2): 465~473.

ROSEN P A. 2000. Topographic map generation from the Shuttle Radar Topography Mission C-band SCANSAR interferometry. Proceedings of SPIE - The International Society for Optical Engineering, 4152:179~189.

SHERWIN C W, RUINA J P, RAWCLIFFE R D. 1962. Some early developments in synthetic aperture radar systems. IRE Transactions on Military.

ULBRICHT, REIGBER, HORN R , et al. 2000. Multi-frequency SAR-interferometry: DEM-generation in L- and P-band and vegetation height estimation in combination with X-band. In: 3rd European Conference on Synthetic Aperture Radar. VDE-Verlag, Berlin-Offenbach. EUSAR 2000, Germany, 23~25 May 2000.

WILEY C A. 1985. Synthetic aperture radars. IEEE Transactions on Aerospace and Electronic Systems, AES-21(3): 440~443.

YAMADA H, YAMAGUCHI, KIM Y,et al. 2001. Polarimetric sar interferometry for forest analysis based on the esprit algorithm(special issue on new technologies in signal processing for electromagnetic-wave sensing and imaging). Ieice Transactions on Electronics, 84(12), 1917~1924.

第2章　成像雷达基础理论方法

2.1　雷达成像理论基础

2.1.1　雷达方程

目前常用的成像雷达通常采用主动遥感方式，即雷达系统通过天线发射特定波长的微波，然后利用雷达天线接收目标散射回来的微波能量。雷达天线发射的是以天线为中心的球面波，地物目标反射的回波是以地物目标为中心的球面波（赵英时等，2003）。假设雷达天线为各向同性辐射体，天线处发射微波的功率为 P_t，则在距离雷达天线 R 处可被观测目标获得的功率密度 p_i 可以表示为

$$p_i = \frac{P_t}{4\pi R^2} \quad \mathrm{Wm}^{-2} \tag{2.1}$$

然而，实际的雷达天线是各向异性的，能量辐射具有一定的指向性，其辐射的主要方向为天线的主瓣方向。我们定义天线主瓣方向的功率密度与各向同性辐射体辐射的功率密度之比为发射天线的增益 G_t。此时，观测目标处的功率密度为

$$p_i = \frac{P_t G_t}{4\pi R^2} \quad \mathrm{Wm}^{-2} \tag{2.2}$$

观测目标会吸收部分入射的电磁波能量，同时也会发射和散射部分能量。为了描述目标截获并散射入射微波的能力，我们引入雷达散射截面（radar cross section，RCS）的概念，它不等于目标几何面积，而是一个正交于入射方向的抽象面积，常用 σ 来表示。此时，目标截获微波能量的功率 P_σ 即为雷达散射截面 σ 和目标处功率密度 p_i 的乘积

$$P_\sigma = p_i \sigma = \frac{P_t G_t \sigma}{4\pi R^2} \quad \mathrm{W} \tag{2.3}$$

这部分被截获的微波能量将重新辐射出去，假设目标为各向同性辐射体，则容易得到雷达接收天线处的功率密度 p_r 为

$$p_r = \frac{P_\sigma}{4\pi R^2} = \frac{P_t G_t \sigma}{(4\pi)^2 R^4} \quad \mathrm{Wm}^{-2} \tag{2.4}$$

雷达接收天线能够接收到的回波能量多少由接收天线的等效天线面积 A_r 确定。因此，天线接收到的回波能量的功率可表示为

$$P_r = \frac{P_t G_t \sigma A_r}{(4\pi)^2 R^4} \quad \text{W} \tag{2.5}$$

由于接收天线的等效面积 A_r 和天线增益 G_r、波长 λ 之间存在式(2.6)的关系：

$$G_r = \frac{4\pi}{\lambda^2} A_r \tag{2.6}$$

因此，雷达系统接收到目标散射回的能量的功率可表示为式(2.7)的形式，即为雷达方程。

$$P_r = \frac{P_t G_t G_r \lambda^2 \sigma}{(4\pi)^3 R^4} \quad \text{W} \tag{2.7}$$

雷达方程表达了雷达发射、接收的电磁波在和地物发生作用前后，其能量之间的关系及相关的影响因子。由雷达方程可知，在雷达系统参数（波长、发射功率、天线增益、斜距）固定时，雷达接收到的功率由地物的雷达散射截面（σ）决定。

另外，将式(2.3)代入式(2.4)容易推导出，雷达散射截面 σ 与目标处入射能量密度 p_i 和雷达接收天线处能量密度 p_r 的关系为

$$\sigma = 4\pi R^2 \frac{p_r}{p_i} \quad \text{m}^2 \tag{2.8}$$

式中，分子 p_r 与球面积 $4\pi R^2$ 的乘积为目标散射波的全功率，分母 p_i 为入射波的功率密度。因此，雷达散射截面又被定义为散射波的全功率与入射波功率密度之比（赵英时等，2003）。

值得注意的是，σ 是一个抽象的面积，它的值与目标的几何面积无直接关联，主要受到地物形状、介电常数、相对雷达天线的方向、地表粗糙度等的影响。例如，当地物朝向天线散射很小的功率时，地物的 σ 值将接近 0，其原因可能是因为地物面积较小、地物吸收回波能力强、地物是透明的或者地物对入射波的散射集中在偏离天线的方向。此外，当地物朝向天线方向的散射能量比各向同性情况下的散射能量大很多时，地物的 σ 值会比地物实际面积大得多，例如离散散射体的米氏散射或表面的布拉格散射。

在雷达遥感中，地物类型包括离散的目标（如独立的树木、孤立的楼房等）、分布式目标（如裸露地表、水体等）和离散目标与分布式相结合的目标（如森林、农田等）。对离散的点目标，可以用 σ 完整地表达目标对入射波的散射能力，但对后两者，可以认为一个地面分辨单元内有很多散射体组成，回波信号是分辨单元内所有散射体回波信号的相干叠加，并没有某个散射体的散射强度占主导地位，要描述这种分布式目标、离散与分布式相结合目标的散射特征，需要引入后向散射系数的概念。后向散射系数采用统计方法描述地物的散射能力，表示为单位有效散射单元面积内地物的平均散射截面，单位是 m^2/m^2。

根据有效散射单元面积的不同，后向散射系数有三种具体计算方法，分别为 σ^0、γ^0、β^0，计算公式分别见式(2.9)、式(2.10)和式(2.11)。

$$\sigma^0 = \frac{\langle\sigma\rangle}{A_\sigma} \qquad (2.9)$$

$$\gamma^0 = \frac{\langle\sigma\rangle}{A_\gamma} \qquad (2.10)$$

$$\beta^0 = \frac{\langle\sigma\rangle}{A_\beta} \qquad (2.11)$$

以上 3 种表达方法, 分子都是相同的, $\langle\cdot\rangle$ 表示求期望值, 可采用一定空间范围内同一种分布式目标的若干观测值的算术平均值替代; 分母有所不同, 是三种不同的有效散射面积计算方法, 图 2.1 给出了地表平坦条件下, 三种有效散射单元面积的示意图。

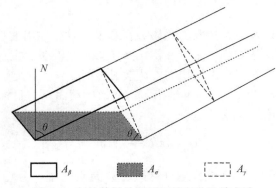

图 2.1 有效散射单元面积的三种计算方法

图 2.1 中, A_σ 为地距向的有效散射单元面积, A_γ 为垂直于入射方向的有效散射单元面积, A_β 为斜距向的有效散射单元面积。若像元的距离向和方位向的分辨率分别为 r_r 和 r_a, 则三种面积可以表示为

$$A_\beta = r_r \cdot r_a \qquad (2.12a)$$

$$A_\gamma = \frac{r_r}{\tan\theta} r_a = \frac{A_\beta}{\tan\theta} \qquad (2.12b)$$

$$A_\sigma = \frac{r_r}{\sin\theta} r_a = \frac{A_\beta}{\sin\theta} \qquad (2.12c)$$

式中, θ 为该像元的当地入射角 (入射波与地表水平面法向量的夹角), 当地形平坦时, 当地入射角与雷达入射角相等。

若地表存在地形起伏, 由于 A_β 定义在斜距坐标空间, 其值和地形起伏无关, 所以地形不会对 β^0 的计算产生任何影响。但会对 A_σ 的计算带来较大的影响, 从而影响 σ^0。若我们采用 σ^0 进行应用分析, 则需要考虑采用数字高程模型 (DEM) 和雷达成像模型, 严格计算有效散射单元的面积, 假设计算结果为 $A_{\sigma t}$, 则雷达影像的地形辐射校正公式就可写为式 (2.13)。

$$\sigma^0 = \frac{\langle \sigma \rangle}{A_{\sigma t}} \tag{2.13}$$

2.1.2　真实孔径雷达

成像雷达通常通过侧视成像，又称为侧视雷达。成像雷达系统包括侧视真实孔径雷达和合成孔径雷达两类，本节先介绍真实孔径雷达的成像。真实孔径雷达成像的几何原理见图2.2。成像时，侧视雷达发射一短脉冲，形成在铅锤面内的较宽、在水平面内较窄的波束。假设遥感平台荷载的微波传感器位于图2.2中的S位置，而图中的1、2、3均为水平面内较窄波束可观测到的地面场景中的被观测目标。成像时，这条窄条带中由1至3的几个目标的回波经电子处理器的处理后依次在像平面成像。成像时通过测量回波延时确定斜距 R 的值，回波功率是延时的函数，它构成的图像的维度称为距离向。在这个方向可区分地物的能力为距离向分辨率。当遥感平台向前移动一个波束时，回波信号就从地面上不同的狭长地带反射回来，从而形成与原来水平面内窄波束相邻的窄波束上的不同图像。我们把在航向方向（方位向）上所能分辨出的两个目标的最小距离称为方位向分辨率（舒宁，2003；WOODHOUSE I H, 2006）。

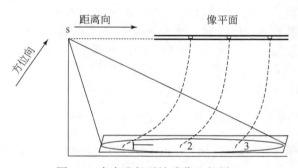

图 2.2　真实孔径雷达成像几何原理

1. 距离向分辨率

距离向分辨率可以定义为在地面场景中可以分辨的两目标的最短距离（斜距向距离），又称为图像的斜距向分辨率（图2.3）。

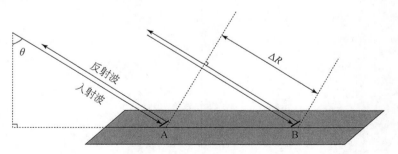

图 2.3　距离向分辨率几何关系示意(RICHARDS J A, 2009)

图像斜距向分辨率的几何关系可以由图 2.3 描述。图 2.3 中，A 和 B 分别代表地面场景中的两个观测点，A 点和 B 点在斜距方向上的距离差为 ΔR。A 点和 B 点在接收天线处的回波时间间隔可以表示为 Δt，由于发射脉冲的持续时间，即脉冲宽度为 τ，因此 Δt 的最小值为 τ，所以相应的斜距向的距离分辨率 r_r 可以表示为

$$r_r = \frac{c\tau}{2} \quad \text{m} \tag{2.14}$$

由于遥感用户更关注的是雷达在地距方向对地物的区分能力，假设天线相对观测目标的入射角为 θ，则在地距方向雷达对地面两观测目标的可分辨力称为地距向分辨率，可以表示为

$$r_{gr} = \frac{c\tau}{2\sin\theta} \quad \text{m} \tag{2.15}$$

根据图 2.3、式(2.15)可知，自近距离向到远距离向，入射角逐渐变大，地距向可分辨目标的最小尺寸在变小，即地距向空间分辨率在增大。极端情况下，若 θ 为 0，则地距向空间分辨率变得无穷小，这意味着若雷达垂直向下观测是无法形成空间分辨能力的，这也是成像雷达必须侧视的原因。

2. 方位向分辨率

定义在方位向上雷达所能分辨出的两个目标的最小距离称为方位向分辨率，其大小由雷达天线在方位向的长度及雷达电磁波的波长所确定。下面将根据电磁波在远场的相干叠加原理，推导在方位向长度为 l_a 的一维雷达阵列天线在距离天线 R 处的地表的方位向分辨率。

假设阵列天线表面的电场分布为 $a(x)$，而 dx 为天线的一个基本单元。图 2.4 是一维雷达天线的几何示意图，x 轴为方位向，雷达天线以 0 点为中心沿 x 轴分布，其数值范围为 $\left[-\dfrac{l_a}{2}, \dfrac{l_a}{2}\right]$，$dx$ 位于距离天线中心 x 处，dx 和天线中心处的天线基本单元是两个电磁波辐射源，以角度 θ_r 向外发射电磁波，地物在电磁波的远场 P 处，辐射源到地物的传播路径可以认为是平行的。P 点的电场 dE 可表达为式(2.16)，其中 $k = \dfrac{2\pi}{\lambda}$。

$$dE \sim a(x)\exp(jkx\sin\theta_r)dx \tag{2.16}$$

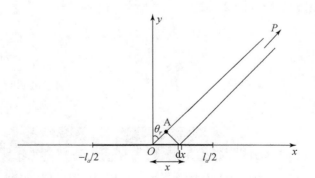

图 2.4   一维雷达天线的几何示意图(ELACHI C, 1988)

由于点 x 处天线基本单元与天线中心的基本单元距离相差 x，使得两个天线单元所发射的电磁波的电场在 P 点处的相干叠加电场产生了 $kx\sin\theta_r$ 的相位，所以整个天线在 P 点处的总电场强度可表示为

$$E \sim \int_{-l_a/2}^{l_a/2} a(x)\mathrm{e}^{ikx\sin\theta_r}\mathrm{d}x \tag{2.17}$$

如果天线的电场强度 $a(x)$ 在整个天线孔径上呈现均匀分布，则有

$$E \sim a_0 \int_{-l_a/2}^{l_a/2} \mathrm{e}^{ikx\sin\theta}\mathrm{d}x = a_0 l_a \frac{\sin[kl_a\sin\theta_r/2]}{[kl_a\sin\theta_r/2]} \tag{2.18}$$

天线总电场 E 随 θ_r 角的变化曲线如图 2.5 所示。

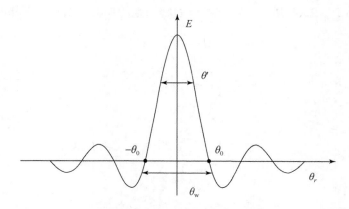

图 2.5 天线总电场 E 随 θ_r 角的变化(ELACHI C, 1988)

使得 E 为 0 的 θ_r 应满足 $kl_a\sin\theta_r/2 = m\pi$，这里 m 为一个整数，则

$$\theta_r = \sin^{-1}[2m\pi/kl_a] = \sin^{-1}[m\lambda/l_a] \tag{2.19}$$

E 的第一个零值出现在

$$\theta_0 = \sin^{-1}[\lambda/l_a] \tag{2.20}$$

由于 λ 远远小于 l_a，则有

$$\theta_0 = \lambda/l_a \tag{2.21}$$

图 2.5 中间的主瓣的宽度为

$$\theta_w = 2\lambda/l_a \tag{2.22}$$

值得注意的是主瓣的一半能量处的角 θ'，可以通过解下式得出：

$$\left|\frac{\sin[kl_a\sin\theta_r/2]}{kl_a\sin\theta_r/2}\right|^2 = 0.5 \tag{2.23}$$

θ' 的近似解可写为

$$\theta' = 1.76\pi / kl_a = 0.88\lambda / l_a \tag{2.24}$$

通常采用表达式 $\theta' = \lambda / l_a$ 近似表达雷达天线发射波束的半功率宽度（单位为弧度），也就是雷达天线的角分辨率。将角分辨率表示为距离天线 R 处（图 2.4 中 P 点）可分辨地物的大小（单位为 m），则得到雷达方位向分辨率为

$$r_a = \theta'R = \frac{\lambda}{l_a} R \tag{2.25}$$

3. 幅宽

侧视成像雷达获取的影像幅宽是由其天线孔径在"垂直向"的宽度决定的，如图 2.6 中 d_p(RICHARDS J A, 2009)所示。幅宽可以理解为地距向波束脚印（footprint）的大小，如图 2.6 中 S 所示。

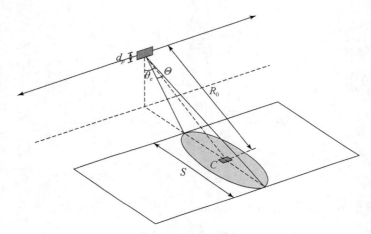

图 2.6　幅宽几何关系示意图

按照计算雷达天线方位向角分辨率的方法，将式(2.25)中的天线长度 l_a 用天线宽度 d_p 代替，则可以得到雷达天线在"垂直向"的半功率波束宽度或角分辨率(Θ)为

$$\Theta = \frac{\lambda}{d_p} \tag{2.26}$$

则幅宽可以近似的表示为

$$S = \frac{\Theta R_0}{\cos\theta_c} = \frac{\lambda R_0}{d_p \cos\theta_c} \tag{2.27}$$

式中，θ_c 为幅宽中心(C)处的入射角；R_0 为幅宽中心处的斜距。

值得注意的是，式(2.27)为地表是平地时的幅宽模型。存在大的地球曲率的地表，幅宽会更大。在实际应用中，幅宽通常小于式(2.27)的计算值。

2.1.3　合成孔径雷达

雷达的距离向分辨率与脉冲持续时间成反比，因此要提高距离向分辨率，则需要降低距离向脉冲持续时间。然而，由于脉冲荷载的能量与其振幅的平方和脉冲持续时间的乘积成正比，因此，持续时间降低，脉冲荷载的能量降低，其对于反射能力较弱的目标的探测能力也相应降低。为了提高雷达的探测能力，同时提高距离向分辨率，则需要通过提高发射脉冲的振幅来实现（CUMMING et al., 2007）。但在应用中，发射高振幅的脉冲很难实现。因此，距离向分辨率的提高通常通过脉冲压缩技术来实现。脉冲压缩技术利用了信号处理中的一条重要性质，即对宽的矩形频谱进行反离散傅里叶变换，就会得到窄的冲击响应。这样既提高了距离向分辨率，又不需要额外提高发射脉冲的振幅。

从真实孔径成像雷达方位向分辨率计算公式可知，要提高方位向分辨率，当雷达频率不变时，必须加大天线孔径或缩短观测距离。但在机载或星载遥感平台中，这些均受到限制。目前通常采用合成孔径技术提高方位向分辨率，即合成孔径雷达（SAR）成像。SAR成像利用雷达与目标的相对运动把尺寸较小的一组真实孔径天线用数据处理的方法合成一个较大的等效天线孔径，以达到提高影像方位向分辨率的目的（CUMMING et al., 2007）。

1. SAR 距离向分辨率

在信号处理中，脉冲压缩技术是指通过发送一个展宽脉冲，再对其进行脉冲压缩以得到所需分辨率的技术。SAR成像过程中，距离向脉冲压缩通过线性调频信号实现。距离向线性调频信号也称为 Chirp 信号。它是通过将发射信号扫频编码，使其频率被控制在一定范围，即带宽（W）内。

图2.7描述了一个单色短脉冲［图2.7（a）］与 Chirp 脉冲［图2.7（b）］的示意。从图中可以看出，单色短脉冲的频率是固定不变的，调频后脉冲的频率变为一个变化的频域区间，如图2.7（c）中的 $f_2 \sim f_1$ 之间。由于频率呈线性变化，因此又称为线性调频（CUMMING et al., 2007）。带宽即整个 Chirp 信号扫过的频率范围，$W = f_2 - f_1$。脉冲压缩后的有效脉冲持续时间（τ_e）为脉冲带宽的倒数，即 $\tau_e = 1/W$，将其代入式(2.14)，可得到式(2.28)：

$$r_r = \frac{c}{2W} \qquad \text{m} \tag{2.28}$$

在将单色短脉冲信号变为 Chirp 信号后，压缩后的脉冲持续时间远远小于单色短脉冲持续时间，从而使得距离向分辨率得到了有效提高。我们把单色短脉冲持续时间(τ)和调频信号的有效脉冲持续时间(τ_e)的比值称为距离向压缩率 c_r：

$$c_r = \frac{\tau}{\tau_e} = K\tau^2 \tag{2.29}$$

式中，K 为调频率，即图2.7（c）中直线的斜率。

距离向脉冲压缩利用了雷达系统的谱滤波能力，即通过将回波信号和原始的 Chirp 信号进行相关而达到将不同目标重叠的回波脉冲译码为各目标单独的回波脉冲的过程，这个过程又称为距离向匹配滤波。

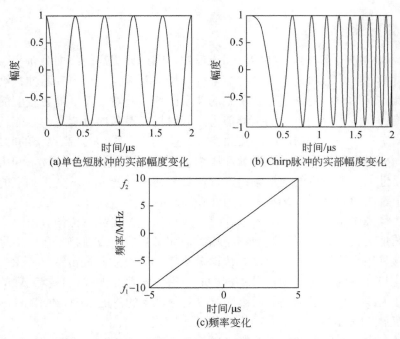

(a)单色短脉冲的实部幅度变化   (b) Chirp脉冲的实部幅度变化

(c)频率变化

图 2.7 单色短脉冲和 Chirp 脉冲示例

地物 SAR 回波信号的距离向压缩过程如图 2.8 所示。图中三个地物的线性调频回波[图 2.8（a）]返回传感器平台时出现了信号的混叠［图 2.8（b）］，在经过距离向压缩后，可以区分出三个地物［图 2.8（c）］。图 2.8 中，三个目标距离天线分别为 10.5 km、11 km 和 12 km；信号的频带宽度为 30 MHz；脉冲宽度为 10 μs；中心频率为 1 GHz。

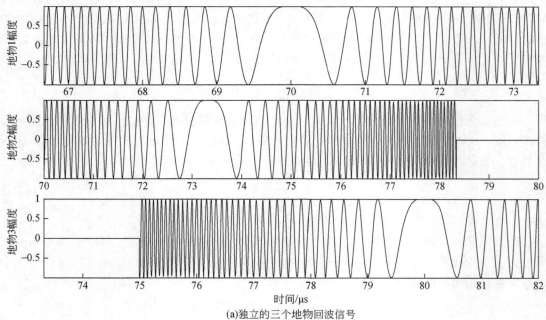

(a)独立的三个地物回波信号

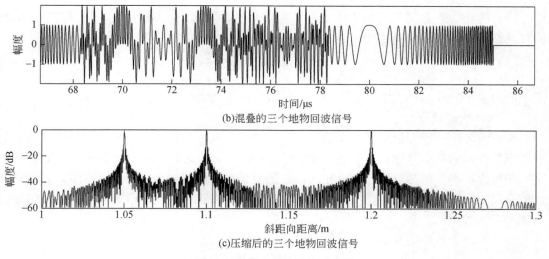

(b)混叠的三个地物回波信号

(c)压缩后的三个地物回波信号

图 2.8　距离向脉冲压缩示意图

2. SAR 方位向分辨率

SAR 方位向分辨率可以从天线阵列观点来阐述(丁鹭飞等，2010)。由于接收球面波，天线阵列边缘收到的回波信号有附加相位项。聚焦处理时，这些附加相位项可以在信号处理过程中予以补偿，故此时合成孔径的长度可由实际天线波束宽度所能覆盖的长度 L_a 所决定，如图 2.9 所示，雷达天线由左向右移动，对点目标 P 进行探测，只有当天线波束照到 P 点时才会有回波，阵元右移到 A 点开始接触目标 P，移到 B 点时波束离开点目标。合成孔径有效的阵列长度 L_a 是 A、B 间的距离，可表示为式(2.30)。

$$L_a = R \cdot \theta_{sa} \tag{2.30}$$

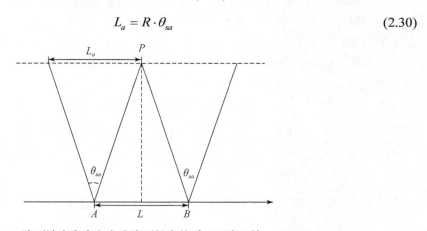

图 2.9　阵列波束宽度和合成阵列长度关系（丁鹭飞等，2010）

式中，θ_{sa} 为雷达真实天线的波束宽度，如果实际天线方位向孔径尺寸为 l_a，则

$$\left. \begin{array}{l} \theta_{sa} = \lambda/l_a \\ L_a = \left(\lambda/l_a\right) \cdot R \end{array} \right\} \tag{2.31}$$

将合成孔径的长度 L_a 等效于一个具有 L_a 长度的真实天线，也就是 $l_a = L_a$，代入式(2.25)即可求得 SAR 的方位向分辨率

$$r_a = \frac{1}{2} \cdot \frac{\lambda}{L_a} \cdot R = \frac{l_a}{2} \tag{2.32}$$

式中的因子 1/2 的由来可参考文献（CUMMING et al., 2007）中的解释。

3. SAR 信号获取

现实世界中的所有信号都是实信号，雷达发射与接收的信号也不例外。但是在数字信号处理器中，对复信号进行操作更方便高效，因此，在雷达信号处理过程中，一般通过正交解调过程，将实信号转换为含有相同信息的复信号，然后再进行处理。本节以复信号为基础介绍天线发射脉冲到地物、地物散射脉冲和天线接收记录地物散射的回波脉冲的过程（METTE T, 2007）。

雷达发射的脉冲用复数形式一般可以表示为

$$A_t(t) = A_0 \cdot a(t) \cdot \exp(j2\pi f_0 t) \tag{2.33}$$

式中，$A_t(t)$ 为天线发射的脉冲；A_0 为发射脉冲的幅度；$a(t)$ 为脉冲包络；f_0 为载频；脉冲持续时间为 τ，其中 $(-\tau/2 < t < \tau/2)$。

在 SAR 成像时，为了提高距离向分辨率，雷达发射与接收信号采用线性调频信号进行调制。对式(2.33)的信号进行线性调频后，调频信号的 $a(t)$ 可以表示为

$$a(t) = \exp[j\pi(\Delta f/\tau) \cdot t^2] \tag{2.34}$$

则发射的调频脉冲可以表示为

$$A(t) = A_0 \exp[j\pi(\Delta f/\tau) \cdot t^2] \cdot \exp(j2\pi f_0 t) \tag{2.35}$$

脉冲到达地表和地物发生作用，会使得回波振幅和相位发生一定的变化，为了使得回波脉冲的表达具有一般性，这里忽略地物自身特征对回波振幅和相位的影响，将地物回波表示为对发射的调频脉冲信号的时延脉冲信号，该时延由斜距（R）决定，由于发射到接收过程使得脉冲往返传感器到地物距离两次,因此经过地物散射后被天线接收的回波脉冲 $A_r(t)$可以表示为

$$A_r\left(t - \frac{2R}{c}\right) = a\left(t - \frac{2R}{c}\right) \cdot \exp\left[j2\pi f_0\left(t - \frac{2R}{c}\right)\right] = \exp\left[j\pi(\Delta f/\tau) \cdot \left(t - \frac{2R}{c}\right)^2\right] \cdot \exp\left[j2\pi f_0\left(t - \frac{2R}{c}\right)\right]$$

$$\tag{2.36}$$

接收到的回波脉冲中含有雷达载频分量（$j2\pi f_0 t$），通过正交解调去除后就仅留下由于斜距向距离引起的分量：$-j2\pi f_0(2R/c)$。令 $k = \dfrac{\omega}{c} = \dfrac{2\pi f_0}{c}$（式中 ω 为角频率，可以表示为 $\omega = \dfrac{2\pi c}{\lambda}$，$c$ 为光速，λ 为波长），则接收到的 SAR 信号可表示为

$$A_r\left(t - \frac{2R}{c}\right) = \exp\left[j\pi(\Delta f/\tau) \cdot \left(t - \frac{2R}{c}\right)^2\right] \cdot \exp(-j2kR) \tag{2.37}$$

4. SAR 系统成像模型

式(2.37)描述了一个 SAR 系统获取的点目标的原始 SAR 信号。为了得到 SAR 影像，需要采用 SAR 系统成像模型对原始 SAR 信号进行成像处理。设 SAR 影像为 $i(x, R)$，其方位向维度为 x，距离向维度为 R，则位于 SAR 影像上 (x', R') 处的一个点散射目标的 SAR 信号 $c(x, R)$ 可表示为

$$c(x, R) = \sqrt{\sigma} \cdot \delta(x - x', R - R') \qquad (2.38)$$

式中，σ 为目标的雷达后向散射强度，$\delta(x, R)$ 为狄拉克函数。则，SAR 系统成像模型的一种简化形式可表示为

$$i(x, R) = c(x, R) \cdot \exp(-j2kR) \otimes \otimes h(x, R) + n(x, R) \qquad (2.39)$$

式中，$h(x, R)$ 为点目标的二维脉冲响应函数，$\otimes \otimes$ 表示二维卷积操作，$n(x, R)$ 表示系统噪声。参考函数 $h(x, R)$ 通过理想点目标的二维参考方程 $g(x, R)$ 的自卷积得到（Mette T, 2007），即

$$h(x, R) = g(x, R) \otimes_x \otimes_R g(x, R) \qquad (2.40)$$

其中，$g(x, R)$ 是距离向参考函数和方位向参考函数的乘积，即

$$g(x, R) \propto g(x - x') \times g(R - R') \qquad (2.41)$$

其中，方位向参考函数为

$$\left. \begin{aligned} g(x) &\propto \exp\left[-j\pi\left(\frac{\Delta f_a}{t_a}\right)t_s^2\right] \\ t_s &= \frac{x}{v} \end{aligned} \right\} \qquad (2.42)$$

式中，v 为平台飞行速度，t_a 为平台飞行合成天线（L_a）长度的距离时用的时间，$t_a = L_a / v$。

距离向参考函数为

$$\left. \begin{aligned} g(R) &= \exp\left[j\pi\left(\frac{\Delta f}{\tau}\right)t_f^2\right] \\ t_f &= \frac{2R}{c} \end{aligned} \right\} \qquad (2.43)$$

对于分布式目标，如森林、草地等，可将式(2.39)描述为"体元"的积分形式，也就是将 (x, R) 空间转换为由 $r = (x, y, z)$ 描述的三维空间，一个体元可以表述为：$dV' = dx'dy'dz'$，则式(2.39)可以描述为

$$i(x, R) = \int_V c(r') \cdot \exp(-j \cdot 2kR') \cdot h(x - x', R - R')dV' + n(x, R) \qquad (2.44)$$

由于在信号并未到达目标前，(x, R) 空间的三维描述意义不大，因此仅在目标存在的局部空间采用三维 r 描述，这样就可将 R 分解为两个部分，一部分为到达散射目标前的距离 R_s，另一部分为描述散射体本身三维结构的 r（METTE T, 2007），在平面波假设条件下，式(2.44)可以进一步描述为

$$i(x, R) = \exp(-j \cdot 2kR_s)\int_V c(r') \cdot \exp(-j \cdot 2kr') \cdot h(x - x', R - R')dV' + n(x, R) \qquad (2.45)$$

注意，式(2.45)中积分号内的 $\boldsymbol{k}$ 是波数 k 的矢量表达形式，在 (x, y, z) 空间中，指向散射体所在的斜距方向，即

$$
\left.
\begin{aligned}
\boldsymbol{k}_1 &= k\left[0, \sin\theta_1, -\cos\theta_1\right]^{\mathrm{T}} \\
\boldsymbol{k}_2 &= k\left[0, \sin\theta_2, -\cos\theta_2\right]^{\mathrm{T}}
\end{aligned}
\right\}
\tag{2.46}
$$

式中上标 T 表示向量转置。

2.2　极　化　SAR

2.2.1　极化波的表征

1. 极化电磁波

极化电磁波的知识是学习极化 SAR 的基础，因此我们首先从极化电磁波入手，了解极化的含义以及极化电磁波如何采用数学公式或几何图形来表达。本节所述的电磁波均为远场平面电磁波，其特点为横波，如图 2.10 所示。

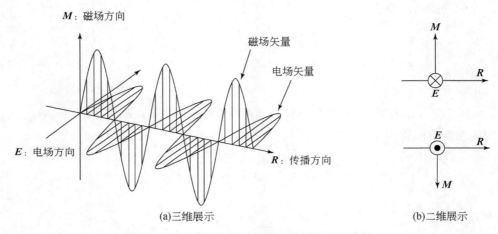

图 2.10　电磁波电场、磁场和传播方向示意图

如图 2.10 中所示，电磁波的电场、磁场和传播方向分别由 $\boldsymbol{E}$、$\boldsymbol{M}$ 和 $\boldsymbol{R}$ 三个矢量表示，这三个矢量需满足以下 2 个限制条件：①电场 $\boldsymbol{E}$ 和磁场 $\boldsymbol{M}$ 相位相同，即沿传播方向 $\boldsymbol{R}$ 同相振荡；②$\boldsymbol{E}$、$\boldsymbol{M}$ 和 $\boldsymbol{R}$ 三个矢量互相垂直，且符合右手螺旋法则，即当已知 $\boldsymbol{E}$、$\boldsymbol{M}$ 和 $\boldsymbol{R}$ 中的两个矢量的方向时，可根据右手螺旋法则推得第三个矢量的方向。

通常而言，电磁波的极化特征由其电场特性决定。如果电场强度的取向和幅值随时间呈现规律性的变化，则电磁波被称为极化电磁波，简称极化波。在极化 SAR 中最为常见的是水平和垂直极化波，如图 2.11 所示。我们将电磁波入射路线所在的且垂直于水平地表的平面定义为入射面。当电磁波的电场矢量方向垂直于入射面，则为水平极化波；当电磁波电场矢量方向在入射面内，则为垂直极化波。

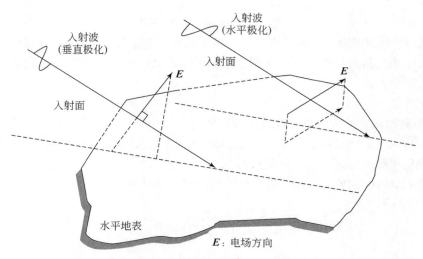

图 2.11　水平和垂直极化波的定义（RICHARD, 2009）

如果将水平和垂直极化波的电场矢量的变化投影到垂直于入射方向的平面上，其轨迹为一条直线。因此，水平和垂直极化波均属于线极化波。按照这种方式定义，极化波的种类还包含圆极化和椭圆极化。

由于线极化波的电场是在一个平面上的正弦波，因此可以采用二维平面中的三角函数描述。而对于圆极化和椭圆极化波而言，电场矢量变化为三维空间的螺旋曲线。此时，基于电磁波时谐场的假设条件，极化电磁波的电场强度变化规律可由一对相互正交，且幅度或初始相位不同的正弦波构成。如图 2.12 所示，椭圆或圆极化波可由水平和垂直两个分量的线极化波构成。

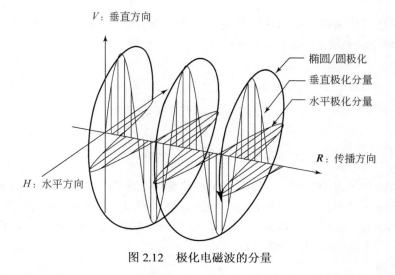

图 2.12　极化电磁波的分量

图 2.12 中，水平和垂直极化波电场矢量的幅度变化规律可用如下三角函数公式表达：

$$E_H = a_H \cos(\omega t - \beta R) \tag{2.47}$$

$$E_v = a_v \cos(\omega t - \beta R + \delta) \tag{2.48}$$

式中，E_H 和 E_V 分别代表水平和垂直极化分量电场矢量的幅度，a_H 和 a_v 分别代表水平和垂直极化分量电场矢量的振幅，ω 代表角频率，β 代表相位常数（波数），δ 代表水平和垂直极化分量的相位差。

2. 极化椭圆

由于圆/椭圆极化的三维螺旋曲线难以在实际应用中描述和分析问题，因此我们通常采用极化波在与入射方向垂直的平面上的投影轨迹来描述极化波。对于椭圆极化波而言，这一投影轨迹呈现椭圆形式，即"极化椭圆"。

由式(2.47)和式(2.48)可以推导出极化椭圆的表达公式为

$$\left(\frac{E_V}{a_V}\right)^2 + \left(\frac{E_H}{a_H}\right)^2 - 2\frac{E_H E_V}{a_H a_V}\cos\delta = \sin^2\delta \tag{2.49}$$

式中椭圆方程对应的几何图形如图 2.13 所示。

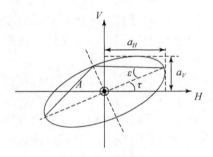

图 2.13　极化椭圆

其中，描述极化椭圆关键的几何参数有 3 个，分别为椭圆幅度 A，椭圆方向角（极化方位角）τ，和椭圆率角 ε。这三个参数可以由 a_H、a_v 和 δ 计算得到：

$$A = \sqrt{a_H^2 + a_V^2} \tag{2.50}$$

$$\tan(2\tau) = \frac{2a_H a_V}{a_H^2 - a_V^2}\cos\delta \tag{2.51}$$

$$|\sin(2\varepsilon)| = \frac{2a_H a_V}{a_H^2 + a_V^2}|\sin\delta| \tag{2.52}$$

对于任意极化状态的电磁波，可以采用极化椭圆的椭圆方向角 τ 和椭圆率角 ε 这两个参数来完全描述。当相位差 $\delta = \pm\pi/2$ 时，极化椭圆的长轴和短轴与坐标轴重合（$\tau = 0$ 或 $\pi/2$）；当 $a_H = a_V$ 时，极化椭圆将演变为圆形（$\varepsilon = \pm\pi/4$）；当 $\delta = 0$ 或 π 时，极化椭圆方程将演变为斜率为 $\pm a_v / a_H$ 的直线方程（$\varepsilon = 0$）。

3. 琼斯矢量

通过极化椭圆来表征极化波，可以从几何图形上对不同极化状态的电磁波有直观的认识，但是这种表征方式不便于极化矢量的运算。相比之下，琼斯矢量的矩阵形式更为简洁，可以用最少的信息量描述电磁波的极化状态，有助于简化极化矢量的复杂运算。

首先，我们定义矢量 $\boldsymbol{E}$ 为极化波的电场矢量，$\boldsymbol{h}$ 和 $\boldsymbol{v}$ 分别为水平和垂直极化分量方向上的单位矢量，基于式(2.47)和式(2.48)可得：

$$\boldsymbol{E} = \boldsymbol{h}E_H + \boldsymbol{v}E_V = \begin{bmatrix} a_H \cos(\omega t - \beta R) \\ a_V \cos(\omega t - \beta R + \delta) \end{bmatrix} \tag{2.53}$$

忽略时间和传播路径项，可定义琼斯矢量为

$$\boldsymbol{E}_j = \begin{bmatrix} a_H \\ a_V \exp(\delta) \end{bmatrix} \tag{2.54}$$

然后，利用式(2.50)至式(2.52)可将琼斯矢量表达为极化椭圆参数的二维矢量形式：

$$\boldsymbol{E}_j = A\exp(\zeta)\begin{bmatrix} \cos\tau & -\sin\tau \\ \sin\tau & \cos\tau \end{bmatrix}\begin{bmatrix} \cos\varepsilon \\ j\sin\varepsilon \end{bmatrix} \tag{2.55}$$

式中，A 为椭圆幅度，ζ 为绝对相位项。实际应用中，我们常利用单位琼斯矢量来表征几种典型极化状态的电磁波，如表 2.1 所示。

表 2.1 典型极化波的琼斯矢量及其对应的极化椭圆参数

极化状态	单位琼斯矢量	椭圆方向角 τ	椭圆率角 ε
水平极化（H）	$\begin{bmatrix} 1 \\ 0 \end{bmatrix}$	0	0
垂直极化（V）	$\begin{bmatrix} 0 \\ 1 \end{bmatrix}$	$\pi/2$	0
+π/4 线极化	$\dfrac{1}{\sqrt{2}}\begin{bmatrix} 1 \\ 1 \end{bmatrix}$	$\pi/4$	0
+π/4 线极化	$\dfrac{1}{\sqrt{2}}\begin{bmatrix} 1 \\ -1 \end{bmatrix}$	$-\pi/4$	0
左旋圆极化	$\dfrac{1}{\sqrt{2}}\begin{bmatrix} 1 \\ j \end{bmatrix}$	$(-\pi/2, \pi/2]$	$\pi/4$
右旋圆极化	$\dfrac{1}{\sqrt{2}}\begin{bmatrix} 1 \\ -j \end{bmatrix}$	$(-\pi/2, \pi/2]$	$-\pi/4$

除了极化椭圆和琼斯矢量，我们还可以利用斯托克斯矢量和庞加莱球来描述电磁波的极化状态，后两种方法不仅可以用来描述完全极化波，还可以用来描述部分极化波（王超等，2008）。

2.2.2 极化 SAR 系统

1. 极化 SAR 系统组成

雷达的基本系统由发射机，接收机，天线和处理系统组成。发射机负责产生信号，然后通过发射天线将信号发射出去，然后经地物目标散射后由接收天线将信号接收到接收机处理，然后再传输至处理系统进行显示或其他处理。在具体工程实现时，发射和接收通常采用一部天线，此时则需要增加一个转换开关来实现发射和接收的交替进行。而极化 SAR 系统由于需要发射和接收不同极化波的信息，因此设计上更为复杂。这里我们假设极化 SAR 系统采用的是偶极子天线来收发极化波，则整个系统的组成如图 2.14 所示。

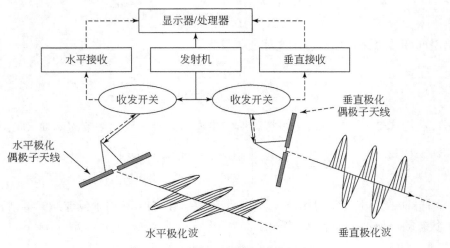

图 2.14   极化 SAR 系统示意图

由图 2.14 中可以看到，极化 SAR 系统需要两部互相垂直的天线（以偶极子天线为例），空间上与入射面垂直的天线发射和接收水平极化波，空间上与入射面平行的天线发射和接收垂直极化波；接收机则需具备接收水平和垂直极化信号的能力；对于全极化 SAR 系统而言，水平和垂直极化天线均需要有发射和接收电磁波的能力，因此需要两套收发开关控制整个天线系统的交替收发工作。需要注意的是，对于图 2.14 中所示的偶极子天线而言，接收极化波信号时，只有当接收波的电场矢量平行于天线方向时，才能实现最大功率的接收；当接收波电场矢量垂直于天线方向时，天线无法接收到极化波的信号（RICHARD，2009）。

2. 极化 SAR 工作模式

图 2.14 所示的极化 SAR 系统，不仅能发射和接收单一极化状态的电磁波（水平或垂直极化），而且，可以在工作时发射和接收多个极化通道的电磁波，具备单极化、双极化和全极化的数据获取能力。如图 2.15 所示，是极化 SAR 包含的几种工作模式。

其中，单极化只需要一部天线工作，例如发射水平极化波，然后也只接收水平极化波，最终获取单极化 SAR 数据(HH)；双极化则需要用到两部天线，但只有一部天线需要既负责发射又负责接收，另一部天线则只负责接收，例如水平天线发射水平极化波，然后水平天线和垂直天线同时接收信号，最终获取双极化 SAR 数据(HH/HV)；全极化模式的两部天线均需要负责发射和接收，通常是通过交替发射水平和垂直的极化电磁波，然后两部天线同时接收水平和垂直极化波，从而获取全极化 SAR 数据(HH/HV/VH/VV)。

与单极化模式相比，全极化模式虽然能够获取全极化的 SAR 数据，可以提供更丰富的有用信息，但是也存在一些缺点。首先，全极化 SAR 系统的复杂度高，收发通道多，因此，极化通道间易串扰，数据的信噪比一般比单极化低；其次，全极化 SAR 系统功耗大，数据量大（单极化的 4 倍）。对于星载 SAR 而言，受到星上能量供应和数据下传能力的限制，全极化模式数据的获取难度更大（功耗大，星上 SAR 开机时间更有限），而且，全极化模式的最高分辨率，影像幅宽等指标一般也低于单极化模式。鉴于全极化模式在实际应用中的缺点，有学者提出了简缩极化模式，即通过发射 π/4 线极化波或圆极化波来实现 SAR 数据的获取，有望在降低全极化工作模式功耗和数据量的情况下，在应用中达到与全极化相当的效果。

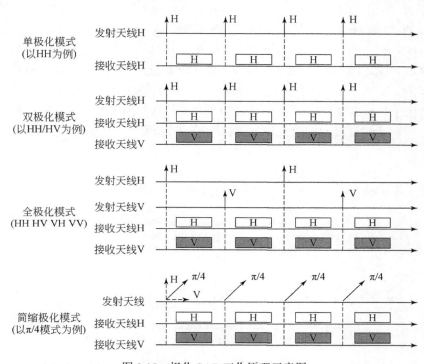

图 2.15　极化 SAR 工作原理示意图

2.2.3　极化波的地物散射特点

由于极化 SAR 可以通过发射和接收不同极化方式的电磁波来获取目标更为丰富的特征信息，因此可以更好的实现地物识别或定量参数反演的目的。但前提是需要对极化波与地物的相互作用规律有所认识。不同类型和结构的地物对于极化波的影响主要体现在 3 个方面，即：后向散射强度，相位和极化状态。在后向散射强度方面，很多书籍和文献中已经有了较为详细的理论模型推导和论述，这里不做赘述。这一节我们将主要从相位和极化状态这两点简要介绍极化波的地物散射特点。主要分为 3 个小节，对应三种典型的地物散射机制，即：表面（单次）散射、二面角（二次）散射和体散射。"（后向）散射"是在雷达遥感中描述电磁波与地表相互作用过程的常用概念。但是，在电磁波理论中，电磁波与介质表面相互作用过程中常用的则是"反射"的概念。在本节中，为了论述的方便，我们不严格区分"（后向）散射"和"反射"的具体差异。

1. 表面（单次）散射

在光学物理中，存在一种"半波损失"的现象，即当光波从波疏介质向波密介质传播时的反射过程中，反射波在离开反射点时的振动方向相对于入射波到达入射点时的振动相差半个周期（即半个波长，相位差为π）。同属电磁波的极化波在表面散射时存在类似的现象，但在微波遥感的分析中，通常需要从电磁场和电磁波的理论出发，这时候要严格依据介质表面的边界条件来确定反射波的特征。

首先，我们假设一个边界条件未知的介质层，进而分析水平极化波和垂直极化波的情况，如图 2.16 所示。图 2.16（a）为水平极化的入射波，电场振动方向平行于介质表面。由于电磁波的 **E**、**M** 和 **R** 三个矢量需满足右手螺旋准则，因此反射波只可能存在两种情况：①图 2.16（b），**E** 方向反转，**M** 方向不变；②图 2.16（c），**E** 方向不变，**M** 方向反转。对于垂直极化波［图 2.16（d）］，则是类似的结论，即 **E** 方向反转［图 2.16（e）］或 **M** 方向反转［图 2.16（f）］。从极化波的相位角度考虑，**E** 方向反转意味着反射波相比于入射波有π的相位跳转（半个波长）。此时，若从电磁波电场和磁场同相的角度考虑，**M** 方向也会有π的相位跳转，但由于传播方向的改变，反射波 **M** 的方向相比于入射波 **M** 方向并未改变。

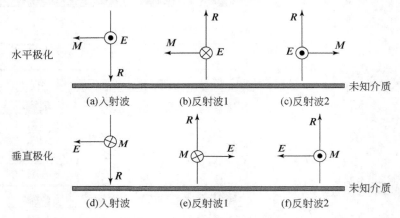

图 2.16　水平和垂直极化波在未知介质表面反射时的极化状态改变

图 2.16 展示的是当介质边界条件未知时的情况，而当介质表面已知为理想导体时，则可认为是电场方向发生反转（RICHARD，2009），如图 2.17 所示。

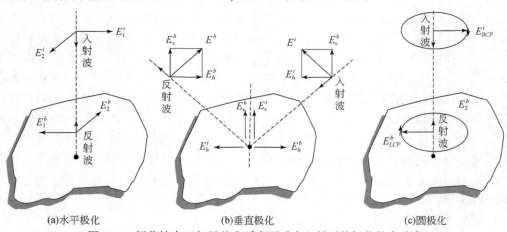

图 2.17　极化波在理想导体介质表面垂直入射时的极化状态改变

图 2.17 中，当入射波为水平极化波时［图 2.17（a）］，电场方向反转，这是由于理想导体内没有电场和磁场，所以其表面没有切向的电场，可理解为在反射点处存在：$E_1^i + E_1^b = 0$ 和 $E_2^i + E_2^b = 0$，因此电场方向反转；当入射波为垂直极化波时［图 2.17（b）］，可将入射波电场矢量（E^i）分解为水平（切向）分量（E_h^i）和垂直（法向）分量（E_v^i）。其中，水平分量反射后发生反转，得到反射波的水平分量（$E_h^b = -E_h^i$），而垂直分量则不发生变化（$E_v^b = E_v^i$），因为理想导体表面反射波的法向电场等于入射波的法向电场（葛德彪和闫玉波，2011）。然后，由反射波的水平和垂直分量即可得到反射波的电场矢量（E^b）；当入射波为右旋圆极化波时［图 2.17（c）］，入射波的电场矢量（E_{RCP}^i）同样会发生反转，即反射波变为左旋圆极化波（E_{LCP}^b），其原理可通过将圆极化电场矢量分解为相位差为 π/2 且正交的两个电场矢量分析得到。值得注意的是，图 2.17 中水平极化和垂直极化波的电场方向经反射后仍在原振动平面内，即其线极化波的具体类型并未发生改变，因此并不影响其发射天线对其反射波的接收（仅是 π 的相位差异），而圆极化则不同，右旋圆极化经反射后变为了左旋圆极化，右旋圆极化发射天线则不能够接收左旋圆极化电磁波。

图 2.17 中水平极化和垂直极化波经反射后，其极化类型并未改变的前提条件在于介质面与入射面（图 2.11）是相互垂直的。这一前提条件确保了水平极化波的反射波的电场矢量方向仍与入射面垂直，垂直极化波的反射波极化方向仍与入射面平行，因此极化特性均未改变。然而，当介质面与入射面不相互垂直时，情况将会有所变化。如图 2.18 所示，是理想导体介质表面存在方位向倾斜角度时，水平极化入射波和反射（后向散射）波的电场矢量方向示意图。

图 2.18 中，X, Y, Z 构成了描述雷达成像几何的空间三维坐标系，其中，X 代表方位向，Y 代表距离向，Z 代表垂直向，可理解为水平介质面（地表）的法向量。H, V, R 构成了描述极化波特性的空间三维坐标系，其中，H 代表水平极化方向，与 X 方向重合，V 代表垂直极化方向，R 代表极化波传播方向。在这两个三维坐标系中，Z, V, Y, R 共面，X 和 H 与该平面垂直。N 为介质面的法向量，N 和 Z 的夹角即为介质面的方位向倾斜角度 θ_a。θ 为雷达视角。如图中所示，E^i 为入射波电场矢量方向，和图 2.17（b）中的分析类似，我们将入射波电场矢量 E^i 分解为与介质面水平的分量 E_p^i 和与介质面垂直（与 N 平行）的分量 E_n^i。然后，在介质表面，存在（$E_n^i = E_n^b$）和（$E_p^b = -E_p^i$），因此可以得到反射波的电场矢量 E^b。由于介质表面仅在方位向倾斜，在距离向没有倾斜角度，因此容易判断 E^b 平行于 $X(H)$-Z 面。因此，我们可将 E^b 分解为水平极化分量 E_h^b 和 Z 轴方向上的垂直分量 E_z^b。进一步的，可将 Z 轴方向上的垂直分量 E_z^b 分解为垂直极化分量 E_v^b 和 R 轴方向上的分量 E_r^b。根据图 2.18 中的几何关系，可推得 E^i 和 E^b 的夹角为 π-2θ_a，E^b 和 Z 的夹角为 π/2-2θ_a，E_z^b 和 E_r^b 的夹角为 θ_i。因此，可以得到式(2.56)和式(2.57)：

$$\left| E_h^b \right| = \left| E_i \right| \cos 2\theta_a \tag{2.56}$$

$$\left| E_v^b \right| = \left| E_i \right| \sin 2\theta_a \sin \theta_i \tag{2.57}$$

根据图 2.18 所示的几何关系和以上公式可以知道，当介质面存在方位向倾斜（地表存在方位向地形）时，水平极化波经介质面反射后，极化方向将发生改变，改变的程度将取决于方位向倾斜的角度。例如，当 $\theta_a = \pi/4$ 时，根据式(2.56)和式(2.57)可知，反射波的水平极化分量为零，仅存在垂直极化分量，即水平极化波经反射后完全变为了垂直极化波（还有部分能量损失）。图 2.18 中，当入射波为垂直极化时，会得到类似的结论，读者可自行分析。

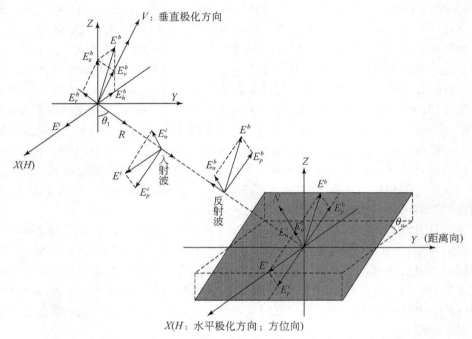

图 2.18　水平极化波在方位向倾斜理想导体介质表面散射时的极化状态改变

　　另外，当介质面仅存在距离向倾斜时，则不会有上述结论，主要原因在于此时入射面和介质面仍保持垂直，距离向的倾斜角度大小仅会改变（后向散射）反射波的强度大小，并不会改变电场矢量的振动方向。而当介质面既存在距离向倾斜又存在方位向倾斜时，则会是更加复杂的情况，但显然无论发射波是水平极化还是垂直极化，其反射波的极化状态均将发生改变。此时，SAR 的接收天线将会捕捉到交叉极化（HV/VH）的信息，这是理解后续章节中极化方位角校正理论的基础。

2. 二面角（二次）散射

　　二面角散射又称为二次散射，是雷达遥感中常见的一种重要散射机制。对应的典型地物类型有建筑物、桥梁、角反射器等。在森林区域，树木枝干和地面同样可能构成二面角散射的结构，因此二面角散射也是森林区域的重要散射机制。基于图 2.16 和图 2.17 中的结论，极化波在二面角结构中的散射规律比较容易得到，如图 2.19 所示。

　　图 2.19（a）所示为单次反射电场矢量反转的情况［图 2.16（b）和（e）］，即理想导体介质表面的情况［图 2.17（a）和（b）］，二面角散射过程中会发生两次反射过程，最终的反射波和入射波相比，水平极化电场矢量未发生变化，垂直极化电场矢量方向发生了反转；图 2.19（b）所示，为单次反射电场矢量不变的情况［图 2.16（c）和（f）］，此时虽然单次反射电场矢量不变，但是入射波为垂直极化时，最终反射波的电场矢量仍然发生了反转。综上可知，无论二面角散射的介质面是何种边界条件，水平极化波的电场矢量均不会发生

反转，而垂直极化波的电场矢量均会反转。电场矢量反转意味着 π 的相位的差异，相对于未反转的情况在数学上存在一个负号（"－"）的含义。假设入射波电场方向为正（"＋"），则对于单次散射而言，水平极化和垂直极化反射波的电场方向为同号（同为正或同为负）；对于二次散射而言，水平极化反射波电场方向为正，垂直极化反射波电场方向为负（图2.19）。因此，通常采用同极化（HH 或 VV）的和（HH+VV）来表示表面（单次）散射，采用同极化的差(HH-VV)来表示二面角（二次）散射。

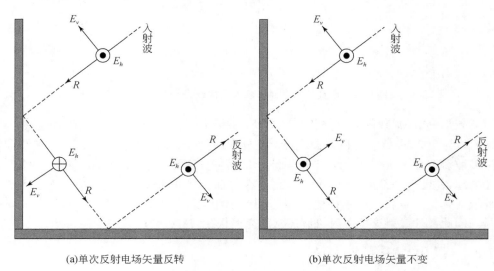

(a)单次反射电场矢量反转　　　　　　　　(b)单次反射电场矢量不变

图 2.19　二面角散射中水平和垂直极化波极化状态的改变

3. 体散射

对于森林、农作物和海冰等内部包含数量较多的不连续散射体的介质层，电磁波可以一定程度的穿透介质表层，在介质内部发生多次散射过程，这种多路径散射后所产生的总有效散射被称为体散射。由于这一散射过程有着较多的不确定性（散射体的形状，大小，数量，空间位置等），因此很难像单次散射和二次散射一样能够较为清晰的刻画散射过程中极化波极化状态的改变。但可以确定的是，体散射相比于单次散射和二次散射，可以产生较大比例的交叉极化（HV/VH）信号。然而，与表面（单次）散射中方位向地形造成的交叉极化贡献有所不同的是，表面散射贡献的交叉极化信号源自"纯"的极化波，而体散射贡献的交叉极化信号，则通常认为是"不纯"的部分或非极化波。因此，体散射产生交叉极化的过程通常被称为"去极化"的过程。

以森林为例，将森林中的枝干，树叶等散射体假设为细小的导电圆柱体，然后即可分析极化波经单个细小圆柱体散射后的极化特性，如图2.20所示。

图2.20 中展示了垂直极化波经过不同角度细圆柱体的散射后极化状态的改变。可以看到，当入射波电场矢量（E^i）与圆柱体方向正交时［图2.20（a）］，入射波和圆柱体不会发生作用；当入射波电场矢量（E^i）与圆柱体方向平行时［图2.20（b）］，导电圆柱体受到入射波电场影响形成感应电流，入射波将被散射为诸多散射波，其电场方向（E^s）和入射波一致；当入射波电场矢量（E^i）与圆柱体方向成一定夹角时［图2.20（c）］，我们可以将入

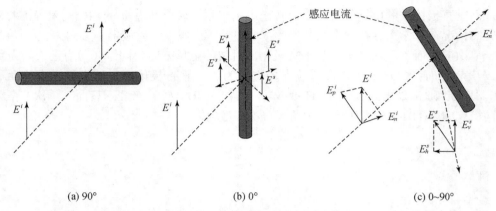

<table>
<tr><td>(a) 90°</td><td>(b) 0°</td><td>(c) 0~90°</td></tr>
</table>

图 2.20　不同角度细圆柱体对于极化波极化状态的改变（RICHARD, 2009）

射波电场矢量分解为与圆柱体正交的分量（E_n^i）和与圆柱体平行的分量（E_p^i）。显然，正交分量（E_n^i）与图 2.20（a）一样，会绕过圆柱体向前传播，而平行分量（E_p^i）会被圆柱体散射为诸多散射波分量（E^s），而每个散射波分量又可分解为水平极化分量（E_h^s）和垂直极化分量（E_v^s），由此产生了交叉极化信号。对于森林而言，森林冠层中包含成千上万个类似的细圆柱散射体，足以将入射的极化波"去极化"为部分或非极化波，从而贡献较强的交叉极化信号。因此，体散射这种散射机制通常用交叉极化（HV/VH）来表示。

2.2.4　极化 SAR 数据表征

1. 极化散射矩阵

全极化 SAR 数据可以获取四种不同极化组合来表现地物的极化散射信息的量，它们反映了地面每个分辨单元内的极化散射特性。对于全极化模式获取的数据，通常通过一个 2×2 的复数矩阵来表示，这个矩阵被称之为极化散射矩阵或 Sinclair 矩阵（S 矩阵），它将目标的散射的能量特性、相位特性统一了起来，完整的描述了雷达目标的电磁散射特性。

极化散射矩阵 S 实质上描述了天线发射的不同极化状态的雷达波与目标反射回来天线接收到的不同极化状态雷达波之间的线性转换关系，如式(2.58)所示。

$$E_0^r = \frac{\exp(jkR)}{R} \cdot SE_0^i = \frac{\exp(jkR)}{R} \cdot \begin{bmatrix} S_{hh} & S_{hv} \\ S_{vh} & S_{vv} \end{bmatrix} E_0^i \tag{2.58}$$

式中，E_0^i 和 E_0^r 分别表示发射天线发射到散射体上的入射波和接收天线接收到的来自散射体的散射波。S 矩阵即可表示为式（2-59）。

$$S = \begin{bmatrix} S_{hh} & S_{hv} \\ S_{vh} & S_{vv} \end{bmatrix} \tag{2.59}$$

式中，S_{hh} 和 S_{vv} 为同极化分量，S_{hv} 和 S_{vh} 为交叉极化分量。对于单站的 SAR 系统，因为满足互易定理，所以存在 $S_{hv}=S_{vh}$ 的关系。

2. 极化协方差矩阵与极化相干矩阵

对于纯粹的确定性散射体，通常采用上述以单个像素点为单位的极化散射矩阵表征极化 SAR 数据，而现实世界中，地物更多的是分布式随机散射体。对于这种分布式的散射体，人们更感兴趣的是它们在平均意义下的极化特性，这时则需要采用极化协方差矩阵 C 或极化相干矩阵 T 来表征极化 SAR 数据。首先，需要应用 Pauli 基或 Lexicographic 基将散射矩阵矢量化，所得散射矢量（满足互易条件）为式（2-60）。

$$k_L = \begin{bmatrix} S_{hh} \\ \sqrt{2}S_{hv} \\ S_{vv} \end{bmatrix} \quad k_P = \begin{bmatrix} S_{hh} + S_{vv} \\ S_{hh} - S_{vv} \\ 2S_{hv} \end{bmatrix} \tag{2.60}$$

这一变换不会改变极化散射的总功率，其中 Lexicographic 散射矢量 k_L 直接代表散射矩阵的观测值，Pauli 散射矢量 k_P 也可以代表极化通道间的相关关系，并且包含了物理散射机制的含义。

应用两种散射矢量，即可定义两个 3×3 的复数矩阵，即极化协方差矩阵 C 和极化相干矩阵 T：

$$C = E(k_L k_L^{*\mathrm{T}}) = E\begin{pmatrix} \left\langle |S_{hh}|^2 \right\rangle & \sqrt{2}\left\langle S_{hh}S_{hv}^* \right\rangle & \left\langle S_{hh}S_{vv}^* \right\rangle \\ \sqrt{2}\left\langle S_{hv}S_{hh}^* \right\rangle & 2\left\langle |S_{hv}|^2 \right\rangle & \sqrt{2}\left\langle S_{hv}S_{vv}^* \right\rangle \\ \left\langle S_{vv}S_{hh}^* \right\rangle & \sqrt{2}\left\langle S_{vv}S_{hv}^* \right\rangle & \left\langle |S_{vv}|^2 \right\rangle \end{pmatrix} \tag{2.61}$$

$$T = E(k_P k_P^{*\mathrm{T}}) = \frac{1}{2}E\begin{pmatrix} \left\langle |S_{hh}+S_{vv}|^2 \right\rangle & \left\langle (S_{hh}+S_{vv})(S_{hh}-S_{vv})^* \right\rangle & 2\left\langle (S_{hh}+S_{vv})S_{hv}^* \right\rangle \\ \left\langle (S_{hh}-S_{vv})(S_{hh}+S_{vv})^* \right\rangle & \left\langle |S_{hh}-S_{vv}|^2 \right\rangle & 2\left\langle (S_{hh}-S_{vv})S_{hv}^* \right\rangle \\ 2\left\langle S_{hv}(S_{hh}+S_{vv})^* \right\rangle & 2\left\langle S_{hv}(S_{hh}-S_{vv})^* \right\rangle & 4\left\langle |S_{hv}|^2 \right\rangle \end{pmatrix} \tag{2.62}$$

实质上，极化相干矩阵 T 与极化协方差矩阵 C 所包含的信息量是相同的，它们之间也可以互相转换。

2.2.5 极化 SAR 统计描述

由于 SAR 是一种相干成像系统，因此其每个像元的回波是由大量散射单元的反射波相干叠加构成，矢量叠加的随机性产生了颗粒状的噪声，即相干斑。因此，对于 SAR 影像的统计描述通常称之为对于相干斑的统计描述。

上一小节已经提到，对于单视极化 SAR 影像的每一个极化通道的回波，均用一个复数代表。当在均匀区域，噪声得到饱和发育的情况下，该复数的实部和虚部相互独立，各自服从均值为 0，方差为 $\sigma^2/2$ 的高斯分布，σ^2 为强度均值。在此基础上，容易得到单极化数据的相位在 $[-\pi, \pi]$ 之间服从均匀分布，幅度数据服从瑞利分布，强度数据服从负指数分布，详细推导证明可参阅文献（OLIVER C and QUEGAN S，2004）。而对于全极化 SAR 数据，更关心的是所有极化通道一起服从的统计分布，由实部和虚部的分布容易得到，极化

SAR 影像的散射矢量服从的是一个复多元高斯分布（LEE J S and POTTIER E, 2009），概率密度函数为

$$p(\boldsymbol{x}) = \frac{1}{\pi^3 |\boldsymbol{C}|} \exp(-\boldsymbol{x}^{*\mathrm{T}} \boldsymbol{C}^{-1} \boldsymbol{x}) \tag{2.63}$$

式中，$\boldsymbol{x}$ 代表散射矢量 $\boldsymbol{k}_L$；$\boldsymbol{C}$ 代表协方差矩阵，$|\cdot|$ 代表求矩阵行列式。因此，对于极化 SAR 的单视矢量复数据，即可通过该概率密度函数描述。而多视极化 SAR 协方差矩阵数据服从的概率分布可以在此基础上推得。由于协方差矩阵等于散射矢量复共轭相乘的期望，即 $\boldsymbol{C} = E\{\boldsymbol{x} \cdot \boldsymbol{x}^{*\mathrm{T}}\}$。因此，可以推导协方差矩阵 $\boldsymbol{C}$ 服从复 Wishart 统计分布，概率密度函数为

$$\left. \begin{aligned} p_C(\boldsymbol{C} \mid n, \Sigma) &= \frac{n^{qn} |\boldsymbol{C}|^{n-q} \exp[-n \cdot \mathrm{Tr}(\Sigma^{-1}\boldsymbol{C})]}{K(n,q) |\Sigma|^n} \\ K(n,q) &= \pi^{q(q-1)/2} \Gamma(n) \cdots \Gamma(n-q+1) \end{aligned} \right\} \tag{2.64}$$

式中，n 代表多视化视数；q 代表极化通道数目，互易原理条件下 $q=3$；$\mathrm{Tr}(\cdot)$ 代表矩阵的迹；$\Gamma(\cdot)$ 为 Gamma 函数；Σ 为 $\boldsymbol{C}$ 的期望。

2.2.6 极化 SAR 目标分解

从极化 SAR 影像数据中，我们可以通过极化目标分解理论提取目标的极化散射特性，分析目标的物理散射机制，从而有利于对极化影像的理解，更好的实现全极化数据的分类、检测和识别等应用。由此可见，极化目标分解理论是为了更好的解译极化 SAR 数据而发展起来的，它最早由 HUYNEN 提出，因有助于利用极化散射矩阵解释散射体的物理机理，促进对极化信息的充分利用，受到了雷达工作者的重视。

极化目标分解的方法大致可分为两类：一类是极化相干目标分解，是针对目标散射矩阵 $\boldsymbol{S}$ 的分解，要求目标的散射特征是确定的或稳态的，散射回波是相干的；另一类是非相干目标分解，一般是针对极化协方差矩阵、极化相干矩阵的分解，此时可适用于分布式目标，其目标散射可以是非确定的，回波可以是非相干的。

1. 相干极化目标分解

相干目标分解是基于散射矩阵的分解方法，其主要思想是将任意散射矩阵 $\boldsymbol{S}$ 表示成基本目标的散射矩阵之和的形式，这些基本散射矩阵分别反映了某种确定的散射机理。常用的相干目标分解方法包括 Pauli 分解、SDH 分解、Cameron 分解等。其中，Pauli 分解由于具有一定的抗噪性，且分解方法非常简单，应用最为广泛。Pauli 分解选用四个正交 Pauli 基作为它的基本散射矩阵，用 2×2 的矩阵表示如下：

$$\{\boldsymbol{S}_a, \boldsymbol{S}_b, \boldsymbol{S}_c, \boldsymbol{S}_d\} = \left\{ \sqrt{2}\begin{bmatrix} 1 & 0 \\ 0 & 1 \end{bmatrix}, \sqrt{2}\begin{bmatrix} 1 & 0 \\ 0 & -1 \end{bmatrix}, \sqrt{2}\begin{bmatrix} 0 & 1 \\ 1 & 0 \end{bmatrix}, \sqrt{2}\begin{bmatrix} 0 & -j \\ j & 0 \end{bmatrix} \right\} \tag{2.65}$$

基于这 4 个 Pauli 基即可将散射矩阵分解成 4 个矩阵代表四种散射机制，如下式所示：

$$S = \begin{bmatrix} S_{hh} & S_{hv} \\ S_{vh} & S_{vv} \end{bmatrix} = aS_a + bS_b + cS_c + dS_d \tag{2.66}$$

依次对应奇次（单次）散射，偶次（二次）散射，体散射，$\pi/4$ 螺旋体散射这四种散射机制，显然在单基雷达系统中，根据互易原理，第四种散射机制对散射矩阵 S 的贡献为 0。

SDH 分解是由 KROGAGER 在 1990 年提出的另一种相干目标分解方法，该方法将一个对称的极化散射矩阵 S 分解为三个相干分量球、二面角和螺旋体散射之和，比较适合于高分辨率 SAR 数据的分析。CAMERON 分解是 CAMERON 在 1996 年提出，是基于雷达目标的互易性和对称性这两种基本特性的分解方法，对于人工地物和自然地物的分类很有效。SDH 分解和 CAMERON 分解的详细分解原理及公式推导可参考文献（王超等，2008）。

2. 非相干极化目标分解

上述的相干极化目标分解方法是针对于极化散射矩阵 S 的分解，仅适用于目标的散射特征是确定的或稳态的。然而，在实际的研究和应用时通常需要面对是散射特征变化性很强的分布式目标，这类目标的单个极化散射矩阵 S 具有一定的随机性，因此对该类目标散射特性的描述需要采用统计的方法，即采用 MUELLER 矩阵，极化协方差矩阵 C，极化相干矩阵 T 等二阶极化矩阵来分析其极化特性。这类分解方法主要包括 HUYNEN 分解 (HUYNEN J R, 1970)，FREEMAN-DURDEN 分解(FREEMAN A and DURDEN S L, 1998)，YAMAGUCHI 分解(YAMAGUCHI et al., 2005)，CLOUDE 分解等(CLOUDE , 1986; CLOUDE S R et al., 1996)。

HUYNEN 分解的思路是基于著名的波的二分性理论，最早由 HUYNEN 于 1970 年在其博士学位论文中提到。根据该理论，他假定目标信息也存在着二分性，即任一目标的 MUELLER 矩阵都可以表示为单个目标和 N 个目标的矩阵之和。HUYNEN 分解的结构更倾向于将自然场景的分布式散射体看做噪声项来处理，因此该分解方法常常被用于分析人造目标。

FREEMAN-DURDEN 分解是 FREEMAN 和 DURDEN 于 1998 年在 VAN ZYL 工作的基础上，提出的一种非相干分解方法。FREEMAN 分解将协方差矩阵分解为表面散射，二次散射和体散射三种散射机制，其分解结果如式(2.67)所示：

$$|C| = f_s \begin{bmatrix} |\beta|^2 & 0 & \beta \\ 0 & 0 & 0 \\ \beta^* & 0 & 1 \end{bmatrix} + f_d \begin{bmatrix} |\alpha|^2 & 0 & \alpha \\ 0 & 0 & 0 \\ \alpha^* & 0 & 1 \end{bmatrix} + f_v \begin{bmatrix} 1 & 0 & 1/3 \\ 0 & 2/3 & 0 \\ 1/3 & 0 & 1 \end{bmatrix} \tag{2.67}$$

式中，f_v 为体散射系数；f_d 为偶次散射系数；f_s 为表面散射系数；α 为偶次散射的极化系数；β 为表面散射的极化系数。同 Pauli 分解一样，FREEMAN-DURDEN 分解也可以保持极化通道的总功率不变。

FREEMAN-DURDEN 分解的前提是同极化和交差极化之间的相关系数为 0，即反射对称的情况。然而，在城市区域或其他复杂区域，该条件不一定能满足。针对这一情况，YAMAGUCHI 于 2005 年提出了 YAMAGUCHI 分解方法，在 FREEMAN-DURDEN 三分量分解模型的基础上引入了第四个散射分量，即螺旋体散射。与 FREEMAN-DURDEN 分解的分解结果相对应，主要的变化在于其体散射分量和新引入的螺旋体散射分量，如式(2.68)所示。

$$\left.\begin{aligned}
|C|_v &= \frac{1}{15}\begin{bmatrix} 8 & 0 & 2 \\ 0 & 4 & 0 \\ 2 & 0 & 3 \end{bmatrix} \\
|C|_h &= \frac{1}{4}\begin{bmatrix} 1 & \pm j\sqrt{2} & -1 \\ \mp j\sqrt{2} & 2 & \mp j\sqrt{2} \\ -1 & \pm j\sqrt{2} & 1 \end{bmatrix}
\end{aligned}\right\} \tag{2.68}$$

CLOUDE 分解是 CLOUDE 于 1986 年提出的基于相干矩阵的特征矢量分析的极化目标分解方法，其优点是在不同极化基的情况下能够保证特征值不变。根据 CLOUDE 的分解理论，极化相干矩阵 T 可以写成式（2.69）：

$$\left.\begin{aligned}
|T| &= U\varLambda U^{*\mathrm{T}} = U\begin{bmatrix} \lambda_1 & 0 & 0 \\ 0 & \lambda_2 & 0 \\ 0 & 0 & \lambda_3 \end{bmatrix}U^{*\mathrm{T}} \\
U &= [u_1, u_2, u_3]
\end{aligned}\right\} \tag{2.69}$$

式中，$\varLambda$ 的三个对角元素，是极化相干矩阵 T 的特征值，它们存在 $\lambda_1 \geqslant \lambda_2 \geqslant \lambda_3 \geqslant 0$ 的关系，这三个特征值分别代表三种散射机制，且它们的累加和等于总功率。然后，可以计算每种散射机制所占的比率 P_i：

$$P_i = \frac{\lambda_i}{\sum\limits_j \lambda_j} \tag{2.70}$$

CLOUDE 的分解方法主要定义了三个物理量以表征目标的散射机理信息，分别是散射熵（entropy）H，平均散射角 α，反熵（anisotropy）A，它们的计算公式如下：

$$\left.\begin{aligned}
H &= \sum_{i=1}^{3} -P_i \log_3 P_i \\
\alpha &= \sum_{i=1}^{3} P_i \alpha_i \\
A &= \frac{\lambda_2 - \lambda_3}{\lambda_2 + \lambda_3}
\end{aligned}\right\} \tag{2.71}$$

其中，散射熵 H 描述了散射的随机性，平均散射角 α 表示从表面散射到二面角散射的平均散射机制，反熵 A 则体现了除占优势的散射机制外，另两个相对较弱的散射分量之间的关系。

2.3 干涉合成孔径雷达

2.3.1 干涉合成孔径雷达测高原理

干涉合成孔径雷达（InSAR）测量模式包括交轨干涉、顺轨干涉和差分干涉三种。顺轨干涉主要用于目标在斜距向速度的测量，差分干涉主要用于地壳形变的监测。本书只介绍主要用于高程测量的交轨干涉模式。

交轨干涉进一步还可细分为重复轨干涉、单轨（双天线）干涉等模式。对地面同一个成像区域进行重复观测，将采集的两幅 SAR 影像用于干涉测量，这种模式就是重复轨干涉。重复轨干涉可以是采用同一颗卫星进行重复观测，也可以采用两颗卫星分别对地物进行观测来实现。若采用同一颗卫星进行重复轨干涉，对多数星载 SAR 卫星都可以通过对同一个地区的重访来实现，但时间间隔一般都较长，基线长度也较难控制；重复轨干涉也可以采用两颗卫星组成干涉测量星座，通过一前一后、双星绕飞等模式实现干涉测量，ERS-1/2、Tandem-X 就是两个典型的例子。单轨（双天线）干涉需要在遥感平台上同时搭载两幅天线，而且天线之间要有足够的基线距离，不太适合卫星遥感，在飞机和航天飞机平台上都有很好的实际应用，如 SRTM 就是一个典型单轨（双天线）干涉实例。

从信号的发射接收模式上，主要包括双发双收（两幅天线自发自收信号，天线间不交换信号，也称为乒乓模式）、单发双收模式。对于单平台单天线的重复轨干涉模式显然采用的只能是双发双收模式，而对于单轨（双天线）、双星绕飞干涉，这两种收发模式都有可能采用。下面将以重复轨、双发双收干涉模式为例介绍。

1. InSAR 测量几何

干涉合成孔径雷达（InSAR）用于测量地物高程的几何原理如图 2.21 所示。其中，A_1、A_2 分别表示同一幅天线重复观测同一地物所在的位置，两次观测各获得一幅单视复数（single look complex, SLC）SAR 影像，两次观测之间的时间间隔称为时间基线。

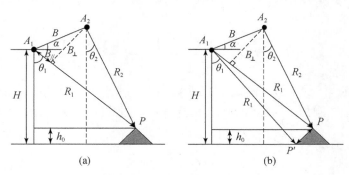

图 2.21 InSAR 测高几何原理

A_1 处获得的影像数据用 S_1 表示，称为主影像；A_2 处获得的影像数据用 S_2 表示，称为辅影像。θ_1 为对应主影像的入射角，θ_2 为对应辅影像的入射角；H 为观测平台高度；B 为空间基线长度，即两个天线之间的距离；α 为基线倾角（基线与水平方向的夹角）；R_1 为 A_1 到目标点 P 的距离；R_2 为 A_2 到目标点 P 的距离，$B_\perp$ 为基线 B 在垂直于斜距向的分量，称为垂直基线；$B_{//}$ 为 B 在斜距向的分量，称为平行基线。根据图 2.21 的三角几何关系，容易得到 $B_\perp = B\cos(\theta_1 - \alpha),\quad B_{//} = B\sin(\theta_1 - \alpha)$。

主辅 SLC 影像的像元值 s_1，s_2 都是复数，可表示为幅度和相位项的乘积：

$$s_1 = a_1 \exp(-\mathrm{j}\cdot 2kR_1)\cdot\exp(\phi_1) \tag{2.72a}$$

$$s_2 = a_2 \exp(-\mathrm{j}\cdot 2kR_2)\cdot\exp(\phi_2) \tag{2.72b}$$

式中，相位项由两部分构成，一是由传播距离决定的相位项（$\exp(-\mathrm{j}\cdot 2kR_1)$，$\exp(-\mathrm{j}\cdot 2kR_2)$），二是由目标的散射特性引起的相位项（$\phi_1$，$\phi_2$）。若以测量地物高程为目标，就要求地物在两次雷达观测时间间隔内散射特性具有足够高的稳定性，因此可假设 $\phi_1 = \phi_2$，则

$$s_1 s_2^* = a_1 \cdot a_2 \exp[-\mathrm{j}\cdot(2kR_1 - 2kR_2)] = a_1 \cdot a_2 \exp(-\mathrm{j}\cdot 2k\Delta R) \tag{2.73}$$

式中，$\Delta R = R_1 - R_2$。两景影像的干涉相位（实际上是主、辅影像的相位差）可以表示为

$$\phi = \arg\left[s_1 s_2^*\right] = -2k\cdot\Delta R + 2\pi N = -\frac{4\pi}{\lambda}\Delta R + 2\pi N \quad N = 0,\pm 1,\pm 2,\cdots \tag{2.74}$$

可以看出，干涉相位 ϕ 是 2π 模糊的，也就是说斜距差 ΔR 每改变半个波长（$\lambda/2$），干涉相位的值就重复出现，这就是相位缠绕问题。相位的解缠绕，也就是确定 N 的值，可以通过各种相位解缠算法实现，当然这需要利用到辅助信息，如对某一个散射点进行相位解缠就需要用到临近散射点的相位信息，或者采用多基线干涉测量方法。总之，相位解缠绕后的 ϕ 所对应的实际斜距差 ΔR 是可以计算得到的。

根据图 2.21（a）和三角函数关系可知：

$$\cos\left[\left(\frac{\pi}{2} - \theta_1\right) + \alpha\right] = \frac{\left(R_1^2 + B^2\right) - R_2^2}{2BR_1} \tag{2.75}$$

$$\Rightarrow \sin(\theta_1 - \alpha) = \frac{R_2^2 - \left(R_1^2 + B^2\right)}{2BR_1} = \frac{(R_1 - \Delta R)^2 - R_1^2 - B^2}{2BR_1}$$

根据主影像的第一斜距大小和影像的距离向像元大小，可以获得式(2.75)中 R_1 的值，而基线长度 B、基线倾角 α 也是已知的，这样就可通过式(2.75)解算出 θ_1 来，则 P 点的高程 h_0 可以表示为

$$h_0 = H - R_1 \cdot \cos\theta_1 \tag{2.76}$$

2. 干涉相位组成与相位去平

干涉相位 ϕ 中不仅包含了地形(h_0)引起的相位变化，还包含了平地引起的相位变化。下面以式(2.75)为基础，建立 ϕ 的表达式，分析 ϕ 的组成。

在式(2.75)中，如果 $R_1 \gg \Delta R, R_1 \gg B$，则有

$$\sin(\theta_1 - \alpha) = -\frac{\Delta R}{B} + \frac{\Delta R^2}{2BR_1} - \frac{B}{2R_1} \approx -\frac{\Delta R}{B} = \frac{\lambda \phi}{4\pi B} \Rightarrow \phi = \frac{4\pi}{\lambda} B \sin(\theta_1 - \alpha) \tag{2.77}$$

式(2.77)是对单个测量点（如 P）测量时的干涉相位计算公式，现在假设在平地上 P 点的左侧有另外一个测量点（P'），如图 2.21（b）所示，这个点和 P 相比，斜距 R_1 没有变化，但 θ_1 发生了变化，变小了。对式(2.77)求微分 $\frac{\mathrm{d}\phi}{\mathrm{d}\theta_1}$ 可知，θ_1 变化 $\Delta\theta_1$ 引起的干涉相位 ϕ 的变化 $\Delta\phi$ 为

$$\Delta\phi = \frac{4\pi}{\lambda} B \cos(\theta_1 - \alpha) \cdot \Delta\theta_1 \tag{2.78}$$

我们再考察式(2.76)，h_0 是变量 R_1 和 θ_1 的函数，先后对这两个变量分别进行微分，则得

$$\Delta h = R_1 \sin\theta_1 \Delta\theta_1 - \Delta R_1 \cos\theta_1 \tag{2.79}$$

该式等号后面的第一项等价于保持 R_1 不变，观察单位 θ_1 变化导致的高程变化；第二项等价于保持 θ_1 不变，观察单位 R_1 变化导致的高程变化。对该式整理后得

$$\Delta\theta_1 = \frac{\Delta h}{R_1 \sin\theta_1} + \frac{\Delta R \cos\theta_1}{R_1 \sin\theta_1} \tag{2.80}$$

将式(2.80)代入式(2.78)可得

$$\Delta\phi = \frac{4\pi B \cos(\theta_1 - \alpha)}{\lambda R_1 \tan\theta_1} \cdot \Delta R + \frac{4\pi B \cos(\theta_1 - \alpha)}{\lambda R_1 \sin\theta_1} \cdot \Delta h \tag{2.81}$$

式(2.81)中，即使高度变化 Δh 为 0，仍然有相位变化，即

$$\frac{\Delta\phi}{\Delta R} = \frac{4\pi B \cos(\theta_1 - \alpha)}{\lambda R_1 \tan\theta_1} = \frac{4\pi B_\perp}{\lambda R_1 \tan\theta_1} \tag{2.82}$$

式(2.82)即为平地引起的相位变化，又称为相位的"平地效应"，在形成干涉前，应该先去除平地相位，也利于后续的干涉相位解缠处理。

3. 干涉垂直波数与高程模糊度

平地相位去除相当于把式(2.81)等号后面的第一项（平地引起的干涉相位分量）从 $\Delta\phi$ 中去除。假设去平后的干涉相位 $\Delta\phi_{\text{flat}}$ 不存在相位缠绕问题，则

$$\Delta\phi_{\text{flat}} = \frac{4\pi B \cos(\theta_1 - \alpha)}{\lambda R_1 \sin\theta_1} \cdot \Delta h \tag{2.83}$$

我们可以定义干涉 SAR 垂直波数 k_z，其表达式为

$$k_z = \frac{\Delta\phi_{\text{flat}}}{\Delta h} = \frac{4\pi B \cos(\theta_1 - \alpha)}{\lambda R_1 \sin\theta_1} = \frac{4\pi B_\perp}{\lambda R_1 \sin\theta_1} \tag{2.84}$$

这时，地物点与参考点之间的去平地干涉相位差 $\Delta\phi_{\text{flat}}$ 就可以直接转化为地物点相对于参考点的高程差 Δh，即

$$\Delta h = \frac{\Delta\phi_{\text{flat}}}{k_z} \tag{2.85}$$

地物 P 的真正高程 h_0 只有在知道参考点的高程时，才能计算得到。最简单的情况是假设参考点的高程为 0，则 $h_0 = \Delta h$。

为了满足式(2.85)前提条件——去平后的干涉相位 $\Delta \phi_{\text{flat}}$ 不存在相位缠绕问题，在地形陡峭情况下，如山地森林分布区，可利用已有的 DEM 作为"平地"参考，去除参考地形引起的干涉相位高频分量，若剩下的干涉相位 $\Delta \phi_{\text{flat}}$ 不再存在相位缠绕问题，就可认为 $\Delta \phi_{\text{flat}}$ 是由于森林高度引起的相对于参考地形的干涉相位，就可用式(2.85)将 $\Delta \phi_{\text{flat}}$ 转化为"森林高度"。

k_z 也称为高程测量灵敏度，相应的还有一个高程模糊度($h_{2\pi}$)的感念，表示为相位差 $\Delta \phi_{\text{flat}}$ 变化 2π 时对应的高程差 $\Delta \phi_{\text{flat}}$ 的值：

$$h_{2\pi} = \frac{2\pi}{k_z} \tag{2.86}$$

为了提高高程测量精度，当然希望 k_z 大一些，$h_{2\pi}$ 小一些，但这通常意味着需要更长的基线 $B_\perp$。但随着基线变长，两幅天线所观察到的同一地物的视角差别逐渐增大，测量到的地物信号的差异也会增大，导致干涉相干性降低，到达到一定基线长度时，完全失相干，这时就达到了临界基线。

4. 距离向频移与临界基线

假设 Δf 为两个信号 s_1 和 s_2 由于天线入射角不同引起的距离向频移。由于"相移"对时间微分可获得"频移"，根据式(2.81)等号后的第一项（不考虑垂直方向 Δh 的影响），距离向频移 Δf 可以表示为

$$\Delta f = \frac{1}{2\pi} \cdot \frac{\mathrm{d}\phi}{\mathrm{d}t} = \frac{1}{2\pi} \cdot \frac{4\pi B \cos(\theta_1 - \alpha)}{\lambda R_1 \tan \theta_1} \cdot \frac{\mathrm{d}R_1}{\mathrm{d}t} = \frac{1}{2\pi} \cdot \frac{4\pi B \cos(\theta_1 - \alpha)}{\lambda R_1 \tan \theta_1} \cdot \frac{c}{2} = \frac{B_\perp}{R_1 \tan \theta_1} f_0 \tag{2.87}$$

这里 c 为光速。为不失一般性并考虑地面坡度 ρ 的影响，则频移可表示为：

$$\Delta f = \frac{c B_\perp}{R_1 \lambda \tan(\theta_1 - \rho)} \tag{2.88}$$

由于频移效应，使得两天线接收的信号 s_1 和 s_2 在频带上产生一定的"漂移"，如图 2.22。设雷达信号带宽为 W，当频移量达到 W 时：

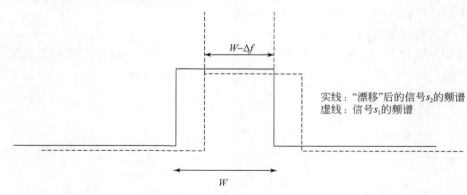

实线："漂移"后的信号 s_2 的频谱
虚线：信号 s_1 的频谱

图 2.22　距离向频移

$$W = \Delta f = \frac{c B_\perp}{R_0 \lambda \tan(\theta - \rho)} \Rightarrow B_c = \frac{R_0 \lambda \tan(\theta - \rho) W}{c} \tag{2.89}$$

B_c 称为临界基线，如果基线长度超过了临界基线，两信号就会完全失去相干性。由"漂移"引起的失相干称为基线距离向去相干，可以采用距离向谱滤波算法消除其影响。

2.3.2 干涉相干性及其统计特性

信号失相干造成的相位噪声是影响 InSAR 应用效果的关键因素，通常通过干涉相干系数来衡量干涉图中的干涉噪声大小。干涉相干系数可以定义为

$$|\gamma| = \frac{E\left(\left|s_1 s_2^*\right|\right)}{\sqrt{E\left(\left|s_1\right|^2\right) E\left(\left|s_2\right|^2\right)}} \tag{2.90}$$

式中，E 表示数学期望，$|\ |$ 表示求模，s_1 和 s_2 分别表示干涉测量主、辅影像的复信号，s_2^* 为 s_2 的复共轭。去掉求模符号，则获得复相干性，用式(2.91)表示。

$$\gamma = \frac{E(s_1 s_2^*)}{\sqrt{E\left(\left|s_1\right|^2\right) E\left(\left|s_2\right|^2\right)}} \tag{2.91}$$

干涉 SAR 相干性的计算源于波的相干叠加矢量合成，在时域或者空域中，唯一点的相干性并不具实际意义，仅有足够短的时间内多次测量或足够邻近的空间范围内的多次测量，计算获得的相干才有意义，因此干涉测量复相干性一定是综合平均的结果。

信号的相干性仅用式(2.91)中的分子即可表述，但由于信号振幅的影响，不利于相干性之间的比较，因此在干涉 SAR 相干性定义时，采用除以两个信号振幅的方法进行归一化，使其值位于 0～1 之间。

在实际应用中，我们通常假设均值在时域和空域中不变，采用一定窗口大小空间范围内多个 s_1 和 s_2 信号的统计计算得到，即

$$\gamma = \frac{\sum_{n=1}^{N} s_1 s_2^*}{\sqrt{\sum_{n=1}^{N} \left|s_1\right|^2 \sum_{n=1}^{N} \left|s_2\right|^2}} \tag{2.92}$$

式中，N 表示窗口内像元总数。干涉相位的概率密度函数如式(2.93)所示。

$$\mathrm{pdf}(\phi) = \frac{1-|\gamma|^2}{2\pi} \cdot \frac{1}{1-|\gamma|^2 \cos^2(\phi-\phi_0)} \cdot \left(\frac{|\gamma|\cos(\phi-\phi_0)\arccos[-\cos(\phi-\phi_0)]}{\sqrt{1-|\gamma|^2\cos^2(\phi-\phi_0)}}\right) \tag{2.93}$$

式中，ϕ_0 为真实相位。由于 γ 的估计通常需要多个样点或多个视数，在实际应用中我们通常采用 Cramer-Rao 边界来确定相干系数估计标准差 $\sigma_{|\gamma|}$、相位估计标准差 σ_ϕ，即

$$\left.\begin{aligned}\sigma_{|\gamma|} &\leqslant \sqrt{\frac{1-|\gamma|^2}{2N_e}} \\[2mm] \sigma_\phi &\leqslant \sqrt{\frac{1-|\gamma|^2}{2N_e|\gamma|^2}}\end{aligned}\right\} \tag{2.94}$$

式中，N_e是式(2.92)中参与统计计算的独立像元的个数，也可认为是对 SLC 影像进行干涉相干性计算所采用的多视处理有效视数，显然 N_e 值越大，相干系数和干涉相位估计标准差越小，噪声抑制效果就更好，高程估计误差就越小。

2.3.3　InSAR 系统模型

根据式（2.45），在 InSAR 系统获取的主辅两景影像可以分别表示为

$$\left. \begin{aligned} i_1(x,R) = \exp(-\mathrm{j}\cdot 2kR_{s1}) \int_V c_1(\boldsymbol{r}') \cdot \exp(-\mathrm{j}\cdot 2\boldsymbol{k_1}\boldsymbol{r}') \cdot h_1(x-x', R-R')\mathrm{d}V' + n_1(x,R) \\ i_2(x,R) = \exp(-\mathrm{j}\cdot 2kR_{s2}) \int_V c_2(\boldsymbol{r}') \cdot \exp(-\mathrm{j}\cdot 2\boldsymbol{k_2}\boldsymbol{r}') \cdot h_2(x-x', R-R')\mathrm{d}V' + n_2(x,R) \end{aligned} \right\} \tag{2.95}$$

设置 $x=0, R=0, h=h_1=h_2, n=n_1=n_2$，$E(c(\boldsymbol{r})\cdot c^*(\boldsymbol{r})) = \sigma(\boldsymbol{r})\delta(\boldsymbol{r}'-\boldsymbol{r})$，主辅影像的干涉相干性的数学期望值可表示为

$$E(i_1(x,R) \cdot i_2^*(x,R)) = \exp[-\mathrm{j}\cdot 2k(R_{s1} - R_{s2})] \cdot \int \sigma_{\text{stable}}(\boldsymbol{r}) \cdot \exp[-\mathrm{j}\cdot 2 （\boldsymbol{k_1}-\boldsymbol{k_2}）\cdot \boldsymbol{r}] \cdot |h(-x,-R)|^2 \mathrm{d}V$$

$$(2.96)$$

在式（2.96）中，$i_1(x,R)$ 对应的 R_1 和 $i_2(x,R)$ 对应的 R_2 同样分别被分为固定部分 R_{s1} 和 R_{s2} 和散射体部分 $\boldsymbol{r} = \boldsymbol{r_1} = \boldsymbol{r_2}$。忽略掉式（2.96）中的主相位项 $\exp[-\mathrm{j}\cdot 2k(R_{s1}-R_{s2})]$，则干涉相干性（$\gamma$）可表示为

$$\gamma = \frac{\int \sigma_{\text{stable}}(\boldsymbol{r}) \cdot \exp[-\mathrm{j}\cdot 2 （\boldsymbol{k_1}-\boldsymbol{k_2}）\cdot \boldsymbol{r}] \cdot |h(-x,-R)|^2 \mathrm{d}V}{\sqrt{\int \sigma_1(\boldsymbol{r}) \cdot |h(-x,-R)|^2 \mathrm{d}V + n} \cdot \sqrt{\int \sigma_2(\boldsymbol{r}) \cdot |h(-x,-R)|^2 \mathrm{d}V + n}} \tag{2.97}$$

式中，$\sigma_1(\boldsymbol{r})$ 和 $\sigma_2(\boldsymbol{r})$ 分别表示主辅影像测量得到的散射体的后向散射强度，$\sigma_{\text{stable}}(\boldsymbol{r})$ 表示两景影像获取时保持稳定不变的后向散射部分。n 表示失相干的噪声。$\mathrm{d}V$ 表示一个"体元"内无限个散射体要素。

式（2.97）描述了干涉系统模型，根据失相干的影响因素，其可以被分解为三个部分，即基线失相干（γ_{baseline}）、时间失相干（γ_{temperal}）和系统信噪比失相干（γ_{SNR}）。

$$\gamma = \gamma_{\text{baseline}} \cdot \gamma_{\text{temperal}} \cdot \gamma_{\text{SNR}} \tag{2.98}$$

在三个失相干分量中，包含在基线失相干部分的体散射失相干是森林参数反演的基础。基线失相干是由散射单元内的稳定散射体由于入射角度的变化引起的，也可以说是由于两景影像空间基线的存在引起的，其作用导致了这些散射体的回波散射相位信息发生变化，可用干涉测量模型式（2.99）描述。

$$\gamma_{\text{baseline}} = \frac{\int \sigma_{\text{stable}}(\boldsymbol{r}) \cdot \exp[-\mathrm{j}\cdot 2 (\boldsymbol{k_1} - \boldsymbol{k_2}) \cdot \boldsymbol{r}] \cdot |h(-x,-R)|^2 \mathrm{d}V}{\int \sigma_{\text{stable}}(\boldsymbol{r}) \cdot |h(-x,-R)|^2 \mathrm{d}V} \tag{2.99}$$

根据前文介绍的干涉相位组成可知，目标点相对于参考点的干涉相位差可分解为两部分：一部分是高程不变时因斜距变化引起的相位差（斜距分量）；另一部分是当斜距不变化时，因目标点相对于参考点的高程引起的相位差（高程分量）。对应的 $\boldsymbol{k} = 2\boldsymbol{k_1} - 2\boldsymbol{k_2}$ 也可分

解为距离向的分量（k_r）和垂直向的分量（k_z）：

$$\left. \begin{aligned} k_r &= \frac{4\pi B \cos(\theta_1 - \alpha)}{\lambda R_1 \tan\theta_1} \\ k_z &= \frac{4\pi B \cos(\theta_1 - \alpha)}{\lambda R_1 \sin\theta_1} \end{aligned} \right\} \tag{2.100}$$

同样，将式（2.99）中的 r 分解为距离向分量（η）和垂直向分量（z）两个部分，则干涉相位的斜距分量为 $k_r \cdot h$，垂直向分量为 $k_z \cdot z$，则基线失相干可表示为

$$\gamma_{\text{baseline}} = \frac{\int \sigma_{\text{stable}}(z) \cdot \exp[-\mathrm{j} \cdot (k_r \cdot \eta + k_z \cdot z)] \cdot |h(-x, -R)|^2 \, \mathrm{d}V}{\int \sigma_{\text{stable}}(z) \cdot |h(-x, -R)|^2 \, \mathrm{d}V'} \tag{2.101}$$

假设散射体的分布仅为垂直向的函数，则基线失相干可进一步分解为距离向的失相干和体散射去相干两部分，$\gamma_{\text{baseline}} = \gamma_{\text{range}} \cdot \gamma_{\text{volume}}$，其中：

$$\gamma_{\text{range}} = \frac{\int \exp(-\mathrm{j} \cdot k_r \cdot \eta) \cdot |h(-x, -R)|^2 \, \mathrm{d}x \mathrm{d}\eta}{\int\!\int |h(-x, -R)|^2 \, \mathrm{d}x \mathrm{d}\eta} \tag{2.102}$$

$$\gamma_{\text{volume}} = \frac{\int \sigma_{\text{stable}}(z) \cdot \exp(-\mathrm{j} \cdot k_z \cdot z) \mathrm{d}z}{\int \sigma_{\text{stable}}(z) \cdot \mathrm{d}z} \tag{2.103}$$

式（2.102）中，理想情况下脉冲响应函数 $h(x, R) = \delta(x, R)$，则距离向失相干 $\gamma_{\text{range-opt}}$ 可表达为 SINC 函数的形式,即

$$\gamma_{\text{range-opt}} = \frac{\sin\left(\frac{1}{2} k_r r_r\right)}{\frac{1}{2} k_r r} \tag{2.104}$$

如果脉冲响应函数 $h(x, R)$ 本身就为 SINC 函数形式，则距离向失相干 $\gamma_{\text{range-sinc}}$ 可近似表达为

$$\gamma_{\text{range}} = 1 - (B_\perp / B_c) \tag{2.105}$$

若 $B_\perp \ll B_c$，式(2.103)就是体散射去相干模型，是极化干涉 SAR 森林参数反演的基础模型。显然，γ_{volume} 是由基线长度（通过 k_z）和散射体在垂直向的分布(通过 $\sigma_{\text{stable}}(z)$)所决定的。

时间去相干 γ_{temperal} 由两次重复观测期间散射体的变化所引起，如风对树木的摇动、降雨引起的植被、地表的含水量变化等。信噪比去相干 γ_{SNR} 是系统噪声引起的失相干，在后向散射系数较低的影像区域，信号的大部分都是噪声，γ_{SNR} 可表示为

$$\gamma_{\text{SNR}} = \frac{1}{1 + (\text{SNR})^{-1}} \tag{2.106}$$

2.3.4 InSAR 数据处理

InSAR 提取 DSM 的基本数据处理流程如图 2.23 所示。主要处理步骤包括主辅影像配准、干涉图生成（干涉相干性估计）、初始基线估计、平地相位去除、干涉图滤波、相位解缠、精确基线估计、相位转高程、地理编码等。

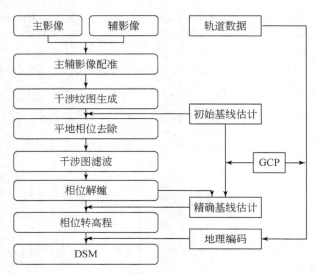

图 2.23　InSAR 提取 DSM 流程图

1. 主辅影像配准

主辅影像配准是 SAR 干涉数据处理的基本步骤，其配准精度直接影响干涉相位和干涉相干性的精度，进而影响以干涉相位为输入的高程信息提取精度。通常主辅影像的配准需要达到亚像元级别（误差小于 1/8 像元）。配准处理一般包括粗配准和精配准两个过程。对于重复轨道星载 SAR 数据，粗配准可以利用星历轨道数据自动进行。精配准的算法通常包括基于幅度相关配准、基于干涉条纹（相位）配准和基于干涉图频谱配准三类（陈富龙等，2013）。

2. 干涉图生成（干涉相干性估计）

主辅影像经过精配准后，通过式(2.92)可估计得到干涉相干性。干涉相干性是复数，其幅度就是干涉相干系数，其相位就是干涉纹图（图 2.24）。干涉相位在 0~2π 之间变动，表现出相位缠绕现象。图 2.24 的距离向为从左到右。可以看出在距离向分布着密集的干涉条纹，这部分"高频"干涉条纹就是由平地引起的"平地相位"。若该影像覆盖区为平地的话，这些条纹的粗细和间隔会更加的一致。但实际上该区域是地形变化比较大的山区，图 2.24 是平地干涉条纹和地形本身引起的干涉条纹综合作用下的效果。

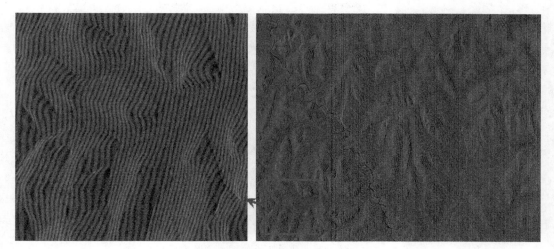

图 2.24　干涉纹图（彩图附后）

3. 初始基线估计

为了计算平地相位和为后续基线参数的精确估计做准备。通常可采用干涉测量平台飞行轨道状态矢量信息、通过主辅影像配准得到的同名点影像坐标相对偏移信息等对基线初始参数进行估计。

4. 平地相位去除

为了后续相位解缠的需要，由平地效应引起的平地相位需要去除。图 2.25 展示了平地相位去除后的干涉纹图。

图 2.25　平地相位去除后的干涉纹图（彩图附后）

5. 干涉图滤波

干涉图的噪声包含多个方面，一般可以认为是由 SAR 系统热噪声、地物散射特性变化、主辅影像配准误差、基线去相干以及影像聚焦的不一致等因素构成。噪声过大时，会使得相干幅度值降低，干涉图的质量受到严重影响，使得相位解缠的难度增大，进而影响高程反演的精度。因此，在相位解缠前，需要进行有效的滤波处理。目前常用的滤波方法包括 Lee 滤波、均值滤波、中值滤波、等值线滤波、Boxcar 滤波、局部统计自适应滤波等。图 2.26 是对图 2.25 所示去平地干涉纹图滤波后的结果。

图 2.26 滤波后去平地干涉纹图（彩图附后）

6. 相位解缠

由式(2.74)可知，干涉纹图的干涉相位差只是主值，真实的干涉相位值需要在该值的基础上增加或减去 2π 的整数倍，这个过程称为相位解缠。相位解缠的精度直接影响后续 DSM 信息提取的精度。理想情况下，如果没有噪声、地形叠掩等因素的干扰，通过几何关系和数学运算，可以得到真实的干涉相位差。但是，在实际应用中，由于地形起伏引起的叠掩、阴影以及噪声等的影响，使得相位解缠过程的难度很大。常用的解缠算法主要有枝切法、最小费用流算法等。解缠后的相位信息如图 2.27 所示。

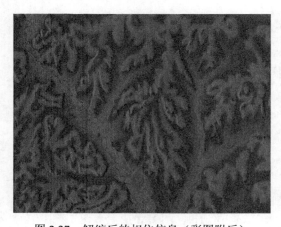

图 2.27 解缠后的相位信息（彩图附后）

7. 精确基线估计

初始基线参数的估计不要求精度很高，只要能够有效去除平地相位，进而有利于得到高质量的解缠相位就可。但要进行后续的 DSM 提取处理，初始基线参数的精度是不够的。为此需要在高精度地面控制点（GCP）的支持下，利用最小二乘法优化基线参数，得到基线参数的精确估计。

8. 相位转高程和地理编码

将相位解缠得到的干涉相位转换为斜距差，并加上平地引起的斜距差，代入式（2.75）和式（2.76），就可解算出高程 h_0。这时所解算的高程仍在斜距/零多普勒坐标系（雷达影像空间）中，需要通过地理编码处理将其转换到地理坐标系（地图空间）中，从而得到最终的 DSM，如图 2.28 所示。

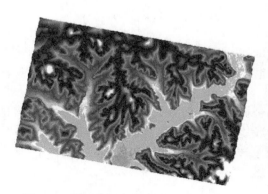

图 2.28　地理编码后的 DSM（彩图附后）

2.4　极化干涉 SAR

极化干涉 SAR（polarimetric interferometry SAR）综合了极化能够识别主要散射机制的能力和干涉对地物散射中心空间分布敏感的特性，使得其能够区分同一分辨单元内不同散射机制的平均散射中心高度。其本质是通过全极化信息来构建地物散射空间，进而在该空间内提取多种散射机制下的干涉信息(CLOUDE and PAPATHANASSIOU, 1998)，更加有利于地物结构参数的反演。

2.4.1　矢量干涉

极化干涉的本质是矢量干涉，极化干涉系统与常规干涉系统不同之处在于其两次（或多次）飞行获得的 SAR 数据均为全极化数据，即干涉信号 S_1 和 S_2 为散射矩阵。全极化数据的存在，使得我们能够分析不同极化状态下的干涉信息。这里指的极化状态，可以从更深的角度理解为散射机制。因为全极化矩阵是对物体散射过程的完全描述，包含了地物散射过程的全部信息，在散射体满足互易性条件下，由 Pauli 基描述的散射矩阵可以由散射矢量来等效描述：

$$
\left.
\begin{aligned}
\boldsymbol{k}_{1p} &= \frac{1}{\sqrt{2}}[S^1_{HH} + S^1_{VV} \quad S^1_{HH} - S^1_{VV} \quad 2S^1_{HV}]^{\mathrm{T}} \\
\boldsymbol{k}_{2p} &= \frac{1}{\sqrt{2}}[S^2_{HH} + S^2_{VV} \quad S^2_{HH} - S^2_{VV} \quad 2S^2_{HV}]^{\mathrm{T}}
\end{aligned}
\right\}
\tag{2.107}
$$

SAR 系统测量得到的地物信息可以用散射矢量 $\boldsymbol{k}_{1p}$ 和 $\boldsymbol{k}_{2p}$ 的外积构建成三种形式的 3×3

复矩阵，用 T_{11}，T_{22} 和 Ω_{12} 来表示

$$T_{11} = \left\langle k_{1p}^{*T} \cdot k_{1p} \right\rangle$$
$$T_{22} = \left\langle k_{2p}^{*T} \cdot k_{2p} \right\rangle \qquad (2.108)$$
$$\Omega_{12} = \left\langle k_{1p}^{*T} \cdot k_{2p} \right\rangle$$

式中，T_{11}、T_{22} 分别为基线两端全极化数据的相干矩阵，代表了地物的极化信息；Ω_{12} 则不仅包含极化信息，同时也包含不同极化通道间的干涉信息，是极化干涉的核心所在。$\langle \cdot \rangle$ 表示取期望值。

为了能够由测量的全极化数据获得散射空间内所有的散射信息，需要将原始的极化散射矢量投影到定量的干涉复标量，该过程可以通过"极化干涉基"的变换来完成。

对于极化基变换的了解使得我们可以应用原始矩阵 S_{HV} 的酉变换矩阵获取任意正交基的散射矩阵。

$$S_{AB} = U_2 S_{HV} U_2^{-1} \qquad (2.109)$$

式中，三参数变换矩阵 U_2 为

$$U_2 = \frac{1}{\sqrt{1 + \rho\rho^*}} \begin{bmatrix} 1 & -\rho^* \\ \rho & 1 \end{bmatrix} \begin{bmatrix} \exp(i\delta) & 0 \\ 0 & \exp(-i\delta) \end{bmatrix} \qquad (2.110)$$

式中，$\rho = \dfrac{\cos(2\varepsilon)\sin(2\tau) + j\sin(2\varepsilon)}{1 - \cos(2\varepsilon)\cos(2\tau)}$ 为复极化比。ε，τ 分别为描述新极化基的椭圆率角和方位角。需要注意的是虽然相位参考 δ 不是极化基的特征，在雷达极化中并不重要，但在干涉应用中该相位信息的精确定义是不可或缺的。相位参考角 δ 代表新的极化基，同时也代表全零相位，因此不同的 δ 在两个散射矩阵 S_1 和 S_2 的变换应用将引入构成它们元素之间干涉相位的相位偏移。为避免这一问题，对两幅影像的转换应用一个相同的相位极为重要。因此在应用中，通常假设 $\delta = 0$ 以实现两幅影像极化基的变换。

散射矢量 k_{HV} 对应的变换也可以由 3×3 酉矩阵 U_3 表示：

$$k_{AB} = U_3 k_{HV} \qquad (2.111)$$

$$U_3 = \frac{1}{2(1 + \rho\rho^*)} \begin{bmatrix} 2 + \rho^2 + \rho^{*2} & \rho^{*2} - \rho^2 & 2(\rho^* - \rho) \\ \rho^2 - \rho^{*2} & 2 - (\rho^2 + \rho^{*2}) & 2(\rho + \rho^*) \\ 2(\rho - \rho^*) & -2(\rho + \rho^*) & 2(1 - \rho\rho^*) \end{bmatrix} \qquad (2.112)$$

式中，应用散射矢量变换到任何正交极化基的可能性使得我们能够构建所有可能极化基的干涉。将散射矢量 k_{1p} 和 k_{2p} 经 $\{\varepsilon_H, \varepsilon_V\}$ 变换到 $\{\varepsilon_A, \varepsilon_B\}$ 极化基后，我们得到一组复散射系数，

该复散射系数等同于一个新的极化基描述的极化态，这个新的极化基即通过将它们自身投影到特定的单位复矢量 $\boldsymbol{w}_i$ 获得，该复散射系数可以表示为

$$\left.\begin{array}{l} i_1 = \boldsymbol{w}^{*\mathrm{T}}_1 \cdot \boldsymbol{k}_{1\mathrm{AB}} = \boldsymbol{w}^{*\mathrm{T}}_1 \cdot \boldsymbol{U}_3 \boldsymbol{k}_{1\mathrm{AB}} \\ i_2 = \boldsymbol{w}^{*\mathrm{T}}_2 \cdot \boldsymbol{k}_{2\mathrm{AB}} = \boldsymbol{w}^{*\mathrm{T}}_2 \cdot \boldsymbol{U}_3 \boldsymbol{k}_{2\mathrm{AB}} \end{array}\right\} \tag{2.113}$$

此时干涉相干可以表示为

$$\begin{aligned} i_1 i_2^* &= (\boldsymbol{w}^{*\mathrm{T}}_1 \cdot \boldsymbol{k}_{1\mathrm{AB}})(\boldsymbol{w}^{*\mathrm{T}}_2 \cdot \boldsymbol{k}_{2\mathrm{AB}})^{*\mathrm{T}} = (\boldsymbol{w}^{*\mathrm{T}}_1 \cdot \boldsymbol{U}_3 \boldsymbol{k}_{1\mathrm{AB}})(\boldsymbol{w}^{*\mathrm{T}}_2 \cdot \boldsymbol{U}_3 \boldsymbol{k}_{2\mathrm{AB}})^{*\mathrm{T}} \\ &= \boldsymbol{w}^{*\mathrm{T}}_1 \boldsymbol{U}_3 \boldsymbol{\Omega} \boldsymbol{U}^{*\mathrm{T}}_3 \boldsymbol{w}_2 \end{aligned} \tag{2.114}$$

任何极化基下干涉图的形成可以通过 $\boldsymbol{\Omega}$ 矩阵的酉矩阵相似变换来实现，在新的极化基下干涉相位可以表示为

$$\varphi = \arg(i_1 i_2^*) = \arg(\boldsymbol{w}^{*\mathrm{T}}_1 \boldsymbol{U}_3 \boldsymbol{\Omega} \boldsymbol{U}^{*\mathrm{T}}_3 \boldsymbol{w}_2) \tag{2.115}$$

其对应的干涉相干系数为

$$\begin{aligned} \tilde{\gamma}(\boldsymbol{w}_1, \boldsymbol{w}_2) &= \frac{\langle i_1 i_2^* \rangle}{\sqrt{\langle i_1 i_1^* \rangle \langle i_2 i_2^* \rangle}} \\ &= \frac{\langle \boldsymbol{w}^{*\mathrm{T}}_1 \boldsymbol{U}_3 \boldsymbol{\Omega} \boldsymbol{U}^{*\mathrm{T}}_3 \boldsymbol{w}_2 \rangle}{\sqrt{\langle \boldsymbol{w}^{*\mathrm{T}}_1 \boldsymbol{U}_3 \boldsymbol{T}_{11} \boldsymbol{U}^{*\mathrm{T}}_3 \boldsymbol{w}_1 \rangle \langle \boldsymbol{w}^{*\mathrm{T}}_2 \boldsymbol{U}_3 \boldsymbol{T}_{22} \boldsymbol{U}^{*\mathrm{T}}_3 \boldsymbol{w}_2 \rangle}} \end{aligned} \tag{2.116}$$

实际上，$\boldsymbol{U}_3$ 极化变换对应于影像中所选择的散射机制的变化。改变影像的极化基会改变有效散射体或它们的相对贡献从而导致不同的散射分布。同时，有效散射体也会直接影响干涉相干性，即干涉相位与干涉相干系数。

根据上述分析可知，对于由 Pauli 基描述的散射全极化散射矢量的信号干涉需要定义两个单位复矢量：$\boldsymbol{w}_1$ 和 $\boldsymbol{w}_2$，通过将散射矢量 $\boldsymbol{k}_{1\mathrm{p}}$ 和 $\boldsymbol{k}_{2\mathrm{p}}$ 投影到单位复矢量 $\boldsymbol{w}_1$ 和 $\boldsymbol{w}_2$ 上，便得到地物在散射机制 $\boldsymbol{w}_1$ 和 $\boldsymbol{w}_2$ 上的后向散射信息，即两幅 SAR 影像 i_1 和 i_2：

$$\left.\begin{array}{l} i_1 = \boldsymbol{w}^{*\mathrm{T}}_1 \cdot \boldsymbol{k}_{1\mathrm{p}} \\ i_2 = \boldsymbol{w}^{*\mathrm{T}}_2 \cdot \boldsymbol{k}_{1\mathrm{p}} \end{array}\right\} \tag{2.117}$$

对 i_1 和 i_2 进行共轭相乘，便得到相应散射机制 $\boldsymbol{w}_1$ 和 $\boldsymbol{w}_2$ 下的干涉信息：

$$i_1 i_2^* = (\boldsymbol{w}^{*\mathrm{T}}_1 \cdot \boldsymbol{k}_{1\mathrm{p}})(\boldsymbol{w}^{*\mathrm{T}}_2 \cdot \boldsymbol{k}_{2\mathrm{p}})^* = \boldsymbol{w}^{*\mathrm{T}}_1 (\boldsymbol{k}_{1\mathrm{p}} \cdot \boldsymbol{k}^{*\mathrm{T}}_{2\mathrm{p}}) \boldsymbol{w}_2 = \boldsymbol{w}^{*\mathrm{T}}_1 \boldsymbol{\Omega} \boldsymbol{w}_2 \tag{2.118}$$

对应的干涉相位为

$$\varphi = \arg(i_1 i_2^*) = \arg(\boldsymbol{w}^{*\mathrm{T}}_1 (\boldsymbol{k}_{1p} \cdot \boldsymbol{k}^{*\mathrm{T}}_{2p}) \boldsymbol{w}_2) = \arg(\boldsymbol{w}^{*\mathrm{T}}_1 \boldsymbol{\Omega} \boldsymbol{w}_2) \tag{2.119}$$

两幅影像的复干涉相干可以表示为

$$\gamma(\boldsymbol{w}_1, \boldsymbol{w}_2) = \frac{\left\langle \boldsymbol{w}_1^{*\mathrm{T}} \boldsymbol{\Omega}_{12} \boldsymbol{w}_2 \right\rangle}{\sqrt{\left\langle \boldsymbol{w}_1^{*\mathrm{T}} \boldsymbol{T}_{11} \boldsymbol{w}_1 \right\rangle \left\langle \boldsymbol{w}_2^{*\mathrm{T}} \boldsymbol{T}_{22} \boldsymbol{w}_2 \right\rangle}} \tag{2.120}$$

由于复干涉相干系数的模 $\left| \tilde{\gamma}(\boldsymbol{w}_1, \boldsymbol{w}_2) \right| \leqslant 1$，式(2.120)可以表示为

$$\tilde{\gamma}(\boldsymbol{w}_1, \boldsymbol{w}_2) = \left| \tilde{\gamma}(\boldsymbol{w}_1, \boldsymbol{w}_2) \right| \exp(i\varphi) \tag{2.121}$$

当 $\boldsymbol{w}_1 = \boldsymbol{w}_2$ 时，即两幅同极化影像形成干涉图时，相干系数表示该极化通道的干涉相关性。当 $\boldsymbol{w}_1 \neq \boldsymbol{w}_2$ 时，即两幅不同极化影像构建干涉图，此时干涉相位不仅包含干涉信息同时也包含不同极化之间的相位差，而相干系数不仅表达干涉相关性还包含不同极化方式之间的极化相关性。

2.4.2 极化干涉相干优化

由式(2.120)可知，干涉相干性的大小部分依赖于由 $\boldsymbol{w}_1$ 和 $\boldsymbol{w}_2$ 确定的散射机制，即采用不同极化通道进行干涉会有不同程度的相干性，因此我们可以通过极化（散射机制）的选择来使相干性达到最大，这个过程称为极化干涉的相干优化。目前已有多种不同的优化算法(NICO G et al., 2000; COLIN E et al., 2005; QONG, 2005; COLIN et al., 2006; ZHANG B and CHEN B, 2007; REIGBER et al., 2008)，这里以复拉格朗日算子优化方法(CLOUDE and PAPATHANASSIOU, 1998)和相干相位分离最大优化算法为例进行介绍。

在数学上，相干优化可以通过最大化复拉格朗日函数 L 来实现：

$$L = \boldsymbol{w}_1 \boldsymbol{\Omega}_{12} \boldsymbol{w}_2^{*\mathrm{T}} + \lambda_1(\boldsymbol{w}_1 \boldsymbol{T}_{11} \boldsymbol{w}_1^{*\mathrm{T}} - C_1) + \lambda_2(\boldsymbol{w}_2 \boldsymbol{T}_{22} \boldsymbol{w}_2^{*\mathrm{T}} - C_2) \tag{2.122}$$

式中，C_1 与 C_2 为常数，λ_1 和 λ_2 为拉格朗日乘子以便最大化式(2.123)中的分子并保持分母为常数。由于 L 是复数，最大化问题转化为 $\max_{\boldsymbol{w}_1, \boldsymbol{w}_2} \{LL^*\}$。

然而，由于 $\boldsymbol{T}_{11}$ 与 $\boldsymbol{T}_{22}$ 是厄米特矩阵，式(2.122)中等号右边的两项是实数，LL^* 的优化可以简化为 L 的优化，我们可以通过部分偏导为 0 来解决最大值问题，即

$$\left.\begin{aligned}
\frac{\partial L}{\partial \boldsymbol{w}_1^{*\mathrm{T}}} = \boldsymbol{\Omega}_{12} \boldsymbol{w}_2 + \lambda_1 \boldsymbol{T}_{11} \boldsymbol{w}_1 = 0 \Rightarrow \boldsymbol{w}_1^{*\mathrm{T}} \boldsymbol{\Omega}_{12} \boldsymbol{w}_2 = -\lambda_1 \boldsymbol{w}_1^{*\mathrm{T}} \boldsymbol{T}_{11} \boldsymbol{w}_1 \\
\frac{\partial L}{\partial \boldsymbol{w}_2^{*\mathrm{T}}} = \boldsymbol{\Omega}_{12} \boldsymbol{w}_1 + \lambda_2^* \boldsymbol{T}_{22} \boldsymbol{w}_2 = 0 \Rightarrow \boldsymbol{w}_2^{*\mathrm{T}} \boldsymbol{\Omega}_{12} \boldsymbol{w}_1 = -\lambda_2 \boldsymbol{w}_2^{*\mathrm{T}} \boldsymbol{T}_{22} \boldsymbol{w}_2
\end{aligned}\right\} \tag{2.123}$$

通过分别消除 $\boldsymbol{w}_1$ 或 $\boldsymbol{w}_2$，由式(2.124)可以得到具有共同的特征值 $\nu = \lambda_1 \lambda_2^*$ 的两个 3×3 复特征值，即

$$\left.\begin{aligned}
\boldsymbol{T}_{22}^{-1} \boldsymbol{\Omega}_{12}^{*\mathrm{T}} \boldsymbol{T}_{11}^{-1} \boldsymbol{\Omega}_{12} \boldsymbol{w}_2 = \boldsymbol{A}\boldsymbol{B}\boldsymbol{w}_2 = \lambda_1 \lambda_2^* \boldsymbol{w}_2 = \nu \boldsymbol{w}_2 \\
\boldsymbol{T}_{11}^{-1} \boldsymbol{\Omega}_{12} \boldsymbol{T}_{22}^{-1} \boldsymbol{\Omega}_{12}^{*\mathrm{T}} \boldsymbol{w}_1 = \boldsymbol{B}\boldsymbol{A}\boldsymbol{w}_1 = \lambda_1 \lambda_2^* \boldsymbol{w}_1 = \nu \boldsymbol{w}_1
\end{aligned}\right\} \tag{2.124}$$

式中，$\boldsymbol{A} = \boldsymbol{T}_{22}^{-1} \boldsymbol{\Omega}_{12}^{*\mathrm{T}}$，$\boldsymbol{B} = \boldsymbol{T}_{11}^{-1} \boldsymbol{\Omega}_{12}$。由于 $\boldsymbol{A}\boldsymbol{B} = \boldsymbol{A}(\boldsymbol{B}\boldsymbol{A})\boldsymbol{A}^{-1}$，因此矩阵 $\boldsymbol{A}\boldsymbol{B}$ 与 $\boldsymbol{B}\boldsymbol{A}$ 相似，并具有相同的特征值。虽然两个矩阵都不是厄米特矩阵，但它们类似于厄米特半正定矩阵，因此其特征值为非负实数。

式(2.124)中两个 3×3 复特征矢量等式具有三个非负特征值 $v_i(i=1,2,3)$ 且 $0\leqslant v_3 \leqslant v_2 \leqslant v_1 \leqslant 1$，优化得到的干涉相干值则等于对应特征值的均方根：

$$0 \leqslant \gamma_{\mathrm{opt3}} = \sqrt{v_{\mathrm{opt3}}} \leqslant \gamma_{\mathrm{opt2}} = \sqrt{v_{\mathrm{opt2}}} v_2 \leqslant \gamma_{\mathrm{opt1}} = \sqrt{v_{\mathrm{opt1}}} \leqslant 1 \tag{2.125}$$

每个特征值对应着一对特征矢量 $\{\boldsymbol{w}_{1i},\boldsymbol{w}_{2i}\}$，分别为基线两端影像中地物的散射机制。通过将散射矢量 $\boldsymbol{k}_1$ 和 $\boldsymbol{k}_2$ 分别投影到最优特征矢量 $\boldsymbol{w}_{\mathrm{opt1i}}$，$\boldsymbol{w}_{\mathrm{opt2i}}$ 得到最优复数影像 i_{opt1i} 和 i_{opt2i}。

$$\left. \begin{array}{l} i_{\mathrm{opt1i}} = \boldsymbol{w}^{*\mathrm{T}}_{\mathrm{opt1i}} \cdot \boldsymbol{k}_1 \\ i_{\mathrm{opt2i}} = \boldsymbol{w}^{*\mathrm{T}}_{\mathrm{opt2i}} \cdot \boldsymbol{k}_2 \end{array} \right\} \tag{2.126}$$

在形成干涉时，有一点需要注意：由公式(2.124)得到的每一组特征矢量的绝对相位不是唯一的，因此每组特征矢量需满足公式(2.127)来避免散射机制相位的任意性。

$$\arg\left(\boldsymbol{w}_{\mathrm{opt1i}} \cdot \boldsymbol{w}^{*\mathrm{T}}_{\mathrm{opt2i}}\right) = 0 \tag{2.127}$$

当基线两端的散射机制相同时（ $\boldsymbol{w}_{\mathrm{opt1i}} = \boldsymbol{w}_{\mathrm{opt2i}}$ ），公式(2.127)的条件自然满足，当散射机制不同时（ $\boldsymbol{w}_{\mathrm{opt1i}} \neq \boldsymbol{w}_{\mathrm{opt2i}}$ ），$\boldsymbol{w}_{\mathrm{opt1i}}$ 和 $\boldsymbol{w}_{\mathrm{opt2i}}$ 间的相位差可通过式(2.128)计算并在形成干涉前从影像对中移除

$$\varphi_e = \arg\left(\boldsymbol{w}_{\mathrm{opt1i}} \cdot \boldsymbol{w}^{*\mathrm{T}}_{\mathrm{opt2i}}\right) \tag{2.128}$$

$$i_{\mathrm{opt1i}} = i_{\mathrm{opt1i}} \exp\left(-i\varphi_e/2\right) \quad i_{\mathrm{opt2i}} = i_{\mathrm{opt2i}} \exp\left(+i\varphi_e/2\right) \tag{2.129}$$

最终，对应的干涉图为

$$i_{\mathrm{opt1i}} i^*_{\mathrm{opt2i}} = \left(\boldsymbol{w}^{*\mathrm{T}}_{\mathrm{opt1i}} \cdot \boldsymbol{k}_1\right)\left(\boldsymbol{w}^{*\mathrm{T}}_{\mathrm{opt2i}} \cdot \boldsymbol{k}_2\right)^{*\mathrm{T}} = \boldsymbol{w}^{*\mathrm{T}}_{\mathrm{opt1i}} \boldsymbol{\Omega} \boldsymbol{w}_{\mathrm{opt2i}} \tag{2.130}$$

相干优化得到的复相干性为

$$\begin{aligned} \tilde{\gamma}_{\mathrm{opti}}(\boldsymbol{w}_{\mathrm{opt1i}}, \boldsymbol{w}_{\mathrm{opt2i}}) &= \frac{\left\langle i_{\mathrm{opt1i}} i^*_{\mathrm{opt2i}} \right\rangle}{\sqrt{\left\langle i_{\mathrm{opt2i}} i^*_{\mathrm{opt1i}} \right\rangle \left\langle i_{\mathrm{opt2i}} i^*_{\mathrm{opt2i}} \right\rangle}} \\ &= \frac{\left\langle \boldsymbol{w}^{*\mathrm{T}}_{\mathrm{opt1i}} \boldsymbol{\Omega} \boldsymbol{w}_{\mathrm{opt2i}} \right\rangle}{\sqrt{\left\langle \boldsymbol{w}^{*\mathrm{T}}_{\mathrm{opt1i}} T \boldsymbol{w}_{\mathrm{opt2i}} \right\rangle \left\langle \boldsymbol{w}^{*\mathrm{T}}_{\mathrm{opt1i}} T \boldsymbol{w}_{\mathrm{opt2i}} \right\rangle}} \end{aligned} \tag{2.131}$$

也可以直接利用计算得到的特征值求得

$$\begin{aligned} \tilde{\gamma}_{\mathrm{opti}}(\boldsymbol{w}_{\mathrm{opt1i}}, \boldsymbol{w}_{\mathrm{opt2i}}) &= \sqrt{v_{\mathrm{opti}}} \exp\left[\mathrm{jarg}\left(i_{\mathrm{opt1i}} i^*_{\mathrm{opt2i}}\right)\right] \\ &= \sqrt{v_{\mathrm{opti}}} \exp\left[\mathrm{jarg}\left(\boldsymbol{w}^{*\mathrm{T}}_{\mathrm{opt1i}} \boldsymbol{\Omega} \boldsymbol{w}_{\mathrm{opt2i}}\right)\right] \end{aligned} \tag{2.132}$$

复拉格朗日算子优化方法所对应的求解特征值问题是否有解，取决于两个极化相干矩阵 $\boldsymbol{T}_{11}$，$\boldsymbol{T}_{22}$ 是否可逆。对于分布散射体，其相干矩阵常常是满秩的，因此该优化方法通常有解。然而对于极化特征强的信号，其相干矩阵秩为 2 或 1，上述求解形式会退化为二维或一维问题。

2.5　干涉层析 SAR

层析 SAR 技术是传统二维 SAR 成像到三维空间上的扩展，其主要包括极化相干层析技术（polarization coherence tomography, PCT）、多基线的干涉层析 SAR 技术和极化干涉层析 SAR 技术。由于极化相干层析与多基线层析 SAR 的成像原理并不相同，本节只介绍多基线层析 SAR 成像原理，极化相干层析基本原理将于第 6 章展开介绍（本节所述的层析 SAR 均为多基线层析 SAR 技术）。

REIGBER A 等于 2000 年应用 L-波段数据集，首次提出了机载层析 SAR 技术的概念（REIGBER A，2000）。层析 SAR 技术是利用多次重复轨道飞行获取影像的数据集，在法向（定义与雷达视线方向和飞行方向相垂直的方向为法向）上进行基线的合成孔径，进而具备高程分辨能力。该技术能够直接提取森林垂直方向后向散射功率的分布，从而可以将体散射结构进行分层（李文梅，2013）。与传统 SAR 成像主要关注距离向和方位向分辨率不同，层析 SAR 的成像主要关注的是法向分辨率。由于层析 SAR 的成像同样是合成孔径，因此法向分辨率的表达和方位向分辨率近似。

如图 2.29 所示，L_T 表示多基线在法向方向上形成的合成孔径长度，传感器与地物目标间的距离为 R，依据角分辨率与孔径长度的关系，可以通过 L_T 得出角分辨率 $\Delta\theta_s$。

$$\Delta\theta_s \cong \frac{\lambda}{2L_T} \tag{2.133}$$

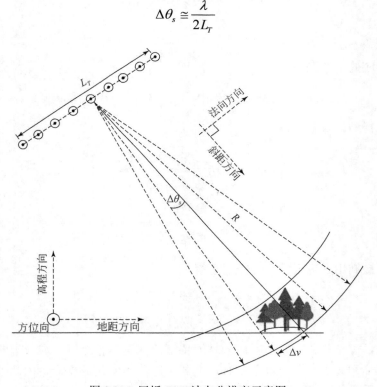

图 2.29　层析 SAR 法向分辨率示意图

通过弧长公式，可以将角分辨率 $\Delta\theta_s$ 近似转化为法向分辨率 Δv。

$$\Delta v \cong \Delta\theta_s \cdot R \cong \frac{\lambda R}{2L_T} \qquad (2.134)$$

干涉层析 SAR 成像几何配置如图 2.30 所示，M 表示 M 部高度不同的天线，$\dfrac{L_T}{M-1}$ 表示法向基线长度，R_0 表示传感器与地物目标散射体之间的最小距离。

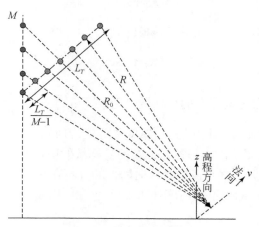

图 2.30　干涉层析 SAR 成像几何示意图

在森林中，有多种散射机制存在，主要包括来自地面的表面散射、地面与森林树干的二次散射、地面与森林冠层的二次散射以及森林冠层的体散射，其中表面散射和二次散射的相位中心均固定在地表，体散射的相位中心固定在冠层中间，因此通常认为 SAR 分辨单元的散射回波分别来自地面和森林冠层。森林场景干涉层析 SAR 成像的目的就是在 SAR 分辨单元内将来自地面和森林冠层的回波能量在高程方向进行分离。森林场景干涉层析 SAR 成像示意图如图 2.31 所示。假设有 M 部天线，形成有 M 景 SAR 单视复影像（SLC），某像素（斜距向坐标 R，方位向坐标 x）在第 i 景 SAR 影像中的复数值 $y_i(R,x)$ 可以被认为是该分辨单元内目标散射函数在法向的积分，表示为

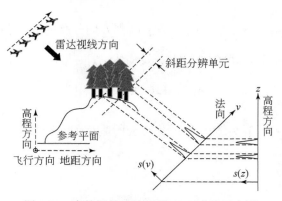

图 2.31　森林场景干涉层析 SAR 成像示意图

$$y_i(R,x) = \int_C s(R,x,v) \cdot \exp\left\{-j\frac{4\pi}{\lambda} \cdot \frac{B_{\perp i}}{R} v\right\} dv \tag{2.135}$$

式中，v 为信号沿法向的采样坐标，λ 为 SAR 的波长，R 为斜距，$B_{\perp i}$ 为第 i 景 SAR 影像相对主影像的垂直基线，$s(R,x,v)$ 为在法向分布的目标散射函数。假设信号沿高程方向的采样坐标为 z，雷达波的入射角为 θ_0，高程在法向与高程方向的投影有如下关系：

$$z = v\sin\theta_0 \tag{2.136}$$

将积分变量由法向到高程方向进行转换，则有

$$y_i(R,x) = \int_C s(R,x,z) \cdot \exp\left\{-jk_z(i)z\right\} dz \tag{2.137}$$

式中，$s(R,x,z)$ 为在高程方向分布的目标散射函数，$k_z(i) = \dfrac{4\pi}{\lambda} \cdot \dfrac{B_{\perp i}}{R\sin\theta_0}$ 为第 i 景 SAR 影像相对主影像的垂直有效波数。干涉层析 SAR 要解决的问题是针对每一个 SAR 分辨单元，根据复观测值 $y_i(R,x)$ 恢复出沿高程方向分布的目标散射函数 $s(R,x,z)$。

在理想情况下，假设该 M 个通道是各向同性的且不存在通道不一致、互耦等因素的影响。考虑分辨单元内的目标由不同高度处的 D 个散射体构成，该 M 景 SAR 单视复影像可离散化表示为

$$
\begin{bmatrix} y_1 \\ y_2 \\ \vdots \\ y_M \end{bmatrix} =
\begin{bmatrix}
\exp\{-jk_z(1)z_1\} & \exp\{-jk_z(1)z_2\} & \cdots & \exp\{-jk_z(1)z_D\} \\
\exp\{-jk_z(2)z_1\} & \exp\{-jk_z(2)z_2\} & \cdots & \exp\{-jk_z(2)z_D\} \\
\vdots & \vdots & & \vdots \\
\exp\{-jk_z(M)z_1\} & \exp\{-jk_z(M)z_2\} & \cdots & \exp\{-jk_z(M)z_D\}
\end{bmatrix}
\begin{bmatrix} s_1 \\ s_2 \\ \vdots \\ s_D \end{bmatrix} +
\begin{bmatrix} n_1 \\ n_2 \\ \vdots \\ n_M \end{bmatrix}
$$

$$\tag{2.138}$$

将式(2.138)写成矢量形式如下：

$$\boldsymbol{Y} = \boldsymbol{A}(z)\boldsymbol{S} + \boldsymbol{N} \tag{2.139}$$

式中，$\boldsymbol{Y} = \begin{bmatrix} y_1 & y_2 & \cdots & y_M \end{bmatrix}^{\mathrm{T}}$ 为 M 个通道观测数据所构成的矢量，$\boldsymbol{N} = \begin{bmatrix} n_1 & n_2 & \cdots & n_M \end{bmatrix}^{\mathrm{T}}$ 为 M 个通道的噪声数据矢量，$\boldsymbol{S} = \begin{bmatrix} s_1 & s_2 & \cdots & s_M \end{bmatrix}^{\mathrm{T}}$ 为沿高程方向分布的 D 个散射体的后向散射功率，$\boldsymbol{A}(z)$ 为 $M \times D$ 维导向矩阵，由 D 个导向矢量构成，即

$$\boldsymbol{A}(z) = [\boldsymbol{a}(z_1), \cdots, \boldsymbol{a}(z_D)] \tag{2.140}$$

其中，$z = [z_1\ z_2\ \cdots\ z_D]^{\mathrm{T}}$ 为 D 个散射体对应的高度矢量，导向矢量表示为

$$a(z_i) = \begin{bmatrix} \exp\{-jk_z(1)z_i\} \\ \exp\{-jk_z(2)z_i\} \\ \vdots \\ \exp\{-jk_z(M)z_i\} \end{bmatrix}, \quad i = 1, 2, \cdots, D \tag{2.141}$$

数据协方差矩阵 C 以表示为

$$C = A(z)C_S A(z)^{*T} + C_n \tag{2.142}$$

式中，C_S 为信号协方差矩阵，C_n 为白噪声协方差矩阵，样本协方差矩阵为 $\hat{C} = \dfrac{1}{\text{NL}}$ $\sum_{l=1}^{\text{NL}} y(l)y^{*T}(l)$，其中 NL 为多视的视数，$y(l)$ 表示 M 景单视复影像。

参 考 文 献

陈富龙，林晖，程世来. 2013. 星载雷达干涉测量及时间序列分析的原理、方法与应用. 北京：科学出版社.

丁鹭飞，耿富录，陈建春. 2010. 雷达原理. 北京：电子工业出版社.

葛德彪，闫玉波. 2011. 电磁波时域有限差分方法. 西安：西安电子科技大学出版社.

李文梅. 2013. 极化干涉 SAR 层析估测森林垂直结构参数方法研究. 北京：中国林业科学研究院博士学位论文.

李哲. 2014. 合成孔径雷达成像算法研究. 北京：中国科学院大学博士学位论文.

舒宁. 2003. 微波遥感原理. 武汉：武汉大学出版社.

王超. 2008. 全极化合成孔径雷达图像处理. 北京：科学出版社.

赵英时，等. 2003. 遥感应用分析原理与方法. 北京：科学出版社.

周勇胜. 2010. 极化干涉 SAR 去相干分析在森林高度估计和系统参数设计中的应用研究. 北京：中国科学院大学博士学位论文.

CLOUDE S R. 1986. Polarimetry: The characterization of polarimetric effects in EM scattering. UK:PhD thesis, University of Birmingham.

CLOUDE S R, POTTIER E. 1996. A review of target decomposition theorems in radar polarimetry. IEEE transactions on geoscience and remote sensing, 34(2): 498~518.

CLOUDE S R, PAPATHANASSIOU K P. 1998.Polarimetric SAR interferometry. IEEE Trans on Ge, 36(5):1551~1565.

COLIN E, TITIN-SCHNAIDER C, et al. 2005. Coherence optimization methods for scattering centers separation in polarimetric interferometry. Journal of Electromagnetic Waves and Applications，19(9): 1237~1250.

COLIN E, TITIN-SCHNAIDER C, et al. 2006. An interferometric coherence opmtimization method in radar polarimetry for high resolution imagery. IEEE Transactions on Geoscience and Remote Sensing, 44(1): 167~175.

CUMMING I G, FRANK H W,et al. 2007. 合成孔径雷达成像:算法与实现. 洪文等译. 北京：电子工业出版社.

ELACHI C. 1988. Spaceborne Radar Remote Sensing:Applications and Techniques. USA:IEEE press.

FREEMAN A, DURDEN S L. 1998. A three-component scattering model for polarimetric SAR data. IEEE Transactions on Geoscience & Remote Sensing, 36(3):963~973.

GUILLASO S, FERRO-FAMIL L, et al. 2005. Building characterization using L-band polarimetric interferometric SAR data. IEEE Geoscience and Remote Sensing Letters, 2(3): 347~351.

HUYNEN J R. 1970. Phenomenological theory of radar targets, Netherlands:PhD thesis, Technische Universiteit Delft.

LEE J S, POTTIER E . 2009. Polarimetric Radar Imaging : From basics to applications,USA: CRC press.

METTE T. 2007. Forest Biomass Estimation from Polarimetric SAR Interferometry. Germany:PhD thesis, Technische Universität München.

NICO G, FORTUNY-GUASCH I, et al. 2000. Coherence optimization by polarimetric interferometry for phase unwrapping. IGARS 2000: IEEE 2000 International Geoscience and Remote Sensing Symposium, Vol I-Vi, Proceedings: 135~137, 2818.

OLIVER C, QUEGAN S. 2004. Understanding Synthetic Aperture Radar Images. 2nd ed. Raleigh, USA: SciTech Publishing.

QONG M. 2005. Coherence optimization using the polarization state conformation in PolInSAR. IEEE Geoscience & Remote Sensing Letters, 2(3):301~305.

REIGBER A, MOREIRA A. 2000. First demonstration of airborne SAR tomography using multibaseline L-band data. IEEE Transactions on Geoscience and Remote Sensing, 38(5): 2142~2152.

REIGBER A, NEUMANN M, FERRO-FAMIL L, et al. 2008.Multi-baseline coherence optimisation in partial and compact polarimetric modes, 2:II-597~II-600.

RICHARD S J A. 2009. Remote sensing with imaging radar. Berlin Heidelberg, Germany:Springer-Verlag.

WOODHOUSE I H. 2006.Introduction to microwave remote sensing,England:CRC/Taylor&Francis.

YAMAGUCHI Y, YOSHIO T, et al. 2005. Four-component scattering model for polarimetric SAR image decomposition. IEEE Transactions on Geoscience and Remote Sensing, 43(8): 1699~1706.

ZHANG B, CHEN B. 2007. An analysis of coherence optimization methods in PolInSAR. 2007 1st Asian and Pacific Conference on Synthetic Aperture Radar Proceedings, 577~579.

第3章 SAR地形校正及森林参数估测

由于SAR具备一定的穿透性，能够穿透森林冠层与树干［森林蓄积量和森林地上生物量（above ground biomass, AGB）的主体部分］发生作用。因此，相比于光学遥感，SAR的测量信号与森林蓄积量或AGB等森林参数的关联更具物理含义。在基于SAR数据开展森林参数估测研究的早期，广大学者主要是基于SAR常规的影像特征（后向散射系数、极化分解、干涉相干性，纹理等特征）估测森林参数。基于这些特征估测森林参数通常可以采用两种方法：①通过建立统计回归或机器学习模型完成森林参数的估测；②基于部分特征（后向散射系数、相干性）采用半经验的物理模型估测森林参数，如极化水云模型、干涉水云模型等。但是，由于SAR传感器侧视成像的特点，其测量信号容易受到地形起伏的影响。相同的地物目标由于局部地形的不同，在SAR影像上会呈现不同的信号特征。因此，无论采用上述那种方法估测森林参数，地形的影响都是无法回避的问题，尤其对于实际上大多分布在山区的森林而言。

本章主要介绍SAR地形校正及基于地形校正的森林参数估测方法。森林参数的种类众多，但基于SAR常规影像特征能够估测的森林参数主要是森林地上生物量和森林蓄积量，而前者是近几十年来的研究热点。因此，本章将针对森林AGB参数的估测进行论述，主要内容包括：①复杂地形区域的森林AGB估测的国内外研究现状；②极化SAR和干涉SAR的地形效应校正方法；③以根河实验区为例，示范了基于极化SAR和干涉SAR进行森林AGB估测的流程，重点说明了地形校正对于SAR估测森林AGB的重要性。

3.1 国内外研究现状

森林AGB是近几十年来基于SAR数据进行森林参数估测的研究热点，经过近几十年的研究和发展，已经出现了数量众多的方法，总体上可归纳为两大类：①统计建模的方法，该方法是将SAR影像中提取的特征与森林样地数据结合，选择一定的模型形式进行训练，然后实现区域森林AGB的估测。从SAR特征方面，该类方法可细分为基于后向散射系数的方法（TOAN T L et al., 1992）、基于极化分解参数的方法（SAUER S et al., 2010）、基于相干性的方法（GAVEAU et al., 2003; ASKNE et al., 2005）、基于纹理的方法（KUPLICH et al., 2005）、基于层析垂直结构参数的方法（LI et al., 2012）等。从模型方面，可细分为经验模型方法（TOAN T L et al., 2004）、半经验模型方法（FRANSSON et al., 1999）、非参数化模型方法（STELMASZCZUK et al., 2016）等。②森林高度反演的方法，该方法是利用InSAR或PolInSAR数据，采用差分（李新武等, 2005）、相干模型（TREUHAFT et al., 1996; 李哲等, 2009）、层析（TEBALDINI et al., 2012; 李文梅等, 2014）等方法反演森林高度，然后基于异速生长方程由高度计算出森林AGB。上述诸多方法中，就区域森林AGB估测应用而言，目前能够依赖的仍是结合地面样地数据，基于 SAR 特征进行统计建模的方法。对于这类方法，成功实现区域森林 AGB 估测的关键是考虑局部地形对于 SAR 特征的影响。

对于复杂地形区域的森林 AGB 的估测，考虑地形引起误差的方法通常有两类。第一种是模型耦合地形因子的方法，即在森林 AGB 的估测建模中考虑地形的影响，在模型中加入地形因子，提高模型对于不同地形情况的适应能力。例如：SAATCHI 等（2007）在研究利用雷达遥感估测森林可燃物载量时，引入了当地入射角等地形因子建立了关于多极化后向散射系数的二次多项式模型来估测森林不同组分的生物量，其中对于树干生物量，基于 L 波段数据的模型 R^2=0.57，基于 P 波段数据的模型 R^2=0.81；SOJA 等（2010）在 BioSAR2008 实验区采用 E-SAR 系统获取的 P 波段数据估测瑞典北方森林的生物量时，为了去除地形影响，利用局部入射角，坡度角，坡向角等地形因子构建不同的地形分量表达式，并在构建的二次多项式模型中加入地形分量进行最小二乘拟合，有效地去除了地形的影响，最终的估测结果表明，HV 极化最优，RMSE 为 50 t/hm^2，HH 极化次之，RMSE 为 66 t/hm^2，VV 极化最差，无法构建有效的反演模型；冯琦等（2016）利用国产合成孔径雷达系统（CASMSAR）获取的机载 P-波段全极化 SAR 数据，分析了 SAR 对森林 AGB 的响应与地形之间的关系，建立了融合入射角等地形因子的高精度多项式模型，提高了森林 AGB 的估测精度。

第二种方法是基于地形辐射校正（radiometric terrain correction，RTC）的方法，即在森林 AGB 估测建模前去除地形对 SAR 影像的影响，基于 RTC 后的 SAR 影像提取的特征估测森林 AGB。例如：VILLARD 等（2015）在 TropiSAR 实验区，利用 P-波段极化 SAR 数据研究估测热带山区茂密森林 AGB，对极化 SAR 数据做了极化方位角、散射面积以及角度效应的地形辐射校正处理，并且基于校正后的数据提出了一个新的后向散射系数 t^0，研究发现新的后向散射系数与森林 AGB 之间具有更高的相关性；RAUSTE（2005）利用局部入射角信息对 JERS SAR 数据进行了辐射归一化处理，然后建立了森林 AGB 估测的指数及多元回归模型；SANTORO 等（2011）在采用 Envisat ASAR ScanSAR 数据估测北方森林的蓄积量研究中，对 SAR 数据进行了散射面积校正和角度效应校正，然后，基于水云模型进行森林生物量估测。

总结上述两种方法，耦合地形因子建立的模型主要为统计模型，如多项式模型。该方法由于考虑了地形对于后向散射的综合影响，且不需要考虑地形对森林的具体影响方式，建模方法简单，因此，具有实用性较好的优点（冯琦等，2016）。但该方法缺乏明确的物理意义，普适性较差。而地形辐射校正方法的每一个校正处理步骤一般都具有一定的物理含义，是考虑地形引起的辐射畸变的机理进行的针对性校正，如散射面积的校正。因此，地形校正方法是解决 SAR 应用中地形问题中的主流方法，但该方法也存在一定的缺点，由于森林在复杂森林区域的散射过程极其复杂，人们无法掌控完整的散射过程机理，也就不可能完全有效地去除地形的影响。因此，基于简化理解的校正方法容易出现"过校正"或"欠校正"的现象。另外，校正的自动化也是一个难题。

另外，上述两种方法的共同点在于：①均需要对 SAR 数据进行精确的地理编码，地理编码的几何精度取决于 DEM 的精度（陈尔学，2004；魏钜杰，2009；张过等，2010）；②均需要基于 DEM 数据计算局部的成像几何角度，局部成像几何角度的计算精度同样取决于 DEM 的精度。因此，DEM 的精度会直接影响到最终森林 AGB 的估测精度。然而，目前在极化 SAR 估测森林 AGB 的研究和应用中,通常能够采用的是全球免费共享的 SRTM DEM 或 ASTER DEM,分辨率最高为 30 m。而星载 SAR 影像的分辨率已远高于 30 m,例如 ALOS2 PALSAR2 全极化 SAR SLC 数据的分辨率可以达到 3 m 左右。因此,DEM 分辨率的限制对于森林 AGB 估测的影响是上述两类方法需要面对的共同问题。实际上,InSAR 技术具备测量 DEM 的能力,上述 SRTM DEM 即是 NASA 采用 C 波段双天线 InSAR 系统获得的成果。因此,基于多维度 SAR 技术,在同一观测平台上联合包括 InSAR 在内的不同 SAR 观测模式,获取覆盖森林区域的空间分辨率基本匹配的多维度 SAR 数据,利用不同维度 SAR 数据之间的优势互补,将有可能解决 RTC 过程中的难点问题,并利用多维 SAR 特征提高森林 AGB 的估测精度。

3.2　SAR 地形校正方法

3.2.1　极化 SAR 地形效应校正方法

地形对于极化 SAR 数据的影响主要体现在三个方面:①对于有效散射面积的影响;②物理散射机制随局部入射角的变化效应,通常被称为角度效应(CASTEL T et al., 2001; VILLARD et al., 2015);③极化状态的改变,主要由方位向地形引起的极化方位角的旋转,这方面的影响仅限于全极化 SAR 数据(LEE J S et al., 2000)。针对这三方面的地形效应,可针对性地开展三个方面的地形校正步骤,分别是:①有效散射面积(effective scattering area, ESA)校正;②角度效应(angular variation effect, AVE)校正;③极化方位角(polarisation orientation angle, POA)校正。对于 PolSAR 影像而言,需要完成上述 3 个校正步骤才能较为全面地去除地形的影响。其中,POA 校正可在 SAR 斜距空间内完成,ESA 和 AVE 校正则在地理坐标空间内完成。因此,地形校正的前提是对 SAR 影像进行地理编码(geocoding of terrain correction, GTC),从而获得 SAR 影像斜距空间和地理坐标空间之间的对应关系以及每个像元的局部成像几何信息。不同校正阶段的 PolSAR 影像的几何空间及其对应关系如图 3.1 中所示。

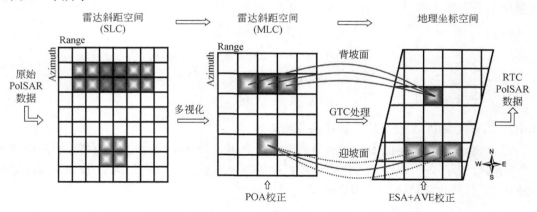

图 3.1　不同校正阶段的 PolSAR 影像的几何空间及其对应关系

1. 极化方位角校正

通常情况下，包括全极化 SAR 在内的极化成像雷达都会被设计为线极化系统。但是，对于 PolSAR 而言，雷达发射的极化电磁波可以基于极化合成理论通过一个极化椭圆来描述（第 2 章 2.2.1 节），如图 3.2 中所示。其中，E 为真实电场矢量，E_H 代表水平电场方向，E_V 代表垂直电场方向，椭圆长轴和水平方向的夹角 τ 为极化方位角，ε 为椭圆率角，τ 和 ε 直接与电磁波的极化状态相关。

图 3.2 中，左侧和右侧分别为入射和反射的极化电磁波对应的极化椭圆。可以看到，入射波受到方位向地形的影响，极化椭圆发生旋转，极化方位角的值随之改变（左侧 $\tau=0$，右侧 $\tau \neq 0$）。这将改变不同极化通道测量到的后向散射截面信息，引起极化信息测量的不准确。

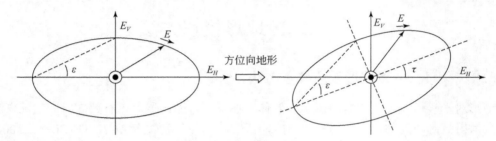

图 3.2　极化方位角旋转示意图

基于圆极化法（LEE et al., 2002），上述极化方位角的偏移角度可以采用以下公式直接由 PolSAR 数据中估计得出：

$$\delta_s = \frac{1}{4}\left[\tan^{-1}\left(\frac{-4\,\mathrm{Re}\left(\left\langle \left(S_{HH} - S_{VV} \right) S_{HV}^{*} \right\rangle \right)}{-\left\langle \left| S_{HH} - S_{VV} \right|^2 \right\rangle + 4\left\langle \left| S_{HV} \right|^2 \right\rangle} \right) + \pi \right] \tag{3.1}$$

式中，δ_s 代表 POA 偏移角度，考虑到运算过程及极化方位角偏移的限制，当 $\delta_s > \pi/4$ 时，$\delta_s = \delta_s - \pi/2$。在得到极化方位角的旋转量之后，即可利用相应的公式对极化协方差矩阵（C）或极化相干矩阵（T）进行校正，如式（3.2）所示。

$$C_{\mathrm{POA}} = VCV^{\mathrm{T}}$$

$$V = \frac{1}{2}\begin{bmatrix} 1 + \cos 2\delta_s & \sqrt{2}\sin 2\delta_s & 1 - \cos 2\delta_s \\ -\sqrt{2}\sin 2\delta_s & 2\cos 2\delta_s & \sqrt{2}\sin 2\delta_s \\ 1 - \cos 2\delta_s & -\sqrt{2}\sin 2\delta_s & 1 + \cos 2\delta_s \end{bmatrix} \tag{3.2}$$

式中，C_{POA} 代表 POA 校正后的极化协方差矩阵。

由于 POA 偏移角度的估计仅需要雷达斜距空间的 PolSAR 数据，而不需要轨道信息和 DEM 数据。因此，可以在经过定标、多视化等预处理后，直接进行 POA 校正，可以避免该校正过程受到地理编码重采样的影响。

2. 有效散射面积校正

在第 2 章（2.1.1 节）中，根据散射面积定义的不同，已经介绍了 3 种常用的后向散射系数：β^0，σ^0 和 γ^0。它们的区别在于：β^0 是雷达系统直接探测到的信号，对应的散射面积 A_β 与局部地形无关，此面积并非实际的有效散射面积；σ^0 对应的散射面积 A_σ 是 A_β 对应的地表实际面积，γ^0 对应的散射面积 A_γ 是地表实际面积在斜距向的投影面积。显然，后两者对应的散射面积与局部地形相关，我们称之为有效散射面积。基于有效散射面积计算的后向散射系数，可以认为已经考虑了局部地形起伏，去除了大部分的地形影响。然而，通常用户获取的 SAR 数据产品并非是基于真实有效散射面积计算的 σ^0 和 γ^0，而是不考虑局部地形情况下（假设成像区域为平地或椭球体表面）计算的后向散射系数（如 Radarsat-2 定标后的数据）。对于该类后向散射系数数据，均需要进行有效散射面积校正，而校正的本质过程是：首先，精确地计算有效散射面积 A_σ 和 A_γ；然后，将雷达系统直接探测的 β^0 或 σ，转换为有效散射面积对应的 σ^0 或 γ^0。

如图 3.3 所示，是考虑局部地形的 SAR 成像几何示意图。其中，向量 R 代表雷达入射波方向，X 轴代表方位向，Y 轴代表地距向，Z 代表垂直向；$ABCD$ 代表地表对应的散射面积单元，即为 A_σ，其法向量为 N；N 与 R 反方向的夹角为该散射单元的局部入射角 θ_{loc}；Z 与 R 反方向的夹角为雷达视角 θ，也等同于平地入射角；P 为入射面内垂直于入射方向的向量，垂直于 R-X 平面，它与 N 之间的夹角为投影角 ψ；N 与 Z 方向的夹角为坡度角 u；N 在 X-Y 平面的投影向量与 X 方向的夹角为方位向坡向角 v；另外，η 和 ξ 分别是距离向坡度角和方位向坡度角，即坡度角 u 在距离向和方位向的分量。

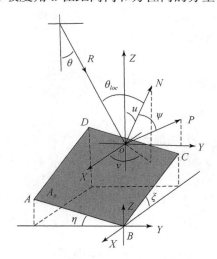

图 3.3　考虑局部地形的 SAR 成像几何示意图

在经过 GTC 后，SAR 影像斜距空间的像元坐标与 DEM 的地图空间的像元坐标即建立了对应关系。对于 DEM 影像上的每一个网格像元，其地表法向单位向量（$\hat{N}$）可以通过周围像元计算得出，方位向单位向量（$\hat{X}$）和入射波方向单位向量（$\hat{R}$）则可以根据斜距空间像元对应的轨道位置和 DEM 像元的位置、高程信息计算得出。在此基础上，容易得到图 3.3 中两个关键的成像几何角度的计算公式为

$$\cos\psi = \hat{\boldsymbol{N}} \cdot (\hat{\boldsymbol{X}} \times \hat{\boldsymbol{R}}) \tag{3.3}$$

$$\cos\theta_{loc} = \hat{\boldsymbol{N}} \cdot (-\hat{\boldsymbol{R}}) \tag{3.4}$$

ULANDER（1996）提出了地表对应的有效散射面积 A_σ 与 A_β 的关系为

$$A_\sigma = A_\beta / \cos\psi \tag{3.5}$$

然后基于式（3.5），式（2.9）和式（2.11）即可得到，地表有效散射面积 A_σ 对应的准确的后向散射系数为

$$\sigma^0 = \beta^0 \cos\psi \tag{3.6}$$

对于 PolSAR 数据而言，单个像元对应的极化协方差矩阵中的所有元素将采用相同的校正因子进行校正，即

$$C_{\mathrm{ESA}} = C \cdot \cos\psi \tag{3.7}$$

由 ESA 校正开始，后续的校正步骤将在地理坐标空间内完成。

3. 角度效应校正

对于森林等植被区域，由于其冠层结构复杂，局部地形不仅影响每个像元的有效散射面积，而且对其物理散射机制也有影响，从而造成后向散射信息的变化。由角度效应引起的后向散射系数的变化，通常采用式（3.8）所示的基本模型或其变体进行校正（ULABY et al., 1986；CASTEL T. et al., 2001）：

$$\sigma^0_{\theta_{\mathrm{loc}}} = \sigma^0 \cdot k(n) = \sigma^0 \cdot \left(\frac{\cos\theta_{\mathrm{ref}}}{\cos\theta_{\mathrm{loc}}}\right)^n \tag{3.8}$$

式中，σ^0 代表未校正的后向散射系数；$k(n)$ 代表校正系数，是关于 n 的函数；θ_{ref} 代表参考入射角，如图 3.3 中的 θ；θ_{loc} 为局部入射角；$\sigma^0_{\theta_{\mathrm{loc}}}$ 为校正后的后向散射系数。目前关于 n 值的确定，普遍采用的方法是根据先验知识计算或者经验性地给出，在实践应用中可操作性不高。ZHAO 等（2017）提出了一种新的最小相关系数的方法来自动确定 n 值。

基于基本模型公式（3.8），我们可以采用校正后的后向散射系数与局部入射角间的相关性来评价校正效果的优劣。因此，可以得到一个关于 n 值的代价函数，

$$f(n) = \left|\rho(\theta_{\mathrm{loc}}, \sigma_{\theta_{\mathrm{loc}}})\right| \tag{3.9}$$

式中，$\rho(\ )$ 代表相关系数。

对于 AVE 校正而言，最佳 n 值应是 $f(n)$ 最小值对应的 n 值，即对应绝对值最小的相关系数。因此，

$$n = \arg\min\{f(n)\} \tag{3.10}$$

基于这种方法，即可得到不同极化通道的最优 n 值，设为 n_{hh}，n_{hv}，n_{vv}。对应的每个极化通道的校正系数为：$k(n_{hh})$，$k(n_{hv})$，$k(n_{vv})$。因此，可以得到应用于极化协方差矩阵（C）的校正公式为

$$C_{AVE} = C \odot K$$

$$K = \begin{bmatrix} k(n_{hh}) & \sqrt{k(n_{hh} + n_{hv})} & \sqrt{k(n_{hh} + n_{vv})} \\ \sqrt{k(n_{hh} + n_{hv})} & k(n_{hv}) & \sqrt{k(n_{hv} + n_{vv})} \\ \sqrt{k(n_{hh} + n_{vv})} & \sqrt{k(n_{hv} + n_{vv})} & k(n_{vv}) \end{bmatrix} \quad (3.11)$$

式中，$\odot$ 为 Hadamard 积。

3.2.2 干涉 SAR 地形效应校正方法

1. 干涉失相干理论

相干性体现的是主辅天线接收到的同一目标的雷达信号的一致性程度。由第二章（2.3.3 节）可知，总的干涉相干性 γ 可被分解为基线失相干、时间去相干和系统信噪比失相干（式（2.98））。其中，信噪比失相干比重相对较小，而且与地形无关，通常可以考虑通过滤波和精配准的方法改善和补偿。时间去相干和地形也无直接的关联，而且由于本章采用的 InSAR 数据均为双天线模式，因此，在本节中不考虑时间去相干的影响。而基线失相干与地形直接相关，且可以理解为由两部分组成：基线距离向失相干 γ_r 和体散射失相干 γ_v，本节主要考虑地形对于这两方面的影响。

1）距离向失相干模型

由于空间基线的存在，主辅天线接收到的雷达信号会出现距离向的频谱偏移现象，因此会产生干涉失相干。局部的地形起伏对于成像几何的改变，会加剧频谱偏移的现象，也将对这一失相干项有所影响。距离向失相干的模型如式（3.12）所示（CLOUDE，2010；周勇胜，2010）：

$$\gamma_r = 1 - \frac{cB_\perp}{W\lambda R \tan(\theta - \eta)} \quad (3.12)$$

式中，c 表示光速；$B_\perp$ 为垂直基线；随雷达视角大小发生变化；λ 为波长；η 为距离向坡度；θ 为雷达视角；W 为调频带宽；R 为斜距。

2）体散射失相干模型

体散射失相干通常发生在植被覆盖区域，包含着散射体的垂直结构信息。体散射失相干被认为是有效体散射垂直结构函数 $f(z)$ 的傅里叶变换（CLOUDE S，2010；周永胜，2010），可以用以下模型描述：

$$\gamma_v = \frac{\int_0^h f(z) e^{jk_z h} dz}{\int_0^h f(z) dz} \quad (3.13)$$

式中，z 代表植被高度；k_z 为垂直有效波数，其计算公式为

$$k_z = \frac{2p\pi B_\perp}{\lambda R \sin\theta} \tag{3.14}$$

式中，p 表示 InSAR 数据获取模式，$p=1$ 代表标准模式，$p=2$ 代表乒乓模式。本节中采用的 InSAR 数据为标准模式，即 $p=1$。

式（3.13）中，如果假设垂直结构函数 $f(z)$ 为常数，则可得到简化的体散射失相干模型，即 SINC 模型（推导过程详见第 4 章）：

$$\gamma_v = \text{sinc}(k_z h/2) \tag{3.15}$$

式中，$\text{sinc}(\cdot)$ 为辛格函数。

通过式（3.15）描述的 SINC 模型，即可得到体散射去相干与植被高度的函数关系。不仅如此，还可以通过垂直波数参数 k_z 与局部的成像几何关系建立联系，进而描述地形对于体散射失相干的影响规律。当考虑局部地形的影响时，垂直波数 k_z 的计算式将演变为式（3.16）（KUGLER et al., 2015）：

$$k_z^{\text{slope}} = \frac{2\pi B_\perp}{\lambda R \sin(\theta - \eta)} \tag{3.16}$$

需要注意的是，目前已有的考虑地形坡度的 k_z 计算公式均是将局部地形简化为只有距离向坡度的情况（LU H et al., 2013; KUGLER et al., 2015），而并未考虑方位向地形的影响。

由式（3.16）可知，在平台高度和基线固定的条件下，垂直波数参数主要受雷达视角和局部地形坡度影响。显然，干涉相干性也将受这两个参数的影响，如式（3.17）所示：

$$\gamma_v = \text{sinc}\left[\frac{h\pi B_\perp}{\lambda R \sin(\theta - \eta)}\right] \tag{3.17}$$

需要注意的是，即便 InSAR 数据覆盖区域较为平坦（$\eta = 0$），但如果雷达视角 θ 变化范围较大，相干性仍会受到较大的影响。

上述模型清晰地说明了，在地形复杂区域，体散射失相干是地形起伏和森林体散射行为综合影响的结果。对于基于相干性的森林参数估测应用而言，需要的是去除了地形的影响，仅保留森林特征的相干性影像。基于上述模型和代数差分理论则可以实现这一目的。

2. 代数差分法思想

1）差分方程与递推关系

差分方程是高等数学微分方程领域的一个重要概念。当设因变量 y 是自变量 t 的一个函数，函数形式用 $y_t = f(t)$ 表示。则函数 y_t 在 t 时刻的一阶差分定义为

$$\Delta y_t = y_{t+1} - y_t \tag{3.18}$$

对于含有自变量 t，未知函数 y_t 以及 y_t 的差分 Δy_t 的函数方程，被称为差分方程。根据差分的阶数，可以分为一阶差分方程，二阶差分方程等。在数学上，一阶差分方程实质上也是一种递推关系（戴宏图，1980），它包含了未知函数两个或两个以上时期（自变量）的函数关系，如式（3.19）所示：

$$y_2 = f(t_2, y_1, t_1) \qquad\qquad (3.19)$$

式中，y_1 是 t_1 时刻的函数值；y_2 是 t_2 时刻的函数值。当上述模型的形式和参数已知的情况下，若已知(t_1, y_1)，即可递推得到 t_2 时刻的 y_2，反之亦然。在差分方程的应用中，我们往往无法直接获得函数 $y_t = f(t)$ 的解析形式，而只能根据已有知识建立与其相关的差分方程。然后，通过求解差分方程获得函数的解析形式。

实际上，由于差分方程本身就是一个具有递推关系等特殊数学特性的模型。因此，也有研究并不借助差分方程求解模型，而是基于已知模型的解析形式，利用一定的规则构建差分形式的模型，利用差分方程的特殊形式及其数学特性实现具体的应用目的。例如，在林业经营管理中被广泛应用的差分型生长模型、收获预估模型、地位指数模型等（倪成才等，2010）。

2）差分型生长模型

在森林经营管理中，建立树木的生长过程模型是基础性的工作。以树高为例，早期的单木树高生长模型的基本形式为：$H = f(t, a, b, c)$，即树高 H 表现为年龄 t 的函数，a, b, c 为模型的未知参数。通过一定的样本数据拟合上述模型，求得模型的未知参数，即获得了能够描述树高生长的模型。这种模型的缺点在于，仅能用于描述单木的生长过程（样本源于单木解析木数据）或所有样本代表的不同单木的平均生长过程（样本源于不同样地的单木数据）。

为了克服上述模型的缺点，提升模型描述生长过程的能力，出现了采用代数差分方法（algebraic difference approch，ADA）构建差分型生长模型的方法。其主要思想是，将上述基础模型中的参数分为两种，一种是与立地相关参数（site-dependent parameter, SDP），即与单木生长环境相关的参数；一种是与立地无关参数（site-independent parameter, SIP），即与单木生长环境无关，与树种生长规律相关的参数。假设上述基础模型中 a 为 SDP 参数，b, c 为 SIP 参数，基础模型即变为：$H_1 = f(t_1, SDP, SIP)$。由基础模型 $H_1 = f(t_1, SDP, SIP)$解出 $SDP = \varphi(H_1, t_1, SIP)$，然后重新代入基础模型 $H_2 = f(t_2, SDP, SIP)$中，即可推出差分型生长模型 $H_2 = g(H_1, t_1, t_2, SIP)$。差分型生长模型的优势在于能够考虑不同林分生长过程的差异，表现出更好的预测能力，而且可以实现不同年龄间生长状态的递推，便于比较不同林分的单木生长潜力，实现生长和收获的一致性。另外，上述 ADA 法推导差分生长模型的过程中，仅指定了一个参数为 SDP 参数，如果指定多个参数为 SDP 参数，则可采用广义代数差分法（generalized ADA，GADA）推导广义差分型生长模型（倪成才等，2010；赵磊等，2012）。

3. 差分型体散射失相干模型

1）差分型体散射失相干模型的一般推导方法

借鉴上述差分生长模型的构建方法，即可实现差分型失相干模型的构建。首先，假设体散射失相干的基础模型为 $C = f(\eta, FDP, FIP)$，即相干性 C 是关于坡度 η 的函数，其中 FDP（forest-dependent parameter）为与森林相关的参数，FIP（forest- independent parameter）为与森林无关的参数。然后，由基础模型 $C_1 = f(\eta_1, FDP, FIP)$可以推得 FDP$= \varphi(C_1, \eta_1, FIP)$，重新代入基础模型 $C_2 = f(\eta_2, FDP, FIP)$中，即可推导出差分型干涉失相干模型基本形式为

$$C_2 = g(C_1, \eta_1, \eta_2, \text{FIP}) \tag{3.20}$$

此时，若已知某个像元的相干性为 C_1，坡度为 η_1，则可基于差分型干涉失相干模型递推得到坡度为 η_2 时的相干性 C_2。若设 η_2 为零，则利用该差分型失相干模型即可去除地形坡度对于相干性的影响。由于在 SAR 地形校正过程中，还需要考虑雷达视角 θ 的影响，因此，可以假设相干性是关于距离向坡度 η 和雷达视角 θ 的函数，差分失相干模型的基本形式将变为

$$C_2 = g(C_1, \eta_1, \theta_1, \eta_2, \theta_2, \text{FIP}) \tag{3.21}$$

对于上式，当设 η_2 为零，θ_2 为参考视角（例如中心视角）的情况下，即可利用该模型将原始相干性递推至参考成像几何情况下（无地形、视角影响）的相干性，从而实现相干性影像的地形校正。

2）基于 SINC 差分模型的体散射失相干地形校正方法

基于上述推导方法，以 SINC 体散射失相干模型式（3.17）为基础模型，即可进行差分失相干模型的推导。显然，SINC 模型中 h 为 FDP 参数。首先，推得 FDP 参数的表达式（3.22）：

$$h = \frac{\lambda R(\theta_1) \sin(\theta_1 - \eta_1) \text{sinc}^{-1}(\gamma_{v1})}{\pi B_\perp(\theta_1)}$$
$$\approx \frac{\lambda R(\theta_1) \sin(\theta_1 - \eta_1) \left[\pi - 2\sin^{-1}(\gamma_{v1})^{0.8} \right]}{B_\perp(\theta_1)} \tag{3.22}$$

式中，$\text{sinc}^{-1}(\cdot)$ 为辛格函数的反函数，其展开推导详见第四章；$\sin^{-1}(\cdot)$ 为正弦函数的反函数；另外，由于 InSAR 影像中每个像元的 $B_\perp$ 和 R 与雷达视角 θ 直接相关，因此上式中将这两项表达为关于 θ 的函数。然后将 h（即 FDP 参数）的表达式重新代入基础模型中，推导得到相干性差分模型为

$$\gamma_{v2} = \text{sinc}\left(\frac{h\pi B_\perp(\theta_2)}{\lambda R(\theta_2) \sin(\theta_2 - \eta_2)} \right)$$
$$= \text{sinc}\left(\pi \cdot \left[\pi - 2\sin^{-1}(\gamma_{v1})^{0.8} \right] \cdot \frac{R(\theta_1) \sin(\theta_1 - \eta_1) B_\perp(\theta_2)}{R(\theta_2) \sin(\theta_2 - \eta_2) B_\perp(\theta_1)} \right) \tag{3.23}$$

基于上述模型，即可实现不同成像几何间相干性的递推转换。当已知雷达视角为 θ_1，距离向坡度为 η_1 时的相干性 γ_{v1}，则可利用上式计算出雷达视角为 θ_2，距离向坡度为 η_2 时的相干性 γ_{v2}。利用这种递推关系，同样可以方便地实现相干性的地形校正处理。在式（3.23）中，设（$\gamma_{v1} = \gamma_{v\text{-slope}}$，$\eta_1 = \eta_s$，$\theta_1 = \theta_s$）代表受地形影响的相干性及其成像几何参数，（$\gamma_{v2} = \gamma_{\text{correct}}$，$\eta_2 = 0$，$\theta_2 = \theta_{\text{ref}}$）代表经过地形校正后的相干性及其参考成像几何参数（坡度为零，雷达视角为参考视角，如中心视角）。因此，可得到最终的相干性地形校正公式为

$$\gamma_{\text{correct}} = \text{sinc}\left(\pi \cdot \left[\pi - 2\sin^{-1}(\gamma_{v\text{-slope}})^{0.8} \right] \cdot \frac{R(\theta_s) \sin(\theta_s - \eta_s) B_\perp(\theta_{\text{ref}})}{R(\theta_{\text{ref}}) \sin(\theta_{\text{ref}}) B_\perp(\theta_s)} \right) \tag{3.24}$$

这里将上述校正公式定义为 SINC 差分型相干性地形校正模型，如果采用其他不同形式的体散射失相干模型作为基础模型，则理论上应该可以构造出不同形式的差分型相干性地形校正模型。但是需要注意两个方面的问题：①基于差分型相干性地形校正模型进行的相干性校正，其本质是通过差分模型实现不同成像几何关系间相干性的转换，即将有地形情况下（原始成像几何）的相干性转换至无地形情况下（参考成像几何）的相干性。校正后的相干性适用于分类、森林 AGB 估测等模型（经验、半经验的统计模型）与局部成像几何参数无关的遥感应用，不适用于森林高度估测等模型与局部成像几何相关的遥感应用。②地形校正的效果依赖于体散射失相干模型，例如，式（3.24）的基础模型是式（3.15）所示的 SINC 模型，模型的假设条件相对简单。当实际情况不符合体散射失相干模型的假设条件时，对应的差分模型也无法校正此时地形对相干性的影响。

4. 相干性地形校正技术路线

基于 SINC 差分型相干性地形校正模型，对干涉相干性影像进行地形校正的技术路线如图 3.4 所示。

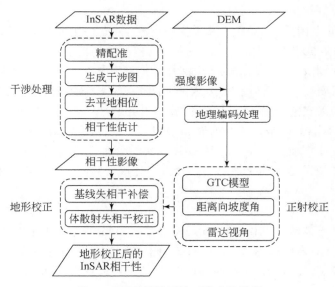

图 3.4　相干性地形校正技术路线图

该技术路线主要包含 3 个方面的内容。首先，对 InSAR 数据进行干涉处理，即完成精配准、干涉图生成等常规干涉流程，获得主辅强度影像以及相干性影像。其次，利用成像轨道信息及辅助 DEM 数据，实现 InSAR 数据的地理编码处理，获得正射校正模型（GTC）及校正过程所需的成像几何角度信息；在相干性校正过程中，需要用到的两个关键的角度为距离向坡度角 η 和雷达视角 θ。由图 3.3 可知，雷达视角的计算较为简单，而距离向坡度角 η 则需要根据坡度角 u 和方位向坡向角 v 计算，如式（3.25）所示：

$$\eta = \arctan\left[\tan(u)\sin(v)\right] \tag{3.25}$$

最后，是相干性的地形校正，主要包含两个方面：距离向失相干校正和体散射失相干校正。首先，计算距离向失相干γ_r。假设原始相干性为γ_{slope}，则将其除以γ_r，实现距离向失相干校正；然后，基于SINC差分型相干性地形校正模型，实现体散射失相干的地形校正。综合的相干性校正公式如式（3.26）所示。

$$\gamma_{\text{correct}} = \text{sinc}\left[\pi \cdot \left(\pi - 2\sin^{-1}(\frac{\gamma_{\text{slope}}}{\gamma_r})^{0.8}\right) \cdot \frac{R(\theta_s)\sin(\theta_s - \eta_s)B_\perp(\theta_{\text{ref}})}{R(\theta_{\text{ref}})\sin(\theta_{\text{ref}})B_\perp(\theta_s)}\right] \tag{3.26}$$

利用该公式即可实现干涉相干性的地形校正。

3.3 基于SAR地形校正的森林地上生物量估测

3.3.1 实验区和数据

1. 实验区概况

示例实验区位于内蒙古自治区大兴安岭林区，位于根河市区北部，经纬度范围为121.42°E~121.57°E，50.91°N~50.98°N。该实验区核心区域覆盖内蒙古大兴安岭森林生态系统国家野外科学观测研究站，该站位于根河林业局潮查林场境内，面积约为102 km^2。该区域属于典型的大兴安岭北部针叶林生态区，地面平均高程850 m，区域地形起伏较大。此实验区优势树种为兴安落叶松［*Larix gmelinii*（Rupr.）Kuzen.］、白桦（*Betula platyphylla* Suk.），伴生树种有山杨（*Populus davidiana* Dode.）、黑桦（*Betula dahurica* Pall.）等。该实验区是由国家863计划项目"高分辨率SAR遥感综合实验与应用示范"（2011AA120405）及973计划课题"复杂地表遥感信息动态分析与建模"共同支撑下建立的星机地遥感综合实验区。

2. 实验数据

实验数据采用的是国产机载CASMSAR多维度SAR数据，CASMSAR是我国首套机载多波段多极化干涉SAR测图系统，该系统由中国测绘科学研究院牵头，联合国内多家优势单位研制（黄国满，2014），可同时获取X-波段HH极化双天线InSAR数据和P-波段全极化SAR数据。

2013年9月13日至16日，由中国林业科学研究院资源信息研究所组织，以"奖状II"飞机为飞行平台，搭载了CASMSAR系统在内蒙古大兴安岭区域开展了机载SAR飞行试验，获取了大面积的机载SAR数据。本章实验区的数据仅为其中的一部分，覆盖范围如图3.5所示。飞机飞行高度为5807m，飞行方向为自西向东，CASMSAR系统右视观测获取数据。

1）机载P-波段全极化SAR数据

选取一景CASMSAR P-波段PolSAR数据，覆盖区域如图3.5中虚线矩形框所示，其东西向覆盖范围约为6 km，南北向覆盖范围约为7 km。该景数据的方位向和距离向像元大小分别为0.625 m和0.666 m，中心入射角为55°。如图3.6所示，为该数据的Pauli RGB显示。

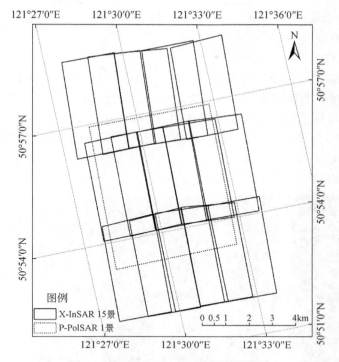

图 3.5　CASMSAR SAR 数据覆盖区域

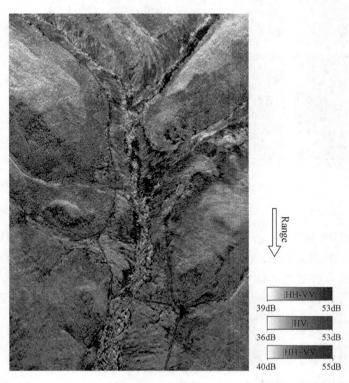

图 3.6　CASMSAR P-波段 PolSAR 数据 Pauli RGB 显示（彩图附后）

需要注意的是，由于该次飞行试验时并未布设角反射器进行定标，因此CASMSAR机载SAR数据的后向散射系数值只有相对的含义。

2）机载双天线 X-波段 InSAR 数据

由于 CASMSAR X-波段 InSAR 的单景覆盖范围与 P-波段 PolSAR 范围不完全一致，且 X-InSAR 的单景覆盖面积较小（东西向约 2.5 km，南北向约 5 km）。因此，为了实现与 P-波段 PolSAR 的协同使用，选取了能够覆盖 P-波段数据范围的 3 个飞行条带（220622，212616，204938）共 15 景 X-InSAR 数据，具体覆盖范围如图 3.5 中实线矩形框所示。X-InSAR 数据的中心入射角为 47°，方位向和距离向的像元大小分别为 0.35m 和 0.25m。如图 3.7 所示，为 15 景 InSAR 数据的主天线强度影像。

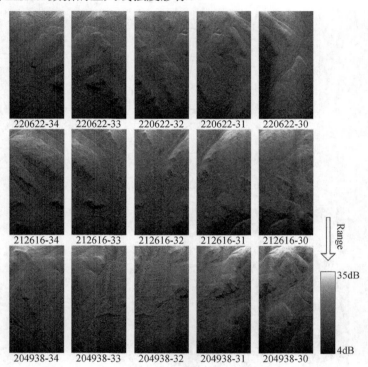

图 3.7　CASMSAR X-波段 InSAR 主天线强度影像

3）LiDAR 产品

2012 年 8 月至 9 月期间，在实验区开展了机载 LiDAR 的飞行试验，以"运-5"为飞行平台，利用 Leica 机载 LiDAR 系统获取了核心实验区的 LiDAR 点云数据，点云密度平均为 5.6 个/m^2。在点云数据的基础上，生产了该区域高精度的 DSM，DEM，CHM 以及 LiDAR 森林 AGB 等产品。如图 3.8 所示，为 LiDAR 点云数据生产的 DEM 产品数据，分辨率为 2 m。图 3.9 为 LiDAR 森林 AGB 分布图，将用于相关结果的验证。

LiDAR 森林 AGB 分布图的分辨率为 20m，是由 LiDAR 数据特征（LiDAR metrics）和地面样地数据建立模型估测得到，最终模型的均方根误差（RMSE）为 23.1 t / hm^2，决定系数（R^2）为 0.78（冯琦等，2016）。

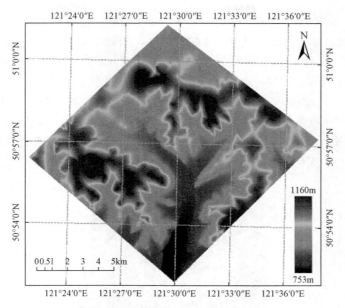

图 3.8　LiDAR DEM（彩图附后）

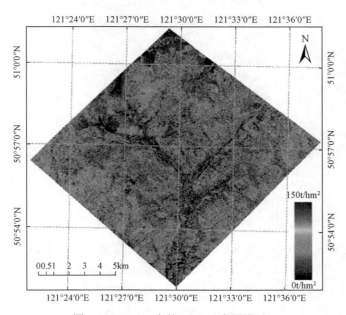

图 3.9　LiDAR 森林 AGB（彩图附后）

3.3.2　结果与分析

1. X-InSAR 干涉处理结果

1）X-InSAR DSM

首先，对 3 个条带共 15 景 X-InSAR 数据进行干涉处理，获取每一景数据提取的 DSM

数据。然后，基于 SRTM DEM 数据对每一景 DSM 数据进行地理编码处理，再将其镶嵌，最终获取 15 景 InSAR 数据覆盖区域的 DSM 影像。如图 3.10 所示，是基于 15 景 X-InSAR 数据提取的 DSM，影像的分辨率为 2m×2m。然后，为了降低树冠起伏对于后续地形校正的影响，对图 3.10 所示的 DSM 进行了低通滤波处理，滤波窗口为 15×15，滤波后的 DSM 影像如图 3.11 所示。滤波后的 DSM 影像在细节上更光滑一些，为了突出这一点，选择了图 3.10 和图 3.11 中的局部区域（黑色矩形框）进行了放大显示，如图 3.12 所示。在局部放大区域分别选择了一行和一列像元值（黑色实线），绘制了低通滤波前后的 DSM 在水平方向和垂直方向上的剖面曲线（图 3.13）。

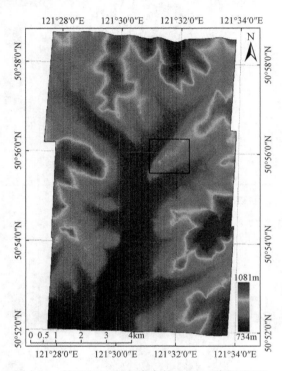

图 3.10   基于 X-InSAR 生产的 DSM（彩图附后）

在未滤波的 DSM 影像中［图 3.12（a）］，可以清晰地看到单木树冠的信息。图 3.13 中展示的剖面曲线，可以更清晰地看到，未滤波 DSM 影像的剖面呈现锯齿状，高程值上下波动明显，而这种局部高频的高程变化并非局部地形的变化，因此需要进行滤波处理。经过滤波之后，DSM 影像［图 3.12（b）］没有了明显的冠层起伏信息，图 3.13 中显示的滤波后的 DSM 剖面曲线也平滑了很多，说明了低通滤波的有效性。

2）X-InSAR 相干性影像

在基于 X-InSAR 数据提取 DSM 的过程中，同时得到了 15 景 InSAR 数据的相干性影像（斜距空间），如图 3.14 所示。由图中可以明显的看到，所有的相干性影像均呈现近距端相干性低，远距端相干性高的现象。尤其对于不同飞行条带间的重叠区域，相同的地物明显呈现不同大小的相干性特征，这将直接影响后续相干性影像的镶嵌处理以及森林 AGB

估测的精度。因此，必须对这一现象进行地形校正处理，才能将相干性影像应用于森林 AGB 的估测建模。

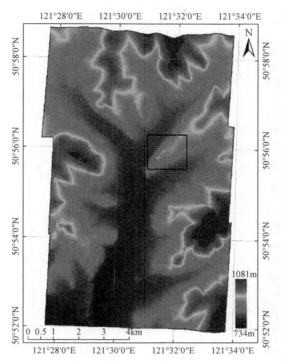

图 3.11 低通滤波后的 X-InSAR DSM（彩图附后）

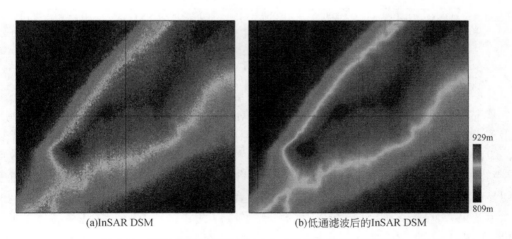

(a)InSAR DSM   (b)低通滤波后的InSAR DSM

图 3.12 滤波前后的 X-InSAR DSM 局部显示（彩图附后）

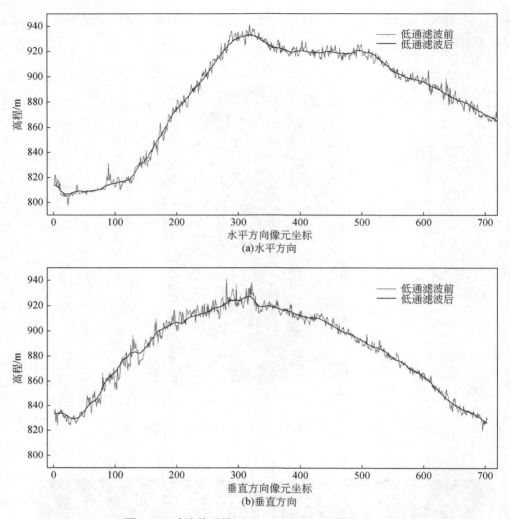

图 3.13　滤波前后的 X-InSAR DSM 局部剖面显示

2. X-InSAR 相干性地形校正

　　基于图 3.11 所示的滤波后的 DSM 数据，对每一景 InSAR 数据进行地理编码处理，获取用于正射校正的 GTC 模型以及用于相干性地形校正的距离向坡度角、雷达视角信息。然后，即可采用基于代数差分的方法实现相干性的地形校正处理，校正的结果如图 3.15 所示（斜距空间）。由图中可以看到，经过校正后的相干性影像，近距端和远距端的相干性没有了明显的差异。尤其对于不同飞行条带间的重叠区域，相同的地物也呈现了相同级别的灰度显示效果。而且，相比于未经校正的相干性影像（图 3.14），校正后的影像整体上可以看到更多的细节信息。

　　为了进一步说明相干性地形校正的必要性和校正效果，我们分别对于校正前（图 3.14）和校正后（图 3.15）的相干性影像进行了正射校正，然后镶嵌为一副影像，如图 3.16、图 3.17 所示。

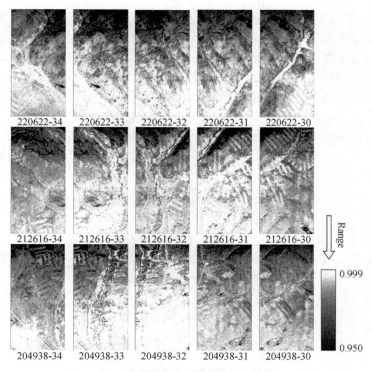

图 3.14　CASMSAR X-波段 InSAR 相干性影像

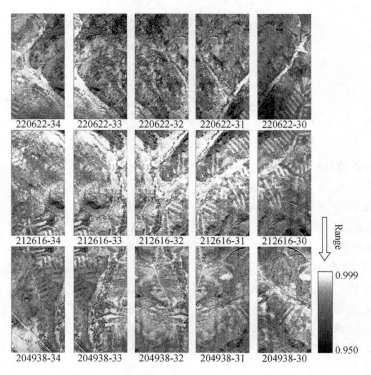

图 3.15　地形校正后的 X-InSAR 相干性影像

图 3.16 展示了基于未校正相干性影像的镶嵌结果，可以明显看到不同条带影像间的边界，这是由于未校正相干性影像中近距端的相干性偏低、远距端的相干性偏高，这种偏差是影像镶嵌技术无法解决的。而带有明显条带镶嵌效果的相干性影像显然无法应用于森林 AGB 的估测以及其他遥感应用。图 3.17 是基于校正后相干性影像的镶嵌结果。可以看到，由于校正后相干性影像的近距端和远距端的相干性基本处于同一水平，不同条带间，不同景间的重叠区域不再存在地形效应产生的偏差，因此镶嵌的结果影像中几乎看不到条带间的影像边界，镶嵌效果好。上述结果也验证了基于代数差分相干性地形校正方法的有效性。

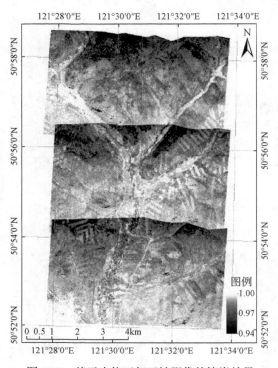

图 3.16　基于未校正相干性影像的镶嵌结果

3. P-PolSAR 地形校正

在滤波后的 InSAR DSM 数据基础上，对 CASMSAR 获取的机载 P-波段 PolSAR 数据进行地形校正处理。首先，对单视复数据进行多视化处理，其中方位向视数为 4，距离向视数为 3，多视化后的影像大小为 2400×1550。然后，基于轨道信息和滤波后的 InSAR DSM 数据对 P-PolSAR 进行 GTC 处理，并且计算投影角，局部入射角等成像几何信息。如图 3.18 所示，为 P-PolSAR 数据覆盖区域 InSAR DSM；图 3.19 为 P-PolSAR 的投影角影像；图 3.20 为局部入射角影像。可以看到，该区域中心区较为平坦，地形起伏区域分布在四周。由投影角和局部入射角的影像可以明显地看到迎坡面和背坡面角度值的差异。另外，P-PolSAR 的近距端和远距端的投影角和局部入射角信息差异也很明显，其原因是 CASMSAR 机载数据雷达视角范围相对较大，P-PolSAR 的视角范围约为 22°～57°。图 3.21 为圆极化法计算的极化方位偏移角信息，图中可以看到地形起伏的信息。基于上述极化方位偏移角、投影角，

图 3.17　基于校正后相干性影像的镶嵌结果

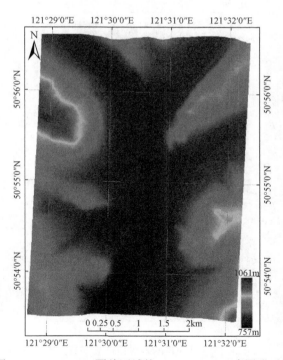

图 3.18　P-PolSAR 覆盖区域的 InSAR DSM（彩图附后）

图 3.19　P-PolSAR 的投影角信息（彩图附后）

图 3.20　P-PolSAR 的入射角信息（彩图附后）

以及局部入射角信息，即可对 P-PolSAR 数据进行三个阶段的地形校正处理，分别为极化方位角校正、散射面积校正以及角度效应校正。在角度效应校正过程中，不同极化对应的最优 n 值分别为：$n_{hh}=0.1$，$n_{hv}=0.5$，$n_{vv}=0.9$。不同阶段的校正结果如图 3.22 所示。

由图 3.22 可以看到三个校正阶段对于 PolSAR 影像中存在的地形效应的逐步校正效果。图 3.22（a）为未校正的 GTC 后 P-PolSAR Pauli RGB 影像，可以看到明显的地形效应，尤其是极化方位角旋转的影响（Pauli RGB 显示偏绿）。图 3.22（b）为经过 POA 校正后的 P-PolSAR Pauli RGB 影像，可以看到 POA 偏移的影响已经得到了去除。图 3.22（c）为经过 ESA 校正后的 P-PolSAR Pauli RGB 影像，这一步骤校正了迎坡面与背坡面、近距与远距端造成的大部分地形影响。最后，图 3.22（d）是 AVE 校正后的 P-PolSAR Pauli RGB 影像，进一步校正了角度效应产生的地形效应。对比图 3.22（a）、（d）可以看到，经过三个阶段的地形校正，P-PolSAR 影像中的地形效应已经得到了有效地去除。在此基础上即可提取极化特征，进行森林 AGB 的估测建模。

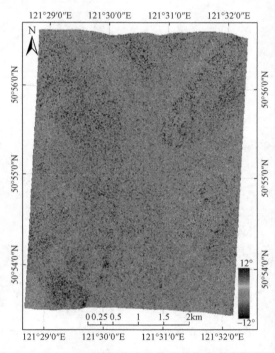

图 3.21　P-PolSAR 的极化方位偏移角信息（彩图附后）

4. 森林 AGB 估测建模与精度评价

经过上述地形校正处理，即可获得用于森林 AGB 估测建模的 P-PolSAR 数据和 X-InSAR 相干性影像。由于 X-InSAR 影像的覆盖区域包含了 P-PolSAR 数据的区域。这里将以 P-PolSAR 数据的覆盖范围为准进行森林 AGB 的估测建模。图 3.23 为 P-PolSAR 数据覆盖区域的 LiDAR 森林 AGB 数据。基于该数据，采用系统抽样的方法共抽取 4295 个样本数据（样本大小 30m×30 m，样本间隔 50 m）。其中，训练样本 2188 个，验证样本 2107 个（图 3.24）。

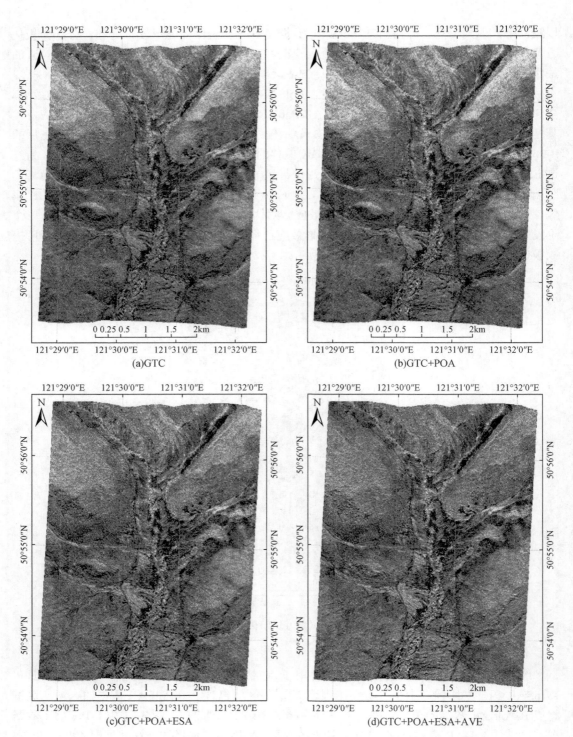

图 3.22　不同校正阶段的 P-PolSAR Pauli RGB（彩图附后）

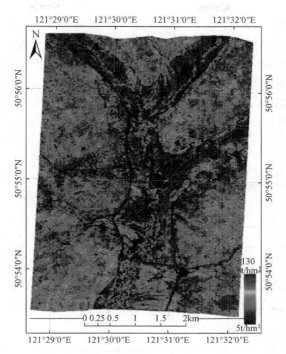

图 3.23   P-PolSAR 数据覆盖区域的 LiDAR 森林 AGB（彩图附后）

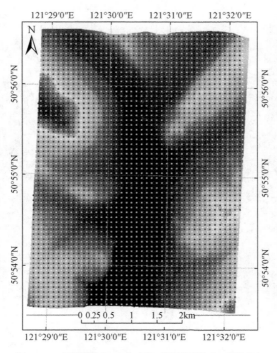

图 3.24   训练样本（白点）和验证样本（黑点）

基于图 3.24 中的训练样本，分别拟合了基于校正前、校正后的不同 SAR 特征组合的森林 AGB 回归模型。模型的拟合结果如表 3.1 中所示，分别为基于 P-PolSAR 后向散射系数的回归模型、基于 X-InSAR 相干性的回归模型，以及基于联合后向散射系数和相干性的估测模型。利用这些模型即可实现基于不同特征组合的森林 AGB 估测，最终获得的森林 AGB 的估测结果如图 3.25 所示。最后，基于验证样本数据对每一组特征估测的森林 AGB 结果进行了精度评价，计算了决定系数（R^2）、均方根误差（RMSE），以及总精度（Acc.）指标（图 3.26）。

表 3.1　森林 AGB 回归模型参数表

模型变量		模型参数				
		a	b(HH)	c(HV)	d(VV)	e(Coh)
校正前	HH+HV+VV	−1.33	−0.88	13.8	−11.29	—
	Coh	795.08	—	—	—	−754.18
	HH+HV+VV+Coh	639.80	−0.94	12.07	−11.33	−566.06
校正后	HH+HV+VV	−230.924	−5.86	19.86	−6.23	—
	Coh	2075.91	—	—	—	−2055.53
	HH+HV+VV+Coh	1543.33	−3.78	15.16	−6.36	−1688.11

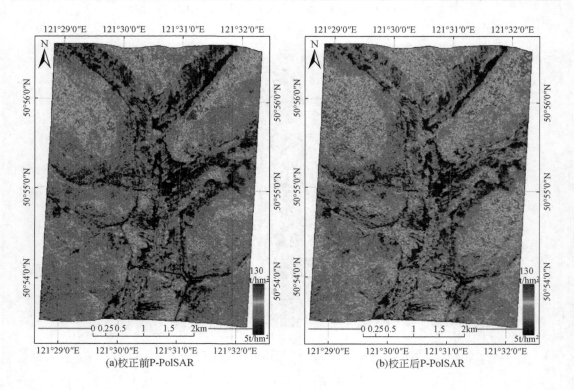

(a)校正前P-PolSAR　　　　　　　　　　　(b)校正后P-PolSAR

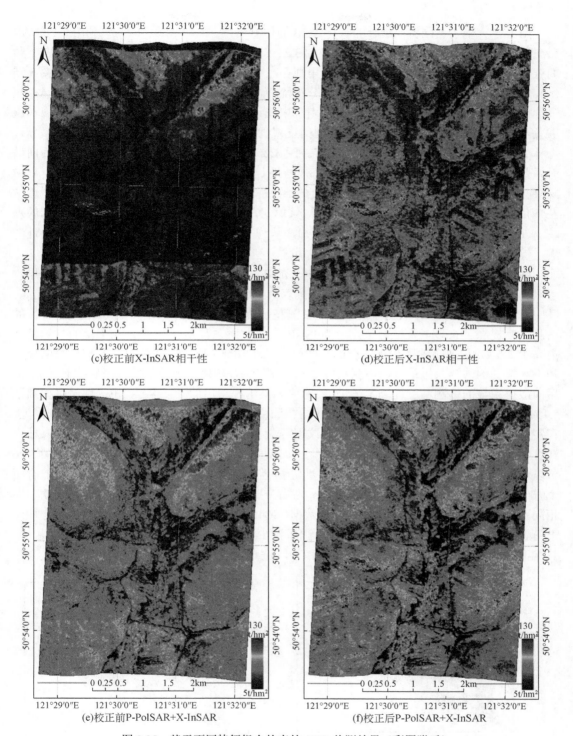

(c)校正前X-InSAR相干性

(d)校正后X-InSAR相干性

(e)校正前P-PolSAR+X-InSAR

(f)校正后P-PolSAR+X-InSAR

图 3.25　基于不同特征组合的森林 AGB 估测结果（彩图附后）

图 3.25 为基于不同特征组合的森林 AGB 的估测结果。图 3.25(a)、(b)为只利用 P-PolSAR 后向散射系数估测的森林 AGB 结果。由图 3.23 LiDAR 估测的森林 AGB 可以看到，左下角的森林 AGB 呈现明显的条带现象，右下角则存在一块森林 AGB 相对较低的区域，而图 3.25(a)、(b)的结果则没有体现类似的空间分布特征。图 3.25(c)、(d) 为只利用 X-InSAR 相干性估测的森林 AGB 结果。可以看到，由于未校正的相干性存在严重的雷达视角效应和镶嵌条带现象，因此相应的森林 AGB 估测结果视觉效果较差。而经过相干性地形校正之后，森林 AGB 的估测结果得到了较大的改善。图 3.25(e)、(f) 为综合利用 P-PolSAR 后向散射系数和 X-InSAR 相干性估测的森林 AGB 结果。可以看到，基于地形校正估测的森林 AGB 结果与 LiDAR 森林 AGB 在空间分布上的一致性程度较高。例如，LiDAR 森林 AGB 影像左下角的条带分布以及右下角的一块森林 AGB 水平较低的区域，在图 3.25(f) 所示的森林 AGB 估测结果中均有所体现。综上可知，从与 LiDAR 森林 AGB 空间分布的一致性考虑，综合利用极化和干涉特征的估测结果最优。

图 3.26 为基于验证样本对不同特征组合的森林 AGB 估测结果进行精度检验的结果。可以看到，相比于校正前，校正后的特征的森林 AGB 估测精度均得到了一定程度的提高。其中，只采用 P-PolSAR 后向散射系数的估测精度提高了 0.9%；只采用 X-InSAR 相干性的估测精度提高了 5.6%；而联合采用 P-PolSAR 后向散射系数和 X-InSAR 相干性的估测精度提高了 3.6%，说明了地形校正方法的有效性。另外，图 3.26 的结果中，联合校正后的极化和干涉特征的估测效果最好，估测精度达到了 72.9%，相比于单独采用校正后的 P-PolSAR 后向散射系数的估测精度提高了 6.4%，比单独采用校正后的 X-InSAR 相干性精度提高了 5.1%。需要注意的是，在本示例中我们仅采用了线性回归模型建立森林 AGB 的估测模型。在实际应用当中，如果提取极化分解、纹理等更多的特征参数，模型方面采用随机森林、深度学习等机器学习方法，势必能够取得更高精度的森林 AGB 估测结果。另外，由图 3.26 可以看到，X-InSAR 相干性的估测精度要高于 P-PolSAR 的估测精度，主要原因可能有两个方面：首先，X-InSAR 的分辨率（0.3m 左右）要高于 P-PolSAR（0.6m 左右）；其次，在相同范围的成像区域，P-PolSAR 为 1 景数据，X-InSAR 为 5 景数据，飞行轨道的稳定性对于两者最终的地理编码精度的影响会有所不同，P-PolSAR 受不稳定轨道数据的影响更大，与 X-InSAR 相比，相应的定位精度就会稍差，进而影响最终森林 AGB 的估测精度。

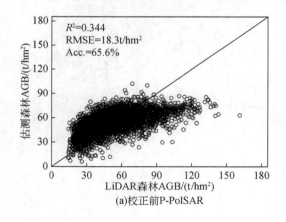

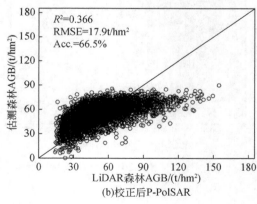

(a)校正前 P-PolSAR　　　　　　　　　　　(b)校正后 P-PolSAR

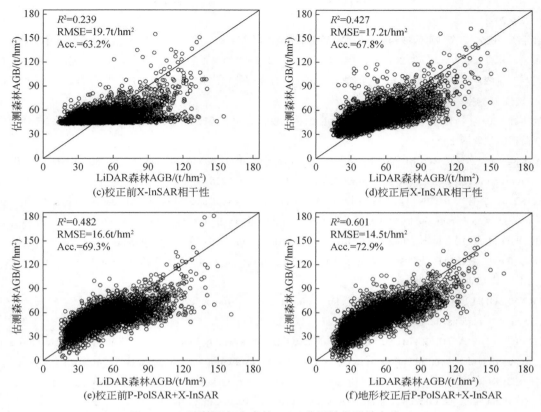

图 3.26　不同特征组合森林 AGB 估测结果的精度验证

综上可知，对于 PolSAR 和 InSAR 数据，采用相应的地形校正方法，能够有效地提高森林 AGB 的估测精度。进一步联合多维度的 SAR 数据，结合极化、干涉特征估测森林 AGB 可以比采用单一维度的 SAR 特征得到更高的估测精度。

参 考 文 献

陈尔学. 2004. 星载合成孔径雷达影像正射校正方法研究. 北京：中国林业科学研究院博士学位论文.

戴宏图. 1980. 递推关系式与差分方程. 曲阜师范大学学报(自然科学版)，(4)：32~36.

冯琦，陈尔学，李增元，等. 2016. 基于机载 P-波段全极化 SAR 数据的复杂地形森林地上生物量估测方法. 林业科学，52(3)：10~22.

李新武，郭华东，李震，等. 2005. 用 SIR-C 航天飞机双频极化干涉雷达估计植被高度的方法研究. 高技术通讯，15(7)：79~84.

李文梅，陈尔学，李增元. 2014. 多基线干涉层析 SAR 提取森林树高方法研究. 林业科学研究，27(6)：815~821.

李哲，陈尔学，王建. 2009. 几种极化干涉 SAR 森林平均高反演算法的比较评价. 兰州：甘肃省遥感学会学术会议.

倪成才，于福平，张玉学，等. 2010. 差分生长模型的应用分析与研究进展. 北京林业大学学报，32(4)：

284~292.

魏钜杰. 2009. 复杂地形区域合成孔径雷达正射影像制作方法研究. 阜新：辽宁工程技术大学博士学位论文.

张过, 墙强, 祝小勇, 等. 2010. 基于影像模拟的星载 SAR 影像正射纠正. 测绘学报, 39(6)：554~560.

赵磊, 倪成才, Gordon N. 2012. 加拿大哥伦比亚省美国黄松广义代数差分型地位指数模型. 林业科学, 48(3)：74~81.

周勇胜. 2010. 极化干涉 SAR 去相干分析在森林高度估计和系统参数设计中的应用研究. 北京：中国科学院研究生院博士学位论文.

ASKNE J, SANTORO M. 2005. Multitemporal repeat pass sar interferometry of boreal forests. IEEE Transactions on Geoscience & Remote Sensing, 43(6): 1219~1228.

CASTEL T, BEAUDOIN A, STACH N, et al. 2001. Sensitivity of space-borne SAR data to forest parameters over sloping terrain. theory and experiment. International Journal of Remote Sensing, 22(12): 2351~2376.

CLOUDE S. 2010. Polarisation: Applications in remote sensing. Oxford University Press.

CLOUDE S, PAPATHANASSIOU K. 2002. A 3-Stage Inversion Process for Polarimetric SAR Interferometry. EUSAR. Cologne, Germany.

FRANSSON J E S. 1999. Estimation of stem volume in boreal forests using ERS-1 C-and JERS-1 L-band SAR data. International Journal of Remote Sensing, 20(1): 123~137.

GAVEAU D L A, BALZTER H, PLUMMER S. 2003. Forest woody biomass classification with satellite-based radar coherence over 900 000 km^2 in Central Siberia. Forest Ecology & Management, 174(1): 65~75.

KRIEGER G, CLOUDE S R. 2005. Spaceborne Polarimetric SAR Interferometry: Performance Analysis and Mission Concepts. Eurasip Journal on Advances in Signal Processing, (20): 1~21.

KUGLER F, LEE S K, HAJNSEK I, et al. 2015. Forest height estimation by means of Pol-InSAR Data Inversion: The Role of the Vertical Wavenumber. IEEE Transactions on Geoscience & Remote Sensing, 53(10): 5294~5311.

KUPLICH T M, CURRAN P J, ATKINSON P M. Relating SAR image texture to the biomass of regenerating tropical forests. International Journal of Remote Sensing, 26(21): 4829~4854.

LEE J S, SCHULER D L, AINSWORTH T L. 2000. Polarimetric SAR data compensation for terrain azimuth slope variation. IEEE Trans.geosci. & Remote Sensing, 38(5): 2153~2163.

LEE J S, SCHULER D L, AINSWORTH T L, et al. 2002. On the estimation of radar polarization orientation shifts induced by terrain slopes. IEEE Transactions on Geoscience & Remote Sensing, 40(1): 30~41.

LI W, CHEN E, LI Z, et al. 2012. Combing Polarization coherence tomography and PoLInSAR segmentation for forest above ground biomass estimation. IEEE Geoscience and Remote Sensing Symposium, IGARSS. Munich, Germany.

LU H, SUO Z, GUO R, et al. 2013. S-RVoG model for forest parameters inversion over underlying topography. Electronics Letters, 49(9): 618~619.

RAUSTE Y. 2005. Multi-temporal JERS SAR data in boreal forest biomass mapping. Remote Sensing of Environment, 97(2): 263~275.

RICHARDS J A. 2009. Remote sensing with imaging radar. Berlin：Springer-Verlag.

SAATCHI S, HALLIGAN K, DESPAIN D G, et al. 2007. Estimation of forest fuel load from radar remote sensing. IEEE Transactions on Geoscience & Remote Sensing, 45(6): 1726~1740.

SANTORO M, BEER C, CARTUS O, et al. 2011. Retrieval of growing stock volume in boreal forest using hyper-temporal series of Envisat ASAR ScanSAR backscatter measurements, 115(2): 490~507.

SAUER S, KUGLER F, LEE S K, et al. 2010. Polarimetric decomposition for forest biomass retrieval. IEEE Geoscience and Remote Sensing Symposium, IGARSS. Honolulu, Hawaii, USA.

SOJA M J, SANDBERG G, ULANDER L M H. 2010. Topographic correction for biomass retrieval from P-band SAR data in boreal forests. IEEE Geoscience and Remote Sensing Symposium, IGARSS. Honolulu, Hawaii, USA.

STELMASZCZUK M, THIEL C, SCHMULLIUS C. 2016. Retrieval of Aboveground Biomass Using Multi-Frequency SAR. ESA Living Planet Symposium. Prague, Czech Republic.

TEBALDINI S, ROCCA F. 2012. Multibaseline polarimetric SAR tomography of a boreal forest at P- and L-bands. IEEE Transactions on Geoscience & Remote Sensing, 50(1): 232~246.

TOAN T L, BEAUDOIN A, RIOM J, et al. 1992. Relating forest biomass to SAR data. IEEE Transactions on Geoscience & Remote Sensing, 30(2): 403~411.

TOAN T L, QUEGAN S, WOODWARD I, et al. 2004. Relating radar remote sensing of biomass to modelling of forest carbon budgets. Climatic Change, 67(2-3): 379~402.

TREUHAFT R N, MADSEN S N, MOGHADDAM M, et al. 1996. Vegetation characteristics and underlying topography from interferometric radar. Radio Science, 31(6): 1449~1485.

ULABY F T, MOORE R K, FUNG A K. 1996. Microwave remote sensing active and passive-volume III: From theory to applications. Norwood: Artech House Inc.

ULANDER L M H. 1996. Radiometric slope correction of synthetic-aperture radar images. IEEE Transactions on Geoscience & Remote Sensing, 34(5): 1115~1122.

VILLARD L, TOAN T L. 2015. Relating P-Band SAR Intensity to Biomass for Tropical Dense Forests in Hilly Terrain: γ^0 or σ^0? IEEE Journal of Selected Topics in Applied Earth Observations & Remote Sensing, 8(1): 214~223.

ZHAO L, CHEN E, LI Z, et al. 2017. Three-step semi-empirical radiometric terrain correction approach for polsar data applied to forested areas. Remote Sensing, 9(3): 269.

第4章 InSAR 森林参数估测

森林高度作为重要的森林垂直结构参数，是估测森林木材生产潜力的指标，并且与森林地上生物量、碳储量等联系紧密，因此，准确地获取森林高度信息对于森林的精细化经营管理、碳循环和气候变化科学研究等都具有重要意义（陈尔学等，2007）。传统的基于抽样标准样地调查的方法不仅费时费力，而且难以得到空间连续的森林参数测量结果，无法满足现代森林资源经营管理和生态环境科学研究的需求。而 InSAR 具有全天候、全天时成像的优势，是大面积估测森林参数的有效遥感手段之一。本章主要介绍采用 InSAR 技术估测森林高度和森林 AGB、蓄积量的方法。首先对国内外研究现状进行了综述，然后分别介绍相应的模型与方法，最后通过机载、星载实验，介绍 InSAR 森林高度、森林 AGB、蓄积量估测的流程和结果，剖析 InSAR 森林参数反演中的关键技术及实现方法。

4.1 国内外研究现状

4.1.1 InSAR 森林高度估测研究

InSAR 通过一定基线获取同一场景内视角稍有差异的两幅影像，可用于提取高精度的数字高程模型（DEM）或数字表面模型（DSM）。PolInSAR 相当于全极化空间内的干涉，对于同一像元，可有效获取不同散射机制的干涉信息，进而提取各自散射相位中心的高度，对于估测森林垂直结构参数具有独特的优势。由于 InSAR 在观测量上少于 PolInSAR，因此在估测森林高度时，往往是对 PolInSAR 森林高度估测模型的简化，通常有以下两种思路：①基于相位信息，通过代表冠层顶部和林下地形两种散射机制的干涉相位差估测森林高度，也称为 DEM 差分法；②基于相干幅度信息，通过建立体散射去相干与森林高度之间的模型（随机体散射模型），进而由相干性反演森林高度。下面将针对这两种森林高度反演思路，对已有研究进行综述。

在植被覆盖区域，InSAR 获得的信息包含植被散射相位中心的高度，这是采用 InSAR 进行森林高度估测的基础。由相位信息获取植被高度，通常有多频干涉和单频干涉两种技术。多频干涉技术利用不同波长对森林穿透能力的不同，分别采用高频、低频 SAR 获取植被体散射相位中心、林下地表散射相位中心的高度，进而利用相位差估测森林高度。SANTOS 等（2004）分别用 X-波段和 P-波段 InSAR 相位中心高作为 DSM 和 DEM，相减得到的高度与实测森林高度具有一定相关性，但是由于 X-波段的相位中心会低于树冠高度，而 P-波段的相位中心高于林下地表高度，因此这种方式会存在对森林高度的低估现象。BALZTER 等（2007）研究了 X-波段与 L-波段双频 InSAR 差分估测森林高度的可行性。SEXTON 等（2009）用机载 GeoSAR 系统上 X-波段和 P-波段 InSAR 数据得到的高度进行差分作为森林高度，并用激光雷达提取的冠层高度模型（canopy height model，CHM）对其校正，得到了较高的森林高度估测精度。

然而，在仅有短波长（如 X-波段）数据的研究区域，若有精确的 DEM，则可采用短波长 InSAR 获得的 DSM 与 DEM 差分获得森林高度，即单频干涉技术。IZZAWATI 等（2006）用 X-波段 InSAR 获得的 DSM 与英国地形测量数据（ordnance survey DEM，OSDEM）做差分估测人工林高度，并分析了林分株树密度和地形坡度对估测结果的影响。KENYI 等（2009）用 USGS 国家高程数据（national elevation dataset，NED）作为 DEM，通过将 C-波段获取的 SRTM（shuttle radar topography mission，SRTM）DEM 与 NED 差分来获得森林高度。在星载 SAR 方面，SOJA 和 ULANDER(2013)利用 TanDEM-X 数据结合 LiDAR 提取的高精度 DEM 得到森林高度估测结果，并讨论了基线长度与季节变化对估测结果的影响。SADEGHI 等（2014）分析了森林树种组成、密度及地形坡度对 TanDEM-X 数据森林高度估测的影响。SOLBERG 等（2015）则分析了 TanDEM-X 的相位中心高在不同季节、极化以及基线长度时的稳定性，发现高度估测结果具有较为接近的均值和标准差，其中在冬季微波对森林穿透得更深，相位中心要低一些。

上述研究结果表明，采用差分法可直接得到有效散射中心高度，其与真实森林高度具有很高的相关性，但有效散射中心的具体位置和森林结构、微波频率有关，需要实测数据对其进行标定，从而得到森林高度估测结果。

在短波长的雷达波与森林作用时，地面散射贡献可以忽略，若进一步假设消光系数为零，可直接由体散射去相干的幅度估测森林高度，该方法称为相干幅度法（CLOUDE，2010）。同时由于体散射去相干与森林高度符合 SINC 函数的关系，也称为 SINC 模型，下面介绍基于该模型的一些研究。

CLOUDE 等（2014）采用 TanDEM-X 双极化数据，经信噪比优化处理后得到相干性，分别在高纬度北方森林和温带雨林验证了 SINC 模型反演森林高度的可行性。研究结果表明 SINC 模型在北方森林可以取得良好的估测精度，而在温带雨林由于 X-波段的消光系数较高，与模型假设偏差较大，估测结果精度较低。冯琦等（2016）采用国产机载多波段 SAR 系统（CASMSAR）获取的 X-波段双天线单轨 InSAR 数据对 SINC 模型进行验证，并与差分法对比分析，发现尽管 SINC 模型估测森林高度的精度略低于差分法，但由于 SINC 模型不需要高精度的 DEM，因此具有更高的实用价值。CHEN 等（2016）的研究结果表明，由于 TanDEM-X 单极化数据相比双极化数据具有更好的信噪比，只利用单极化数据的相干性就可以较好地估测森林高度。OLESK 等（2016，2015）基于 SINC 模型采用 TanDEM-X InSAR 数据进行森林高度估测，并分析季节变化对估测结果的影响，发现在阔叶林中落叶季的估测精度要优于非落叶季，而由常绿树种组成的森林则对季节变化不敏感。

以上研究表明，SINC 模型不需要已知地表相位，仅仅基于体散射去相干就可以得到较好的森林高度估测结果，在缺乏高精度 DEM 的情况下，具有较高的应用价值。

4.1.2 InSAR 森林 AGB/蓄积量估测研究

森林 AGB/蓄积量是森林高度、株树密度等结构参数综合作用的结果。在第 3 章我们已系统总结了森林 AGB 估测的方法，包括基于 SAR 特征（后向散射系数、极化分解参数、纹理参数、干涉相干性及层析垂直结构参数等）的统计建模方法，和基于 InSAR/ PolInSAR 提取的森林高度采用异速生长方程间接估测森林 AGB 的方法。InSAR 和 PolInSAR 在估测森林 AGB 时思路相同，均是基于相干性或提取的森林高度，主要区别在于 PolInSAR 提取森林高度的模型更丰富，在这部分我们将两者放在一起总结。

干涉相干性对森林 AGB 有一定指示作用，森林结构越复杂，AGB 越高，体散射去相干就越大，因此相干性会随之降低。基于这一关系，可建立相干性与森林 AGB 间的回归方程进行估测（GAVEAU et al., 2003; FRANSSON et al., 2001）。相干性受森林结构状态影响，不同物候期的森林结构差异较大，冬季获取的相干性主要反映了树干的去相干作用，更能反映森林 AGB（PULLIAINEN et al., 2003）。ASKNE 和 SANTORO（2005）利用冬季的 ERS-1/ERS-2 InSAR 数据估测森林蓄积量，发现蓄积量高、均质热带森林的估测结果优于蓄积量低且非均质的森林。

除了简单的统计模型外，通过相干性建立半经验物理模型来反演森林 AGB 也是有效的方法。常用的半经验物理模型主要是水云模型（ATTEMA and ULABY, 1978），该模型假设森林总的后向散射由体散射和地表散射两部分组成，利用实测数据训练模型拟合模型参数，从而估测森林 AGB。ASKNE 等（1997）基于干涉信息提出了干涉水云模型，奠定了森林 AGB 估测的模型基础。随后，干涉水云模型被用于森林 AGB 估测研究（CARTUS et al., 2011; DREZET and QUEGAN, 2007; SANTORO et al., 1996）。

异速生长模型估测法是以生物量相对生长模型估测森林 AGB（罗云建等，2009），生长模型常以树高、胸径或者将两者同时作为输入，以森林 AGB 为输出。若利用 InSAR/PolInSAR 得到精确的森林高度，进而基于生长模型估测森林 AGB 也可以取得较高的估测精度（BALZTER et al., 2007; SIMARD, 2006; NEEFF et al., 2005）。TOAN 等（2011）利用 AIRSAR 及 E-SAR 机载系统获取的 P-波段数据进行森林高度及 AGB 的估测研究，并用样地实测数据与 LiDAR 数据评价其精度，研究结果表明 P-波段几乎是唯一能够满足全球森林生物量制图及其变化监测需求的微波波段。

4.2　InSAR 森林高度估测

InSAR 技术按波长可分为长波长 InSAR 与短波长 InSAR。长波长 InSAR 数据通常需要通过重轨获取，难以避免时间去相干的影响，并且长波长穿透性较强，不采用 PolInSAR 测量模式往往难以分离植被体散射与地表散射。相比较而言，短波长双天线模式 InSAR 具有优势：①无时间去相干，去相干主要由地表和植被本身引起，具有潜在的森林参数估测能力；②波长较短，可以认为干涉相位中心接近树冠顶部，InSAR 测量的 DSM 代表冠层高度。目前国内外 X-波段无时间基线 InSAR 观测系统主要包括多个国家都已拥有的机载双天线 InSAR 系统和德国宇航局的 TanDEM-X 系统。本节以内蒙古依根和根河试验区为例，采用 DEM 差分法和 SINC 模型法，介绍基于机载和星载 InSAR 数据的森林高度估测模型和方法。

4.2.1 DEM 差分法

在具体应用中, DEM 差分法是利用同一分辨单元内冠层相位中心和林下地表相位中心高度之差估测森林高度。X-波段具有获取冠层相位中心的优势, 但无法获取林下地表相位中心, 因此需要借助外部 DEM 进行差分来得到森林高度, 该方法实质上是采用单轨 InSAR 数据估测森林高度时, 对第 5 章 PolInSAR 中差分法的一种简化, 通常是利用短波长 InSAR 数据生成 DSM, 然后从 DSM 中减去利用 LiDAR 提取的 DEM（LiDAR DEM）或用其他手段获取的高精度的 DEM, 得到冠层相位中心高度 h_{phase}。由于雷达波对森林具有一定的穿透性, h_{phase} 一般会低于森林高度 h_v, 需要根据一定数量的外业实测标准样地数据对 h_{phase} 进行校正才能获得准确的森林高度 h_v。校正模型采用式（4.2）所示的线性回归方程。

$$h_{phase} = DSM_{InSAR} - DEM_{LiDAR} \tag{4.1}$$

$$h_v = b + a \times h_{phase} \tag{4.2}$$

式中, b 和 a 为回归方程系数, 其值采用训练样本通过最小二乘法拟合得到。

4.2.2 相干幅度法

根据第 2 章相干性的组成公式（2.98）可知, 通过干涉影像计算获得的相干性由基线去相干（包括距离向去相干与体散射去相干）、时间去相干和系统信噪比去相干组成。因此采用 SINC 模型法估测森林高度时, 首先需要对这些非体散射去相干成分进行校正, 然后通过相干散射模型反演森林高度。在 X-波段或 C-波段这样的短波长雷达波与森林作用时, 体散射占主导, 通常可忽略地表散射贡献, 此时干涉质量的降低主要由体散射去相干［式（3.13）］引起。

在式（3.13）中, 包含植被垂直结构信息的 $f(z)$ 通常用指数函数建模, 即 $f(z) = \exp\left[2\kappa_e z / \cos(\theta)\right]$, 其中 κ_e 是植被的平均消光系数, 表示微波能量在其中的衰减, θ 为雷达波入射角。

若假设 $\kappa_e = 0$, 此时 $f(z) = 1$, 即后向散射能量均匀分布, 此时体散射去相干的形式由式（3.13）变为式（4.3）, 即 γ_v 与 h_v 符合 SINC 函数关系。

$$\gamma_v = \exp\left(\frac{jk_z h_v}{2}\right) \text{sinc}\left(\frac{1}{2} k_z h_v\right) \tag{4.3}$$

其中 $\frac{1}{2} k_z h_v \in [0, \pi]$。当 $x \in [0, \pi]$ 时, SINC 函数可近似为式（4.4）, 进而得到其反函数见式（4.5）。对式（4.3）两边取模并代入式（4.5）中, 可最终得到森林高度的表达式（4.6）。

$$y = \text{sinc}(x) \approx \sin\left[\frac{(\pi - x)}{2}\right]^{1.25}, \quad x \in [0, \pi], y \in [0, 1] \tag{4.4}$$

$$x \approx \pi - 2\sin^{-1}\left(y^{0.8}\right) \tag{4.5}$$

$$h_v \approx \frac{2\pi}{k_z}\left(1 - \frac{2}{\pi}\sin^{-1}\left(|\gamma_v|^{0.8}\right)\right) \tag{4.6}$$

4.2.3 机载实验

1. 实验区与数据

1）实验区概况

实验区位于内蒙古依根农林交错区，如图 4.1 所示，中心经纬度坐标为 50°2′35.2″N，120°6′14.64″E，地面平均高程 650 m，地势起伏相对平缓。雨季为每年 7～8 月份，无霜期平均为 90 天，年平均气温–5.3℃。实验区森林为天然次生林，主要树种为白桦（*Betulaplatyphylla Suk.*）。图中黑色方框区域为机载 LiDAR、机载 SAR 数据覆盖范围。

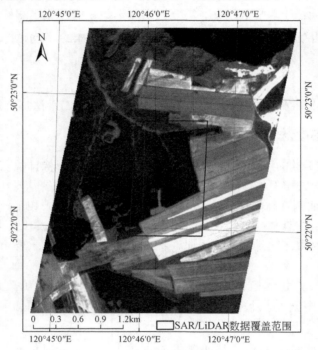

图 4.1 实验区位置及数据覆盖范围

2）机载 SAR 数据

本节所用的机载 SAR 数据是由 CASMSAR 系统获得的 X-波段 HH 极化双天线 InSAR 数据，数据的获取情况及 SAR 系统相关参数详见第 3 章（3.3.1 节）。

3）机载 LiDAR 数据

实验区内还获取有机载 LiDAR 数据，如图 4.2 所示，是该实验区内分辨率为 2 m 的 DEM、DSM 和 CHM 数据产品，可用于分析和验证基于机载 SAR 数据的森林参数估测结果。机载 LiDAR 数据的获取时间及相关系统参数与第 3 章（3.3.1 节）中的 LiDAR 数据一致。

4）机载 SAR 数据

2013 年 9 月 13 日至 16 日在实验区开展了机载 SAR 飞行试验，利用中国测绘科学研究院牵头研制的机载多波段多极化干涉 SAR（CASMSAR）系统获取了 X-波段 HH 极化双天线 InSAR 数据。以"奖状 II"为飞行平台，飞行高度为 5807 m，飞行航向由西向东，右视方向观测。成像数据为单视复数据，SAR 波长为 0.03 m，方位向分辨率为 0.35 m，距离向分辨率为 0.25 m，中心入射角为 47°。

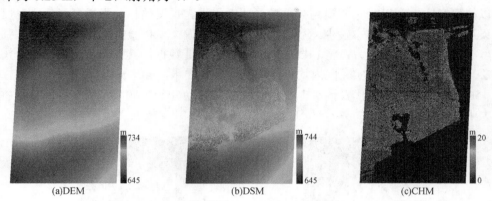

(a)DEM   (b)DSM   (c)CHM

图 4.2   LiDAR 提取的 DEM、DSM 和 CHM（彩图附后）

2. 结果与分析

图 4.3 为实验区相干性（干涉相干系数）的统计分布图，由于没有时间去相干的影响，相干性较高。图 4.4 绘制了相干性与 LiDAR CHM 的散点图，可以看出相干性与森林高度呈负相关关系，高度越高，相干性越低，R^2 为 0.75，表明相干性具有估测森林高度的潜力。

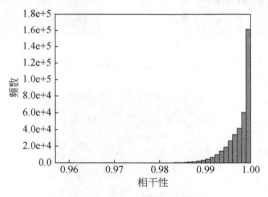

图 4.3   干涉相干性统计直方图

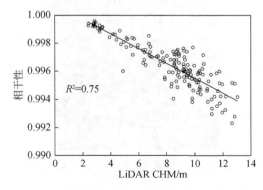

图 4.4   干涉相干性与 LiDAR CHM 的关系

分别基于式（4.1）、式（4.6）估测得到的森林高度分布如图 4.5 所示，与图 4.2 的 LiDAR CHM 相比，具有很好的一致性，体现出此方法的有效性。

以往研究中，多以少量的实测样地数据或者采用大尺度的林分平均高对森林高度的估测结果进行验证，前者样本较少，后者统计单位面积偏大，检验结论的客观性不够强。为使精度检验结论更具说服力，将 LiDAR CHM 作为验证数据，其像元值代表每个分辨单元的冠层顶部高度。在整个实验区内均匀选取精度检验样本，样本分布如图 4.6 所示，共选取了 156 个样本，红色点代表样本中心点，样本大小为 60 m×60 m，每个样本值为所有高度值大于 2 m 的分辨单元的算术平均高。

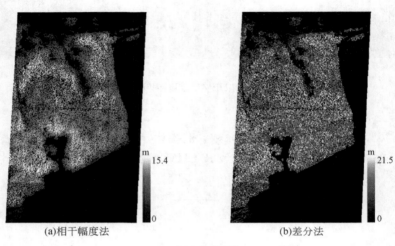

(a)相干幅度法   (b)差分法

图 4.5　森林高度估测结果

图 4.6　检验样本分布图（彩图附后）

利用均匀选取的检验样本进行精度评价，结果如图 4.7 所示。差分法的 R^2 为 0.86，RMSE

为 2.74 m，总精度为 68.2%，由图 4.7（b）可以看出，估测结果总体偏低，这是由于验证样本值为冠层顶部高度的算术平均高，而实验区内树高偏低，密度偏小，X-波相位中心低于冠层顶部高度。利用样本对估测结果进行标定，标定后与 LiDAR CHM 的关系如图 4.7（c）所示，R^2 为 0.86，RMSE 为 0.97 m，总精度为 88.7%，明显地提高了估测精度。SINC 模型法森林高度检验结果如图 4.7（a）所示，R^2 为 0.81，RMSE 为 1.20 m，总精度为 86.4%。可以看出，样本点分布在 1∶1 线上，表明估测得到的高度可作为实际森林高度，不需要利用实测高进行模型的标定。

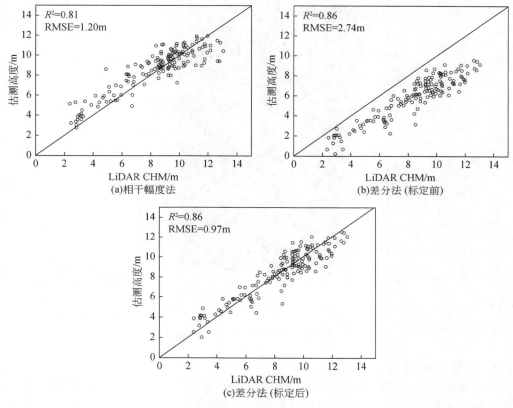

图 4.7　森林高度估测精度评价

4.2.4　星载实验

1. 实验区与数据

1）实验区概况

本节实验区与第 3 章（3.3.1 节）相同，即内蒙古大兴安岭森林生态系统国家野外科学观测研究站所在区域。图 4.8 展示了本节所采用的 InSAR 数据的幅度影像（主影像），实线矩形区域为机载 LiDAR 数据覆盖范围，白色虚线矩形区域为实验区范围。

2）TanDEM-X InSAR 数据

本节采用的 SAR 数据是条带模式升轨 TanDEM-X InSAR 数据，成像时间为 2012 年 8

月 14 日，垂直基线长 202.28 m，中心入射角 41.40°，距离向和方位向的采样间隔分别为 1.4 m 和 2.0 m。数据覆盖范围见图 4.8 中的灰度图，东西向约 33 km，南北向约 56 km。

图 4.8　实验区位置及机载 LiDAR 数据覆盖范围

3）机载 LiDAR 数据

该实验区内获取的机载 LiDAR 数据与第 3 章（3.3.1 节）中的 LiDAR 数据一致，本节主要采用该数据生产的 CHM 产品对估测的森林高度进行验证。穆喜云（2015）对该数据提取的 CHM 进行了验证，结果表明，样地的胸高断面积加权高（Lorey's 高）与基于 LiDAR CHM 数据的算术平均高具有很高的相关性（R^2=0.834）。

4）SRTM DEM 数据

获取了覆盖实验区的 30 m 空间分辨率的 SRTM DEM，以双线性内插法将其过采样到 5 m 的像元大小，以和 LiDAR 数据的分辨率保持一致，以便于分析比较 SRTM DEM、LiDAR DEM 及 DSM 之间的高程差异。以图 4.9（a）中的黑色实线为剖面，绘制三者的剖面图（图 4.10）。可以看到，LiDAR DSM 整体要比 LiDAR DEM 和 SRTM DEM 高，而且高程波动比较大，体现了森林高度的信息。LiDAR DEM 和 SRTM DEM 的高程变化趋势则更相符，但是由于 SRTM DEM 受植被覆盖影响，所以在大部分区域要高于 LiDAR DEM。

DEM 在 SINC 模型估测森林高度中的作用主要体现在两方面：首先，局部垂直波数 k_z 的估算需要坡度信息来补偿地形的影响；其次，DEM 用于相干性、k_z 及森林高度等估测结果的地理编码，其质量直接影响地理编码的精度。因此本实验不仅比较了差分法与 SINC 模型的森林高度估测效果，也分析了 LiDAR DEM 和 SRTM DEM 的差异对 SINC 模型森林高度估测结果的影响。

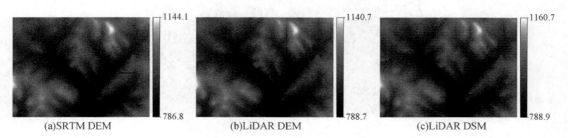

(a)SRTM DEM   (b)LiDAR DEM   (c)LiDAR DSM

图 4.9　SRTM DEM 与 LiDAR 获取的 DEM 和 DSM

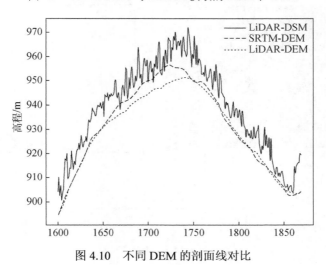

图 4.10　不同 DEM 的剖面线对比

2. 结果与分析

1）森林高度估测精度评价方法

在实验区内均匀布设 150 个检验样本，空间分布见图 4.11，黄色圆点代表检验样本中心点位置，以该点为中心设一个取样窗口（大小由 15 m×15 m 逐步增加至 100 m×100 m），窗口内的所有有效像元的平均值为该样本的取值。样本的待检验值分别自 SINC 模型法、DEM 差分法估测结果中提取，样本的实测值（参考值）自 LiDAR CHM 获取。

2）干涉相干性处理结果

研究区的相干性分布图和统计直方图分别如图 4.12（a）、（b）所示，可以看到相干幅度值集中分布在 0.9 附近，干涉数据质量较好。图 4.12(c)为检验样本的相干性与 LiDAR CHM 的散点图，随着森林高度增加，相干性降低，表明相干性具有一定的森林高度估测潜力。

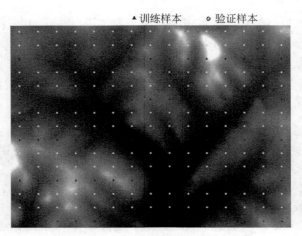

图 4.11　训练及检验样本中心点位置

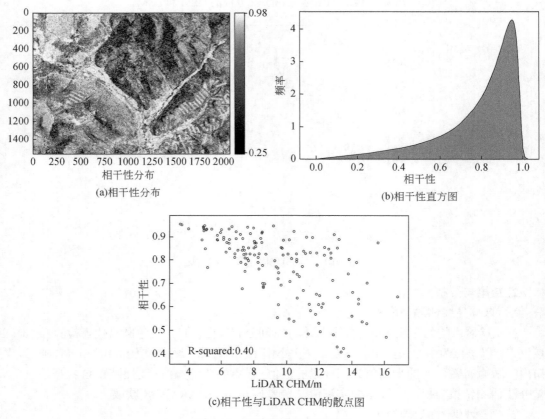

(a)相干性分布

(b)相干性直方图

(c)相干性与LiDAR CHM的散点图

图 4.12　干涉相干性处理结果

3）森林高度估测结果

图 4.13（a）为 LiDAR CHM，图 4.13（b）为 DEM 差分法得到的森林高度估测结果，图 4.13（c）、（d）分别为以 LiDAR DEM 和 SRTM DEM 为参考 DEM 的 SINC 模型估测结

果。可以看到，三种森林高度估测结果与 LiDAR CHM 具有很好的一致性，其中差分法的森林高度分布与 LiDAR CHM 在细节上最为接近，体现出该方法的有效性；但差分法与 LiDAR CHM 相比森林高度估测结果存在低估现象，表明 X-波段对本研究区林分具有一定的穿透性。在图 4.13（c）、（d）中的森林高度分布很相似，说明两种 DEM 对 SINC 模型估测结果的影响较小。

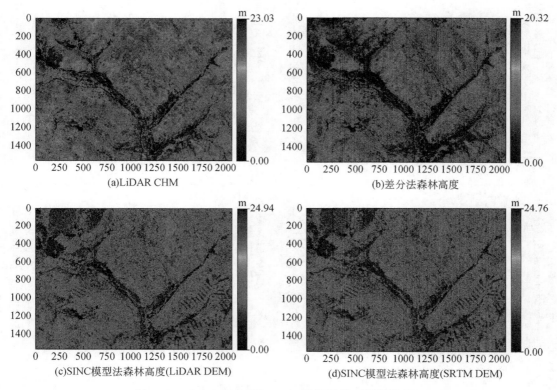

图 4.13　LiDAR CHM 和 InSAR 估测结果（彩图附后）

4）森林高度估测精度评价

为了对森林高度估测结果进行定量评价，同时分析样本尺度对估测精度的影响，利用均匀选取的样本，分别选取大小为 15 m×15 m、30 m×30 m、50 m×50 m 和 100 m×100 m 的窗口进行平均得到森林高度，对差分法和 SINC 模型法的结果进行精度评价，同时分析高分辨率与中等分辨率的参考 DEM 对 SINC 模型估测精度的影响。

差分法的精度评价结果如图 4.14 所示，其中左侧为采用式（4.2）校正前的结果，右侧为校正后的结果。可见，差分法森林高度估测结果与 LiDAR CHM 之间具有良好的相关性，且随着样本尺度增大，估测精度逐步提高，当样本大小从 15 m×15 m 增加到 100 m×100 m 时，R^2 从 0.57 增加到 0.79，RMSE 由 3.38 m 降到 2.57 m，精度由 67.62%提高到 75.44%。在 15 m×15 m 的样本尺度上，校正对差分法估测精度的改善效果并不明显，精度甚至有些下降，从校正前的 67.62%降至校正后的 61.79%，可能的原因是在该尺度下地理编码和相位上的误差对估测结果影响较大。当样本尺度逐渐增大时，校正后结果的精度有大幅度提高，在样本大小为 100 m×100 m 时，总精度由 75.44%提升至 83.77%。

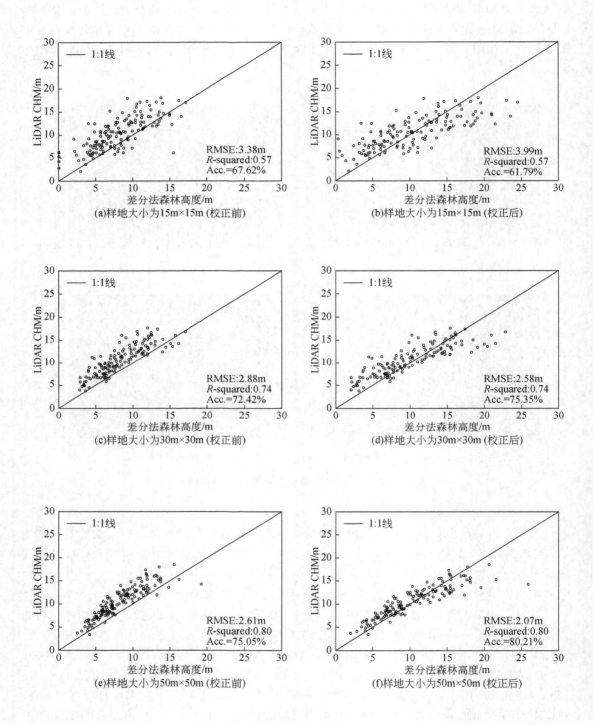

(a)样地大小为15m×15m (校正前)

(b)样地大小为15m×15m (校正后)

(c)样地大小为30m×30m (校正前)

(d)样地大小为30m×30m (校正后)

(e)样地大小为50m×50m (校正前)

(f)样地大小为50m×50m (校正后)

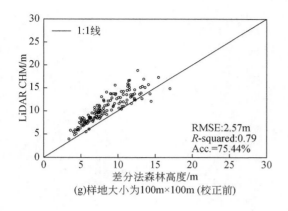
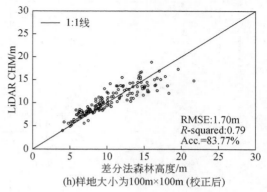

(g)样地大小为100m×100m (校正前)　　(h)样地大小为100m×100m (校正后)

图 4.14　差分法精度评价（左侧为校正前，右侧为校正后）

SINC 模型法的精度评价结果见图 4.15，左侧为采用 LiDAR DEM 进行 k_z 估算和地理编码的 SINC 模型估测结果，右侧为采用 SRTM DEM 的估测结果，可以看到两者在各个样本尺度上的精度都很接近，并且随着样本尺度的增加，估测精度逐渐提高。当样本大小为 15 m×15 m 时，估测结果的精度较差，RMSE 在 4 m 左右，在散点图中存在个别误差较大的样本，考虑到 LiDAR 数据与 SAR 数据获取时间的间隔不到一个月，这可能是由于地理编码的误差引起的。随着样本尺度增大，地理编码误差对结果的影响减弱，估测精度逐渐提高。当样本大小为 100 m×100 m 时，两种 SINC 模型估测结果的 R^2 分别为 0.54、0.51，RMSE 分别为 2.38 m、2.51 m，总精度已达到差分法校正前的水平，分别为 77.19%和 75.99%。

图 4.16 为基于 SINC 模型采用不同参考 DEM（LiDAR DEM 与 SRTM DEM）估测的两种森林高度结果之间的相关性。随着样本尺度增大，相关系数逐渐从 15 m×15 m 时的 0.70 增加到 100 m×100 m 时的 0.96，说明两种结果间的一致性很好，当样本尺度较大时，高分辨率和中等分辨率的 DEM 对 SINC 模型影响可以忽略不计。这种现象可以从两个方面解释：首先参考 DEM 在 SINC 模型森林高度估测中的作用是估算坡度，进而结合成像几何计算得到 k_z，而试验区的坡度变化缓慢，由 LiDAR DEM 和 SRTM DEM 估算的坡度差异并不明显，因此最终结果差异也较小。另外，随着样本尺度的增大，地理编码误差对估测精度的影响也会随着平均像元的增加而降低，进一步减轻两种 DEM 对 SINC 模型森林高度估测的影响。

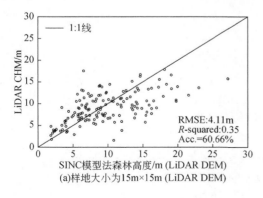
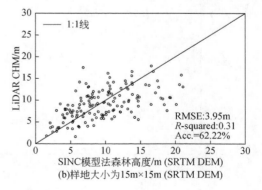

(a)样地大小为15m×15m (LiDAR DEM)　　(b)样地大小为15m×15m (SRTM DEM)

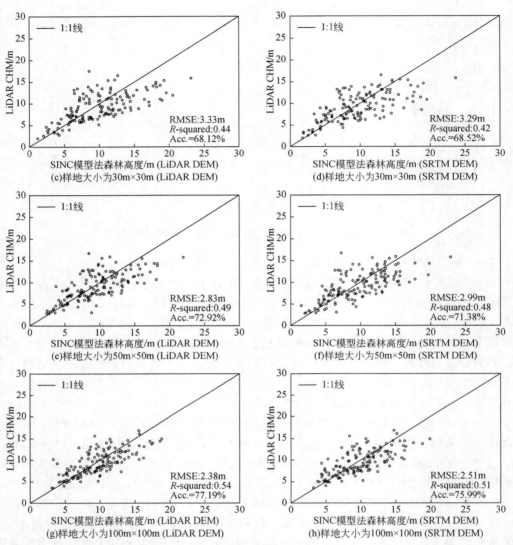

图 4.15　SINC 模型法精度评价（左侧和右侧分别以 LiDAR DEM、SRTM DEM 为参考 DEM）

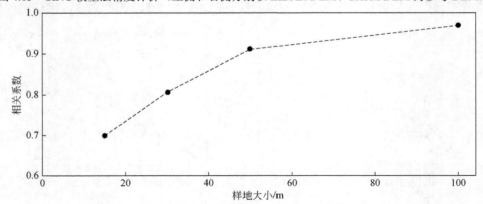

图 4.16　SINC 模型估测结果在不同样本尺度下的相关性

5）大范围森林高度制图结果

上文实验结果表明，基于相干幅度的 SINC 模型在估测森林高度时可以取得较高的精度，且高分辨率的 DEM 和中等分辨率的 DEM 对结果影响较小。因此本节以 SRTM DEM 为参考 DEM，采用 SINC 模型法制作了整景 TanDEM-X 影像覆盖范围的森林高度分布图，见图 4.17（a），可以看到不同高度的森林在影像上具有很好的空间变异性。图上的黑色方框区域为前文模型评价所采用的试验区范围。

图 4.17（b）、（c）分别是从图 4.17（a）中选取的典型区域与 Google Earth 多光谱遥感影像图的对比。在图 4.17（b）中，一条河流分布在多光谱影像的左侧，而在对应的森林高度分布图中，估测的高度则有较大的误差（森林高度应为 0.0 m）。原因在于水体的相干性很低，在 SINC 模型中被认为具有较强体散射的植被，进而得到错误的高度信息。所以在大范围森林高度制图时，对水体区域进行掩膜是必要的。在图 4.17（c）中，多光谱影像右下角的森林存在间伐现象，在 SINC 模型估测的森林高度分布图中也可以清楚地反映出来，体现了该方法的有效性。

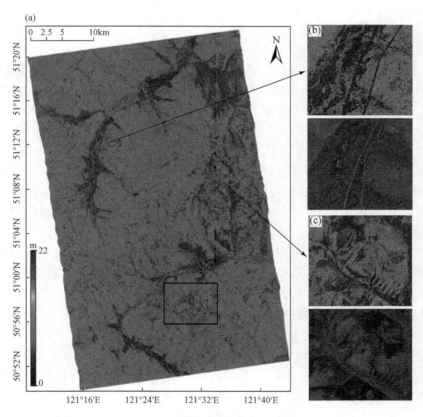

图 4.17　采用 SINC 模型制作的森林高度分布图及
与谷歌地球多光谱遥感影像图的对比（彩图附后）

4.3 InSAR 森林 AGB/蓄积量估测

4.3.1 间接估测法

1. 模型和方法

对于森林生态系统生产力和生物量的计算，相对生长方程法是最为常用的方法。森林 AGB/蓄积量的计算通常利用与胸径和树高的相对生长方程，相对生长方程的构建则采用标准木法。标准木法是指破坏性地测量一定数量的标准木，并建立树木生物量与胸径、树高间的关系，而遥感观测难以获取胸径信息，本节所用的相对生长方程是指森林生物量与森林高度的关系，已有学者基于胸径和森林高度对本试验区树种的生长模型进行研究，确定了模型的形式和模型参数，但针对单因子的森林高度还没有确定的模型。本节将采用多项式模型对森林 AGB 进行估测，如式（4.7）所示。

$$V = a + b \times h_v + c \times h_v^2 \tag{4.7}$$

式中，V 为待估测的森林 AGB，h_v 为森林高度，a、b 和 c 为模型系数。

2. 实验区与数据

4.2 节采用 DEM 差分法和 SINC 模型法估测森林高度，均取得较高的估测精度，本部分内容采用 4.2 节中机载数据，由 InSAR 提取的森林高度间接估测森林 AGB。下面将首先介绍机载 LiDAR 森林 AGB 产品的提取方法，LiDAR 提取的 AGB 将作为建立和检验干涉 SAR 森林 AGB 间接估测模型的参考数据。

为了对估测的森林 AGB 进行精度评价，需要得到整个实验区的实测森林 AGB，通过实地测量整个森林的参数，进而通过异速生长方程计算生物量是一个相对可靠的方法。但由于人力物力的限制难以完成，因此，采用机载 LiDAR 技术进行森林地面相关数据的获取，然后利用获取的参数与实测样地数据得到的 AGB 进行分析，建立估测模型，从而快速准确地获取实验区森林 AGB。

森林 AGB 由树干生物量、树枝生物量和树叶生物量构成，与这三者相关的森林参数为树高、冠幅、叶面积指数，可将这三种森林参数作为估测特征采用机器学习的估测模型如以 BP 神经网络来估测森林 AGB，为丰富特征信息，分别对这三个特征进一步细化。

通过 LiDAR 数据提取的树高得到平均树高、最大树高、最小树高以及树高方差等统计参数，并分析了这四个参数与相应的实测值之间的相关性，R^2 分别为 0.92、0.95、0.88、0.84。通过 LiDAR 提取的冠幅得到最大冠幅、最小冠幅、平均冠幅以及冠幅方差等统计参数，与相应的实测值之间的 R^2 分别为 0.85、0.87、0.83、0.88。利用 LiDAR 提取穿透指数（LPI），将 1-LPI 代替叶面积指数，与实测叶面积指数的 R^2 为 0.77。

将以上提取的 9 个参数，即最大树高、最小树高、平均树高、树高标准差、最大冠幅、最小冠幅、平均冠幅、冠幅标准差及穿透指数作为 BP 神经网络的输入层，输入到构建的 BP 神经网络，对实地采集的 80 个样本随机抽取 60 个对 BP 神经网络进行建模训练，利用剩余的 20 个进行精度验证。

利用 BP 神经网络得到整个试验区的森林 AGB 分布图（图 4.18）。精度验证结果如图 4.19 所示，两者的 R^2 达到了 0.94，相关性显著，RMSE 为 2.1 t/hm^2，估测结果可以作为验证数据以评价基于 SAR 的森林 AGB 估测精度。

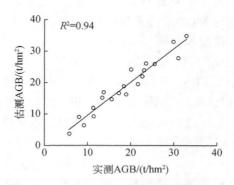

图 4.18　LiDAR 森林 AGB 分布图　　　　图 4.19　LiDAR 估测森林 AGB 精度评价

3. 结果与分析

森林 AGB 估测模型的建立和精度验证需要 LiDAR 森林 AGB 样本，以 60m×60m 的样地在试验区内均匀选取了 255 个训练样本和 115 个精度验证样本。

针对差分法与 SINC 模型法的森林高度估测结果，利用相应的训练样本对建立的多项式模型进行拟合得到参数 a、b、c，并利用验证样本进行精度检验。图 4.20 为两种方法的森林 AGB 估测精度，可以看出，基于差分法与 SINC 模型法估测的森林高度得到的 AGB 均取得较好的估测精度，其中 SINC 模型法的相关性略高于差分法。

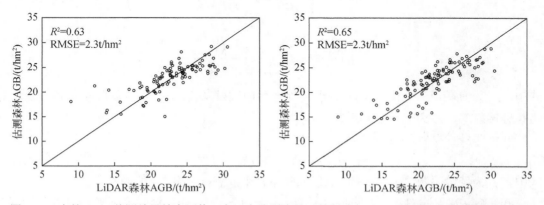

图 4.20　森林 AGB 估测结果精度评价（左、右分别为基于差分法与 SINC 模型法估测的森林高度）

4.3.2 干涉水云模型估测法

常规的遥感蓄积量估测主要是利用若干样地建立森林参数和后向散射系数之间的回归模型。此类方法需要一定的林业调查数据训练回归模型，无法在大区域的森林遥感监测中推广。因此，面向全球和区域尺度的应用，需要发展独立于林业调查数据的森林蓄积量估测方法。水云模型及在其基础上改进的干涉水云模型，因模型形式简单、参数易于获取，被广泛应用于森林雷达后向散射的描述和蓄积量估测。本节将介绍在中欧国际合作"龙计划"项目"SAR 森林制图"专题实施期间，中欧双方联合发展的一种新的基于 ERS-1/2 串行数据与 MODIS 连续覆盖产品（VCF）综合反演森林蓄积量的方法（CARTUS et al., 2011）。

1. 模型和方法

1）ERS-1/2 森林蓄积量反演模型

基于 ERS-1/2 相干信息估测森林蓄积量已有一些经验线性、指数模型（WAGNER et al., 2003; FRANSSON et al., 2001）和半经验模型（KOSKINEN et al., 2001; ASKNE et al., 1997）。本节是基于西伯利亚试验区建立的指数模型（简称为 SIBERIA 模型）进行区域蓄积量制图应用，模型形式见式（4.8）。

$$\gamma(V) = \gamma_0 e^{-V_\gamma V} + \gamma_\infty (1 - e^{-V_\gamma V}) \tag{4.8}$$

式中，γ_0 指蓄积量为 0 时的相干性，γ_∞ 为高蓄积量的饱和相干性，V 为森林蓄积量，V_γ 为相干性随蓄积量增加的递减率。

模型描述的是相干性与森林蓄积量之间的关系，即：当蓄积量增加时，相干性呈指数减小。另外，较为广泛应用且成熟的模型是干涉水云模型（interferometric water cloud model, IWCM）。它已成功应用于多种类型的北部森林蓄积量估测中，如斯堪的纳维亚半岛和西伯利亚（ASKNE and SANTORO, 2005; SANTORO et al., 2002）。IWCM 模型中森林的相干性（γ_{for}）是林下地面和植被的共同贡献（Γ_{gr} 和 Γ_{veg}）。

$$\gamma_{for} = \Gamma_{gr} + \Gamma_{veg} \tag{4.9}$$

$$\Gamma_{gr} = \gamma_{gr} \frac{\sigma_{gr}^0}{\sigma_{for}^0} T_{for} \tag{4.10}$$

$$\Gamma_{veg} = \gamma_{veg} \frac{\sigma_{gr}^0}{\sigma_{for}^0} (1 - T_{for}) \left[\frac{a}{a - jw} \frac{\left(e^{-jwh_v} - e^{-\alpha h_v} \right)}{\left(1 - e^{-\alpha h_v} \right)} \right] \tag{4.11}$$

式中，γ_{gr} 为衰减前的地面相干性，σ_{gr}^0 为地面后向散射系数，σ_{for}^0 为植被后向散射系数，T_{for} 为林分透射率，α 为冠层衰减系数。

其中，林分透射率 T_{for} 可表示为

$$T_{for} = e^{-\beta V} = (1 - \eta) + \eta e^{-\alpha h_v} \tag{4.12}$$

式中，β 为经验系数，T_{for} 是关于冠层间隙率 η 和单木透射率 T_{tree} 的函数。

式（4.11）中的 Γ_{veg} 考虑的是冠层的去相干（γ_{veg}）、林分透射率（T_{for}），以及冠层后向散射（σ_{veg}^0）与林分后向散射（σ_{for}^0）的比率。同样，σ_{for}^0 同时来自林下地面和植被的贡献，二者均与 T_{for} 相关：

$$\sigma_{\text{for}}^0 = \sigma_{\text{gr}}^0 e^{-\beta V} + \sigma_{\text{veg}}^0 \left(1 - e^{-\beta V}\right) \tag{4.13}$$

式（4.11）中方括号中的表达式描述的是体散射去相干及干涉 SAR 的几何影响（决定于森林高度、基线及前述的两个方面的信号衰减）。

通常森林高度可以用异速方程表示：$h_v=(a\times V)^b$，$a=2.44$，$b=0.46$。因此，林分的相干性可直接看作是与林分蓄积量相关。

当假设基线为 0 m 时，IWCM 模型［式（4.9）～式（4.11）］简化为 KOSKINEN 等的形式（KOSKINEN et al., 2001）；当假设林分后向散射为常数时，如 $\sigma_{\text{gr}}^0 = \sigma_{\text{veg}}^0 = \sigma_{\text{for}}^0$，进而简化为 SIBERIA 模型。

2）模型训练

IWCM 模型包含了 5 个未知参数：γ_{gr}、γ_{veg}、σ_{gr}^0、σ_{veg}^0 和 β。冠层衰减系数 α 可直接设置为 1dB/m（冰冻条件下）或 2dB/m（非冰冻条件下）。SIBERIA 模型包括了 3 个未知参数：γ_0、γ_∞ 及 V_γ。模型的训练通常是基于 ERS-1/2 串行数据与实验区实测森林蓄积量进行最小二乘的回归，局限性在于建立的模型往往只在实验区范围内适用。由于 ERS 相干信息很大程度上依赖于成像时环境和气象条件，造成影像与影像之间，甚至影像内部之间存在着差异，因此大区域的应用需进行密集的样点训练。然而这种训练往往不现实，需寻求一种可替代的训练方法。

图 4.21（a）为 ERS-1/2 相干图，图 4.21（b）为 VCF 产品，比较两者发现，相干性高的地方，VCF 值较低，即植被覆盖少。图 4.21（c）是相干性与 VCF 值的具体量化对比图，可以看出，相干性随着冠层覆盖率的增加呈线性递减。这种负相关性也为训练模型提供了可能性：挑选 VCF 覆盖度高以及覆盖度低的区域，提取这些区域的强度及相干信息的统计值（平均值、中值、众数）。

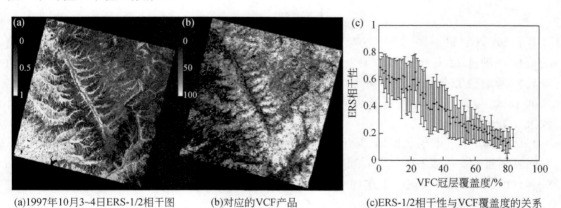

(a)1997年10月3~4日ERS-1/2相干图　　(b)对应的VCF产品　　(c)ERS-1/2相干性与VCF覆盖度的关系

图 4.21　ERS-1/2 相干图与 MODIS VCF 产品对比

值得一提的是，γ_{veg} 和 σ_{veg}^0 表示的是完全郁闭的森林相干信息和后向散射系数。SIBERIA 模型中 γ_∞ 为密集林的饱和相干信息，由于存在间隙，γ_∞ 均值必定包含了 VCF 高覆盖度区域中来自林下地面信息。因此，确定上述三个参数，需要考虑对地面影响的补偿。将式（4.13）逆变换即可求出 VCF 高覆盖林分的 σ_{veg}^0。

$$\sigma_{\text{veg}}^0 = \frac{\sigma_{\text{vcf}}^0 - \sigma_{\text{gr}}^0 \times e^{-\beta V_{\text{eq}}}}{1 - e^{-\beta V_{\text{eq}}}} \qquad (4.14)$$

其中，V_{eq} 是指密集林的蓄积量。

根据森林资源清查资料，VCF 高密度区域的林分最大蓄积量在 200 m^3/hm^2 以上。同样 γ_{veg} 值的确定也可根据以上方法，只不过要考虑到地面相干与体散射去相干的补偿。IWCM 模型中对去相干现象的复杂表达式只能依赖于数值方法（迭代法）来解析。

$$\left| \gamma\left(V_{\text{eq}}, \gamma_{\text{veg}}\right) \right| - \gamma_{\text{vcf}} = 0 \qquad (4.15)$$

为求 γ_{veg}，利用 VCF 估测的 γ_{gr}、σ_{gr}^0、σ_{veg}^0 及不同的 γ_{veg} 值（以 $\gamma_{\text{veg}} = \gamma_{\text{vcf}}$ 初始）对 IWCM 模型进行计算。当模拟的 V_{eq} 的相干性与 γ_{vcf} 相匹配时，即可确定 γ_{veg} 值。

对式（4.8）进行求逆，将 γ_∞ 表达为与 V_{eq} 相关。

$$\gamma_\infty = \frac{\gamma_{\text{vcf}} - \gamma_0 e^{-V_\gamma V_{\text{eq}}}}{1 - e^{-V_\gamma V_{\text{eq}}}} \qquad (4.16)$$

3）参数估计

（1）β 和 V_γ 值的估计

林分透射率参数 T_{for}，IWCM 模型中的 β 及 SIBERIA 模型中的 V_γ 不能直接从 VCF 中估测得到。因此这两个参数的确定只能依靠拟合模型与实验区的观测值。目的是研究：①参数和 V_γ 的变化；②两个模型在各种环境以及基线条件下对相干性与森林蓄积量之间关系的适用性。

尽管 VCF 不能直接估测 IWCM 模型中的 β 值，但它可以确定其可能的取值范围。从式（4.17）可以看出，可将冠层覆盖表示为蓄积量的函数：

$$\eta = \frac{1 - e^{-\beta h}}{1 - e^{-\alpha h}} \qquad (4.17)$$

假设 VCF 冠层覆盖度与 η 对应，因此可将观测的相干性与 VCF 覆盖度来判断 β 值的范围。图 4.22 对比了西伯利亚试验区的 VCF 产品与基于降尺度到 500 m 分辨率的森林资源清查数据计算的蓄积量。可以看出 β 的取值范围较小（在 0.005~0.008 hm^2/m^3 之间），这与其他相关研究的结果一致（SANTORO et al., 2005, 2002），而 α 范围相对较大（1~2 dB/m）。

估测到 β 值的取值范围后，基于样地清查数据，利用非线性最小二乘法对 β 值进行拟合。双向衰减系数 α 在冰冻天气条件可设为 1 dB/m，在非冰冻条件设为 2 dB/m。ASKNE and SANTORO（2005）发现基于这种回归拟合的 β 值对训练样本的选取非常敏感。因此，在进行训练时，随机挑选 50%的蓄积量相差 50 m^3/hm^2 的样地作为训练，并重复 50 次，这样可保证模型训练基本是在全部蓄积量范围内的样地资料进行的。用此方法可确定 β 值的范围为 0.0055~0.0073 hm^2/m^3，且其拟合值仅在很小程度上依赖于训练样本的选取。通过拟合方程发现，若将 β 值选取为 0.006 hm^2/m^3，可以同时兼顾到冰冻/非冰冻情况下的相干性与蓄积量的函数关系。

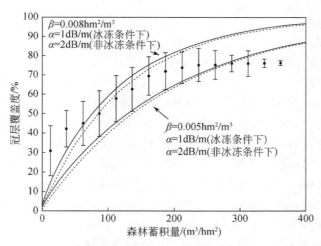

图 4.22 观测与模拟的 VCF 与蓄积量的关系

当利用实验区森林资源清查样地数据及相干信息进行拟合时，V_γ 的取值范围较广（$0.0058\sim0.0110$ hm²/m³）。在 Chunsky N 试验区，用 IWCM 及 SIBERIA 模型，基于 1995 年 12 月 29～30 日分别获取的 ERS-1/2 相干信息进行蓄积量估测，结果发现，IWCM 模型的估测结果更好，因为它考虑了体散射和 InSAR 的几何影响。这两种影响在中国东北地区获取的串行数据中尤为突出，因为该区域的很多数据的基线都超过了 400 m，但没有可用的实验样地数据对其进行检验。当 ERS 数据获取是在气象不稳定条件下获取时（实验区：Bolshe NE；数据获取时间：1997 年 9 月 22～23 日），无论基线多长，SIBERIA 模型的 V_γ 范围比 IWCM 模型的 β 值范围小。当选取 V_γ 为 0.015 hm²/m³（回归变量的中值），相干性与蓄积量具有很好的拟合关系，其估测结果的残差平方和仅比基于回归得到的 V_γ 进行估测的高 3%。

（2）$\gamma_{gr}(\gamma_0)$、σ_{gr}^0、γ_{vcf} 和 σ_{vcf}^0 值的估计

为估计 γ_{gr} 和 γ_{vcf} 的值，根据 VCF 中冠层覆盖高和低区域，首先将整个相干图进行掩膜，根据这些区域像素的直方图信息，提取频率最高的值。相似地，σ_{gr}^0 及 σ_{vcf}^0 值的估计是先将 ERS-1 的强度影像根据 VCF 高/低覆盖度区域进行掩膜，根据掩膜像素的后向散射系数的直方图信息提取频率最高的值。

（3）γ_{veg}、σ_{veg} 及 γ_∞ 值的估计

为估计 SIBERIA 模型中的 γ_{veg} 或 γ_∞ 值以及从 γ_{vcf}、σ_{vcf}^0 推导 σ_{veg}^0，密集林分蓄积量 V_{eq} 的值需要进行假定。为分析这些参数对 V_{eq} 值的敏感性，将 V_{eq} 的取值设置为 200～500m³/hm²，然后基于 VCF 产品对 γ_{gr}、σ_{gr}^0、γ_{vcf} 和 σ_{vcf}^0 等参数进行估计。无论是否是在稳定情况下获取的相干信息中估计 γ_∞，或者 σ_{veg}^0 与 V_{eq} 之间是否敏感性较强，γ_∞ 和 σ_{veg}^0 的估计值差别不大，这是因为这些估计均是在相干性及强度信号饱和的情况下进行的。因为 V_{eq} 的准确定义对以上参数估计影响不大，在这里将 V_{eq} 固定为 400 m³/ha（接近样地的最大蓄积量）。

2. 实验区与数据

1）实验区概况

实验区包括内蒙古东部、黑龙江、吉林和辽宁省，土地面积为 126 万 km^2。东北地域广阔，气候类型多样，主要气候类型为温带季风气候，冬季长达半年以上，雨量集中于夏季。东北森林主要分布在大兴安岭、小兴安岭和长白山脉，占中国总的森林蓄积量的 1/3。

由于缺乏中国东北地区的森林资源清查样地调查资料，针对 ERS-1/2 串行数据的森林蓄积量反演模型选取在西伯利亚中部林区进行检验：Bolshe-Murtinsky（中心坐标：57°5′N, 92°55′E）、Chunsky（中心坐标：57°45′N, 96°43′E）和 Primorsky（中心坐标：55°46′N, 102°30′E）三个地区。这几个地区的森林都属于北部林区的针叶林区，优势树种主要是一些成熟的松柏科树种：云杉（*Picea asperata* Mast.）、冷杉（*Abies fabri* (Mast.)Craib）、落叶松（*Larix gmelinii* (Rupr.) kuzen）和雪松（*Cedrus deodara*(Roxb.) G. Don）等。这三个地区分别包含多个林场，每个林场面积在 200～400 km^2，作业类型覆盖了从强作业区到保护区。这里选择了森林资源清查数据（1998 年测树因子，包括蓄积量、树高、胸径、林龄和树种组成等）较为可信的 5 个林场作为试验区，分别记为 BolsheNE、BolsheNW、Chunsky N、Chunsky E 和 Primorsky E。

2）SAR 数据获取及处理

覆盖西伯利亚这些实验区的 ERS-1/2 串行数据包括 Bolshe-Murtinsky 林场的 5 对，Chunsky 林场的 2 对和 Primorsky 林场的 1 对，基线范围在 65～313 m。其中，3 对数据是在冬天获取（1995 年 12 月至 1996 年 1 月），4 对在秋天获取（1997 年），1 对在春天获取（1998 年）。覆盖中国东北地区的 ERS-1/2 串行数据共计 223 对，基线范围在 37～395m，获取时间处于 1995 年 12 月至 1996 年 5 月，以及 1997 年 9～10 月。数据覆盖存在空隙，但这些区域主要是非林地。

针对 ERS-1/2 串行数据进行干涉处理，处理流程包括：ERS-1/2 影像间配准，多视化处理（西伯利亚：1×5 多视；中国东北：2×10 多视），强度影像的绝对定标，方位向/距离向的滤波以及 3×3 窗口或 9×9 窗口的相干信息提取（针对相干性较低的区域采用 9×9 窗口从而降低相干性估测的不确定性）。在相干信息提取中，通过对相干图纹估测的相位变化率来分析由于地形引起的干涉相位差异。随后采用 SRTM-3 产品进行地理编码，将西伯利亚及中国东北地区的数据分别重采样到 25 m×25 m 及 50 m×50 m，同时生成了归一化以及当地入射角等附属产品，用作地形辐射校正处理。考虑到地形对相干性的影响，坡度大于 10°的地区不予分析（除非基线小于 100 m）。因此，在西伯利亚试验区中只有极小部分地区被掩模掉，而在中国东北地区，大约有 30%的 ERS 数据覆盖区域被掩模掉。

3）MODIS VCF 产品

MODIS VCF 产品提供的是全球亚像元的林地冠层覆盖度信息（500 m×500 m 分辨率）。本实验所应用的是 2001 年的产品，该产品由全球超过 250 个试验样地测量数据对分类回归树进行训练，生成 4 个冠层覆盖度级别（0、25%、50%、80%）。由于本实验只利用 VCF 产品对高/低植被覆盖区进行区分，因此 VCF 产品的精度并不是关键。CARTUS 等（2011）指出，VCF 产品中高/低植被覆盖区跟地面情况很吻合，足以说明 VCF 产品并不会将其不确定性传递给基于 ERS-1/2 串行数据进行森林蓄积量的估测结果。

4）气象数据

从全球气象组织获取到了靠近西伯利亚试验区 8 个气象站点的温度、风速、降雨及积雪厚度数据，其中，4 个靠近 Bolshe 林场，2 个临近 Chunsky 林场，2 个临近 Primorsky 林场。对于中国东北地区，获取到了 43 个气象站点的温度、风速、降雨数据。

3. 结果与分析

1）基于 VCF 训练模型的表现

CARTUS 等(2011)以基于地面调查资料的传统训练方法对 VCF 方法进行了评价。结果表明，基于 VCF 的训练方法能够用来对相干性-蓄积量之间的关系进行建模，在一些特殊情况下，针对个别参数，这两种方法也存在较大的差别。

利用 Bolshe NE 实验区秋季获取并处理得到的相干图，从基于 VCF 的方法训练的结果中可以发现地表的相干性被过高估计了。原因在于在数据获取之前，当地有过降雨，造成地表的空间异质性较强。

在 Primorsky E 实验区，两种训练方法对 κ_{veg} 的估计值在密林区存在很大的差别：基于 VCF 训练的值比基于地面调查资料训练的小 0.21。这种差异可以解释为，在当地丘陵地区，存在不同风速，风向的影响，然而由于缺少相关资料，这种假设未能得到证实。

整体说来，基于强度影像，两种方法对 σ^0_{veg} 估计值差别不大（平均 0.3dB，最大 0.6dB），同样 σ^0_{gr} 的估计值也比较吻合（冬季最大差值 0.5dB，秋季 1.2dB）。从以上对比分析可以看出，除在特殊地区，个别参数的估测存在差别外，基于 VCF 的方法可以替代传统的方法进行模型的构建，尤其是当数据是在较为理想的条件下获取时，如冬季冰雪覆盖。在非冰冻情况下，这些模型参数的估计会存在较大差别。因此，针对逐景影像训练会造成较大误差，今后应采用限定的滑动窗口来进行训练，减少这种异质性带来的误差。

2）蓄积量反演

蓄积量反演精度在很大程度决定于数据获取时的环境条件等。SANTORO 等（2007）基于 1995 年 12 月 29～30 日及 1996 年 1 月 1～2 日获取的数据（基线分别为 171 m 和 144 m），用森林资源清查资料进行训练从而以 IWCM 模型进行反演，蓄积量误差在 20%～25%，当应用 VCF 对 IWCM 模型训练后进行估测，反演精度与其差别不大。

图 4.23（a）显示了 Bolshe NE 试验区的反演结果（数据获取时间：1996 年 1 月 1～2 日）及地面调查资料的对比 [以均方根误差（RMSE）及相对均方根误差（RMSEr）表示]。然而，利用 SIBERIA 模型对非稳定条件下获取的相干图进行蓄积量估测时，由于过早的相干信息饱和，致使无法辨别蓄积量超过 100 m³/hm² 的林分 [见图 4.23（b），数据获取时间：1997 年 9 月 25～26 日，Bolshe NW 实验区]。因此基于 SIBERIA 模型估测的结果只划分了 4 个类别：0～20 m³/hm²、20～50 m³/hm²、50～80 m³/hm²，以及大于 80 m³/hm²。即使这种专题图不能提供更多的成熟林的信息，但仍可为再生幼林提供有价值的信息，尤其是在遭受干扰（砍伐、火灾、病虫害等）后。

对比存档的森林资源清查资料，在西伯利亚试验区 SIBERIA 模型针对这 4 个级别蓄积量分类结果表明：除了 1998 年 5 月 28～29 日获取的串行数据的反演结果，大于 80 m³/hm² 类别的用户/生产者精度在 70%～95%；0～20 m³/hm² 类别精度高于 70%；其他两个类别的精度低于 65%。BALZTER 等（2002）指出，基于这些实验区的森林资源清查资料估测的蓄积量误差在 12%～20%之间（±20 m³/hm²，置信度 95%），因此，存档的森林资源清查资料的误差可能是造成这些类别反演精度较低的主要原因。

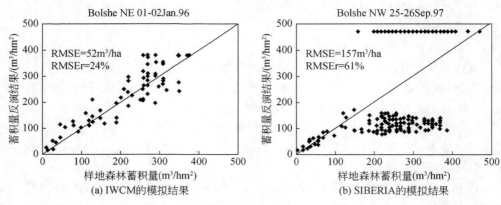

图 4.23   模型反演的蓄积量与样地（>2 hm²）测量数据对比

3）大区域蓄积量制图

首先将 β、V_{γ} 和 α 分别选取为 0.006 hm²/m³、400 m³/hm² 及 1 dB/m（冰冻覆盖）或 2 dB/m（非冰冻覆盖）。223 幅相干图中，有 30 幅距离气象站点 50 km 以内。因此，基于这些气象资料（温度、降雨、风速），对比模型参数的估计值，进而决定是否保留 IWCM 模拟的相干信息，用于 SIBERIA 模型。

通过对 30 幅相干信息图与温度的关系分析，发现：当温度低于零度时，γ_{gr} 高于 0.7；当温度超过零度时，γ_{gr} 很难高于 0.7。这些差别主要是因为在数据获取前，有降雨发生。在冰冻条件下，χ_{veg} 的值介于 0.3～0.6 之间，这可能是由于不同的风速、风向引起的。然而对照卫星过境时最大风速数据与 χ_{veg} 值，它们的相关系数为-0.33，说明这种假设并不存在。对于春、秋季节获取的数据，χ_{veg} 总是低于 0.3。对比西伯利亚地区的情况，这些地表及密集林的相干性偏低现象也说明 SIBERIA 模型应该比 IWCM 模型更能描述中国东北地区的森林蓄积量与 ERS-1/2 相干信息的关系。鉴于有 86 对 ERS-1/2 数据是在非冰冻条件下获取的（1996 年 4～5 月和 1997 年 9～10 月），因此，针对中国东北地区采用 SIBERIA 模型进行估计。

图 4.24 为模型反演的中国东北地区蓄积量镶嵌图。可以看出反演的结果并不受相邻轨道间不同季节和天气的影响，但受到叠掩及坡度大于 10°的影响，因此将这些区域掩模。当坡面远离卫星传感器时，地形只对长基线（大于 100 m）的相干信息有较大影响。但当基线处于 100～200 m 之间时，森林相关信息（如砍伐等）仍可清晰可见。为保证蓄积量产品的连续性，针对那些远离传感器的陡峭区域，仍保留了相关信息。

由于缺乏大区域的地面参考数据，该蓄积量产品无法进行验证。为尽量克服此缺陷，利用其他土地利用产品进行了交叉验证，即对森林/非森林两种类别进行了对比。基于 2000 年东北地区的 Landsat TM 数据分类结果专题图，森林-非森林总体精度为 79%，Kappa 系数为 0.55。

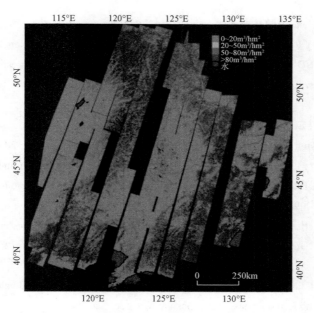

图 4.24　中国东北地区蓄积量反演图（彩图附后）

　　以上实验结果表明，在西伯利亚实验区，IWCM 模型（即便采用的 β 为常数值）较 SIBERIA 模型更好地描述了相干性随蓄积量递减的关系。因为 IWCM 模型考虑了体散射去相干、InSAR 几何形态，以及地表和冠层的变化对后向散射的影响。然而，当数据是在非冰冻条件下获取时，由于体散射去相干的影响，造成了 IWCM 模型估测结果的不确定性以及误差的增加，因此 SIBERIA 模型，更适用于大区域的森林蓄积量估测。

　　经过在西伯利亚试验区验证后，利用覆盖中国东北地区的 223 对 ERS-1/2 串行数据，将 SIBERIA 模型应用到大区域森林蓄积量的分级（0～20 m³/hm²、20～50 m³/hm²、50～80 m³/hm²，以及大于 80 m³/ hm²）制图中。由于可获取的干涉 SAR 数据对东北地区覆盖不完整，该蓄积量专题图仍然存在一些空白区域，但这些区域主要是非森林区域，对中国东北林区森林资源调查以及管理仍具有重要的支持作用。

参 考 文 献

陈尔学，李增元，庞勇，等. 2007. 基于极化合成孔径雷达干涉测量的平均树高提取技术. 林业科学，43(4)：66~70.

冯琦，陈尔学，李增元，等. 2016. 机载 X-波段双天线 InSAR 数据森林树高估测方法. 遥感技术与应用，31(3)：551~557.

罗云建，张小全，王效科，等. 2009. 森林生物量的估算方法及其研究进展. 林业科学，45(8)：129~134.

穆喜云. 2015. 森林地上生物量遥感估测方法研究. 呼和浩特：内蒙古农业大学博士学位论文.

ASKNE J, DAMMERT P B G, ULANDER L M H, et al. 1997. C-band repeat-pass interferometric SAR observations of the forest. IEEE Transactions on Geoscience and Remote Sensing, 35(1): 25~35.

ASKNE J, SANTORO M. 2005. Multitemporal repeat pass SAR interferometry of boreal forests. IEEE

Transactions on Geoscience and Remote Sensing, 43: 1219~1228.

ATTEMA E P W, ULABY F T. 1978. Vegetation modeled as a water cloud. Radio Science, 13(2): 357~364.

BALZTER H, ROWLAND C S, SAICH P. 2007. Forest canopy height and carbon estimation at Monks Wood National Nature Reserve, UK, using dual-wavelength SAR interferometry. Remote Sensing of Environment, 108(3): 224~239.

BALZTER H, TALMON E, WAGNER W, et al. 2002. Accuracy assessment of a large-scale forest cover map of central Siberia from synthetic aperture radar. Canadian Journal of Remote Sensing, 28(6): 719~737.

CARTUS O, SANTORO M, SCHMULLIUS C, et al. 2011. Large area forest stem volume mapping in the boreal zone using synergy of ERS-1/2 tandem coherence and MODIS vegetation continuous fields. Remote Sensing of Environment, 115(3): 931~943.

CHEN H, CLOUDE S R, GOODENOUGH D G. 2016. Forest canopy height estimation using Tandem-X coherence Data. IEEE Journal of Selected Topics in Applied Earth Observations & Remote Sensing, 9(7): 3177~3188.

CLOUDE S R, CHEN H, GOODENOUGH D G. 2014. Forest height estimation and validation using Tandem-X polinsar. Geoscience and Remote Sensing Symposium. Québec, Canada.

DREZET P, QUEGAN S. 2007. Satellite-based radar mapping of British forest age and net ecosystem exchange using ERS tandem coherence. Forest ecology and management, 238(1): 65~80.

FRANSSON J, SMITH G, ASKNE J, et al. 2001. Stem volume estimation in boreal forests using ERS-1/2 coherence and SPOT XS optical data. International Journal of Remote Sensing, 22(14): 2777~2791.

GAVEAU D L A, BALZTER H, PLUMMER S. 2003. Forest woody biomass classification with satellite based radar coherence over 900 000 km^2 in Central Siberia. Forest Ecology and Management, 174 (1-3): 65~75.

IZZAWATI, WALLINGTON E D, WOODHOUSE I H. 2006. Forest height retrieval from commercial X-band SAR products. IEEE Transactions on Geoscience & Remote Sensing, 44(4): 863~870.

KENYI L W, DUBAYAH R, HOFTON M, et al. 2009. Comparative analysis of SRTM-NED vegetation canopy height to LIDAR-derived vegetation canopy metrics. International Journal of Remote Sensing, 30(11): 2797~2811.

KOSKINEN J T, PALLIAINEN J T, Hyyppa J M, et al. 2001. The seasonal behavior of interferometric coherence in boreal forest. Geoscience & Remote Sensing IEEE Transactions on, 39(4): 820~829.

NEEFF T, DUTRA L V, DOS SANTOS J R, et al. 2005. Tropical forest measurement by interferometric height modeling and P-band radar backscatter. Forest Science, 51(6): 585~594.

OLESK A, PRAKS J, ANTROPOV O, et al. 2016. Interferometric SAR coherence models for characterization of hemiboreal forests using TanDEM-X data. Remote Sensing, 8(9): 700.

OLESK A, VOORMANSIK K, VAIN A, et al. 2015. Seasonal differences in forest height estimation from interferometric TanDEM-X coherence data. IEEE Journal of Selected Topics in Applied Earth Observations & Remote Sensing, 8(12): 5565~5572.

PULLIAINEN J, ENGDAHL M, HALLIKAINEN M. 2003. Feasibility of multitemporal interferometric SAR data for stand-level estimation of boreal forest stem volume. Remote Sensing of Environment, 85: 397~409.

SADEGHI Y, ST-ONGE B, LEBLON B, et al. 2014. Mapping forest canopy height using TanDEM-X DSM and airborne LiDAR DTM. Geoscience and Remote Sensing Symposium. IEEE, 2014:76~79.

SANTORO M, ASKNE J, DAMMAERT P B G. 2005. Tree height influence on ERS interferometric phase in boreal forest. IEEE Transactions on Ge-oscience and Remote Sensing, 43(2): 207~217.

SANTORO M, ASKNE J, DAMMAERT P B G, et al. 1996. Retrieval of biomass in boreal forest from multi-temporal ERS-1/2 interferometry. Image, 21~55.

SANTORO M, ASKNE J, SMITH G, et al. 2002. Stem volume retrieval in boreal forests with ERS-1/2 interferometry. Remote Sensing of Environment, 81(1): 19~35.

SANTORO M, ASKNE J, WEGMULLER U, et al. 2007. Observations, modeling, and applications of ERS-ENVISAT coherence over land surfaces. IEEE Transactions on Geoscience and Remote Sensing, 45(8): 2600~2611.

SANTOS J R, NEEFF T, DUTRA L V, et al. 2004. Tropical forest biomass mapping from dual frequency SAR interferometry (X and P-Bands).

SEXTON J O, BAX T, SIQUEIRA P, et al. 2009. A comparison of LiDAR, radar, and field measurements of canopy height in pine and hardwood forests of southeastern North America. Forest Ecology & Management, 257(3): 1136~1147.

SOJA M J, ULANDER L M H. 2013. Digital canopy model estimation from TanDEM-X interferometry using high-resolution lidar DEM. Geoscience and Remote Sensing Symposium. IEEE, 165~168.

SOLBERG S, DAN J W, ASTRUP R. 2015. Temporal stability of X-Band single-pass InSAR heights in a spruce forest: Effects of acquisition properties and season. IEEE Transactions on Geoscience & Remote Sensing, 53(3): 1607~1614.

TOAN T L, QUEGAN S, DAVIDSON M W J, et al. 2011. The BIOMASS mission: Mapping global forest biomass to better understand the terrestrial carbon cycle. Remote Sensing of Environment, 115(11):2850~2860.

WAGNER W, LUCKMAN A, VIETMEIER J, et al. 2003. Large-scale mapping of boreal forest in SIBERIA using ERS tandem coherence and JERS backscatter data. Remote Sensing of Environment, 85(2): 125~144.

第 5 章　PolInSAR 森林参数反演

极化干涉 SAR（polarimetric interferometry SAR, PolInSAR）技术组合了极化 SAR 对植被结构组分的形状与方位敏感的优势和干涉 SAR 对植被垂直结构信息敏感的优势，更有利于森林参数的高精度反演，目前已成为一种重要的森林参数遥感定量监测手段（吴一戎等，2007）。

本章首先回顾了 PolInSAR 森林参数反演的国内外研究现状，然后介绍相干散射模型与各种森林高度反演方法，以德国 E-SAR 机载系统获取的 L-波段 PolInSAR 数据和森林高度标准样地测量数据对各方法进行了试验与分析。最后探讨了不同极化相干优化算法对几种森林高度反演模型和方法的影响；进而在分析地体散射比对反演精度影响的基础上提出了一种改进的森林高度反演方法。

5.1　国内外研究现状

森林高度是反映森林垂直结构的一个重要参数，是林业遥感的重要研究对象。PolInSAR 技术基于植被体散射去相干和相干散射模型，可定量反演森林结构参数和林下地形参数。反演的精度受限于相干的质量、相干模型对结构参数的描述性能和反演方法的稳健性，下面分别从这三个方面对 PolInSAR 技术的现状与发展状况进行阐述。

干涉基线对干涉相干的质量影响较大，CLOUDE 等（2008）对用于反演的最佳基线进行了研究，KRIEGRE 等（2005）详细地分析了雷达参数对反演精度的影响，提出用相位管道参数作为配置参数的评价指标。国内也有部分学者对最佳基线的确定及影响因素进行了分析（郑芳等，2005；周永胜等，2008；胡庆东等，1999）。除了干涉基线和雷达相关配置参数对干涉相干有影响外，时间去相干是另一个主要的误差源。在重复轨干涉方式中，由于两次数据采集间隔内散射体的变化引起的干涉相干性的降低，就是时间去相干。LEE 等（2009）、LAVELLE 等（2010）和 ZHOU 等（2008）分别对时间去相干进行了研究，但是时间去相干的模型化还有待进一步发展。另外，CLOUDE 等（2003）和 METTE 等（2006）在反演森林高度时，也对这些因素进行了分析。

森林高度的反演精度除了受干涉相干质量的影响外，模型的稳健性也是重要的影响因素。TREUHAFT 等（1996, 2000）提出了由体散射和地面两层组成（random volume over ground, RVoG）的模型，并假设地物的相对反射率随高度的变化即 $f(z)$ 呈指数规律衰减。这样，模型不是特别复杂，但又表达了主要的物理过程，是对物理过程及模型复杂度两者的较好折衷，为 PolInSAR 森林高度反演奠定了模型基础，应用较为广泛。CLOUDE 和 PAPATHANASSIOU（2003, 2001）利用此模型成功提取了植被参数和植被覆盖下的地形参数。本章介绍的反演方法基本上都是基于该模型。如果忽略地表贡献并假设模型中的消光系数为零，即 $f(z)=1$，植被层均匀，这时模型就成为 SINC 模型，模型形式非常简单，但性能易受非体散射去相干和森林结构变化的影响。除这两种模型外，CLOUDE（2010）提出了通过对 $f(z)$ 进行勒让德级数展开的参数化方法，成功提取反映森林结构变化的反射率函数 $f(z)$。

国内外学者也发展了多种基于 RVoG 模型或其简化形式解算森林高度的方法，如果模型未知数大于观测量数，可用信息处理中的优化算法，寻找使观测值和模型预测值相差最小的模型参数，目前主要有 Nelder-Mead 单纯形优化方法（NEUMANN, 2009）、最大似然法（韦顺军，2009）、遗传算法（张腊梅，2006）、模拟退火（李新武，2002）等。当然，也可采用增加观测量的方法来改善反演精度（陈曦等，2008；KUGLER et al., 2009）。从几何的角度看，CLOUDE 等（2003）基于复相干满足"线模型"的假设，对多极化的复相干进行直线拟合，去除地形对植被高度估计的影响，采用二维查找表法对植被高度和衰减系数进行反演，效果较好；白璐等（2010）对相干区域的形状进行研究，并用于森林高度的反演，提高反演性能；从散射机理的角度出发，利用超分技术，也可实现森林高度的反演（付兵，2010；YAMADA et al., 2005）；陈尔学（2007）、李哲等（2009）利用 E-SAR 采集的 PolInSAR 数据和林分高度实测数据对各种反演方法和模型进行了比较评价；一些学者还开展了 SAR 波段对反演效果的影响研究，如 LEE 等（2010）对 P-波段 SAR 森林高度的提取进行了研究，HAJNSEK 等（2009）利用印度尼西亚热带森林的 P-、L-、X-波段机载 PolInSAR 数据，对森林高度反演中时间去相干、地表等因素的影响进行了研究，获得了精度较高的热带森林高度反演结果。

总体而言，研究相干模型的可反演性、健壮性和泛化能力是 PolInSAR 技术发展的趋势。另外，如何获得高质量的干涉相干性，特别是分离出"纯"的体散射去相干，是提高反演性能的关键技术。除了设计、实验时对雷达配置参数进行优化外，通过极化干涉相干优化技术能够改善相干质量，已有一些学者对此进行了研究（NEUMANN et al., 2008; COLIN et al., 2005; CLOUDE et al., 1997），但目前还很少有人在实际数据处理中评价和比较各种相干优化算法对森林高度反演结果的影响。本书在梳理主要森林高度反演模型和方法、并对其应用效果进行比较评价的基础上，介绍了一种改进的森林高度反演方法。

5.2 PolInSAR 森林高度反演模型

如前所述，由于 PolInSAR 能够区分不同散射中心及其位置，因此，可利用 PolInSAR 估计出植被冠层散射中心与地表散射中心的垂直距离，进而通过相干散射模型估算出森林高度。基于地表及冠层散射中心提取方法的不同，PolInSAR 森林高度反演方法大体上可分为两类：一类是由先验物理知识来确定散射中心的位置（如在 L-波段以 HV 极化作为体散射占主导的极化通道，HH 极化为地表散射占主导的极化通道）；另一类是通过极化相干优化算法（如复拉格朗日算子优化算法）求解地表及冠层散射中心位置，进而由 RVoG 模型及其简化形式得到森林高度。

本节首先介绍相干散射模型（RVoG 模型）及其几何解释，然后回顾常用的 PolInSAR 森林高度反演方法，最后采用 E-SAR L-波段机载 SAR 数据对各反演模型和方法的效果进行实验评价。

5.2.1 相干散射模型

极化干涉类似于传统干涉，是通过几何关系和电磁波的相位信息对地物散射中心进行空间定位。当地物为确定性散射体时，散射中心可以直接与地物的空间位置等同，但当地物为分布式散射体时，此时散射中心为地物各组分相干作用的有效散射中心。如图 5.1 所示，由于植被结构参数和消光系数的不同，冠层散射中心可能位于植被冠层内任一位置，而并非与植被高度直接等同。同样，由于存在地表-树干散射和冠层下地表散射的相干作用，地表散射中心一般偏离实际地表（ULANDER et al., 1995）。因而，在反演过程中需要通过相干散射模型将极化干涉信息转化为地物垂直结构参数，其中最常用的为 RVoG 模型，下面重点介绍该模型的基本形式及其几何意义。

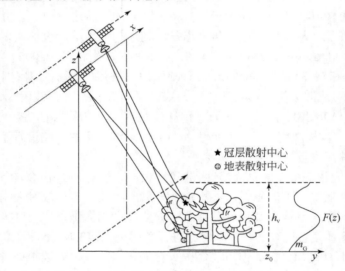

图 5.1　散射中心与地物高度示意图

在较低频率的雷达波与植被作用时，需同时考虑到植被的体散射和地表的表面散射，在一个像元内，电磁波相对反射率 $F(z)$ 可表示为

$$F(z,w) = f(z) + m_G(w)\delta(z - z_0) \tag{5.1}$$

式中，$m_G(w)$ 为地表散射能量，是极化方式 w 的函数，参考高度 z_0 为地面高，$f(z)$ 表示仅考虑植被体散射部分的相对反射率，通常用指数函数对其建模，$f(z) = \exp\left[2\kappa_e z / \cos(\theta)\right]$，其中 κ_e 是植被的平均消光系数，表示微波能量在植被层中的衰减，θ 为雷达波入射角，$\delta(\cdot)$ 为狄拉克函数。

由植被和地表引起的总的失相干 γ_{VoG} 与 $F(z)$ 相关，其定义如下：

$$\gamma_{VoG}(w, k_Z) = \frac{\int_{Z_0}^{Z_0 + h_v} F(z)\exp(jk_z z)\,dz}{\int_{Z_0}^{Z_0 + h_v} F(z)\,dz} \tag{5.2}$$

式中，h_v 为植被的高度；k_z 为垂直波数。在传统干涉中，k_z 表达相位对地形高度变化的敏感性，而在极化干涉中，k_z 还将 γ_{VoG} 与包含地物垂直结构信息的 $F(z)$ 联系起来。

将式（5.1）代入式（5.2）后，可得到 RVoG 模型的经典形式：

$$\gamma_{\text{VoG}}(w, k_z) = \mathrm{e}^{j\phi_0} \frac{\gamma_v + m(w)}{1 + m(w)} = \mathrm{e}^{j\phi_0}\left[\gamma_v \frac{m(w)}{1 + m(w)}(1 - \gamma_v)\right] \tag{5.3}$$

$\mathrm{e}^{j\phi_0} = k_z z_0$ 表示地相位，γ_v 表示仅由植被体散射引起的失相干，不考虑地表散射贡献，其表达式见式（5.4）。

$$\left.\begin{array}{c} \gamma_v = \dfrac{I_2}{I_1} = \dfrac{\displaystyle\int_0^{h_v} f(z)\mathrm{e}^{\mathrm{j}k_z z}\mathrm{d}z}{\displaystyle\int_0^{h_v} f(z)\mathrm{d}z} = \dfrac{2\sigma}{\cos\left(\mathrm{e}^{2\sigma h_v / \cos(\theta)} - 1\right)} \int_0^{h_v} \mathrm{e}^{\mathrm{j}k_z z}\mathrm{e}^{\frac{2\sigma z}{\cos\theta}}\mathrm{d}z = \dfrac{p}{p_1}\dfrac{\mathrm{e}^{p_1 h_v} - 1}{\mathrm{e}^{p h_v} - 1} \\[6mm] p = \dfrac{2\sigma}{\cos\theta} \\[3mm] p_1 = p + \mathrm{j}k_z \\[3mm] k_z = \dfrac{4\pi\Delta\theta}{\lambda\sin\theta} \approx \dfrac{4\pi B_\perp}{\lambda H \tan\theta} \end{array}\right\} \tag{5.4}$$

式中，$\Delta\theta$ 为由基线引起的入射角差异，H 为传感器高度，$B_\perp$ 为垂直基线，λ 为电磁波的波长。

式（5.3）中，$m(w) = m_G(w) \Big/ \int_0^{h_v} f(z)\mathrm{d}z$ 表示地体散射比。当 $m(w) = 0$ 时，即地面散射贡献为零时，式（5.3）简化为随机体散射模型：$\gamma_{\text{VoG}} = \mathrm{e}^{j\phi_0}\gamma_v$；而当 $m(w) = \infty$ 时，式（5.3）简化为地表散射模型：$\gamma_{\text{VoG}} = \mathrm{e}^{j\phi_0}$，干涉系数等于 1 且相位中心位于地表。实际情况往往是介于这两种极端情况之间，即所测复相干既有地表散射贡献又有植被体散射贡献。因此，在植被覆盖地区利用传统 InSAR 进行地形测量时往往要受到植被体散射的影响，导致测量的地形出现偏差，也就是所谓的植被偏差，而 PolInSAR 能够对不同散射机制加以区别，因此，可以分离出植被冠层散射中心相位和地表散射相位，进而实现植被高度和地形相位的同时反演。值得注意的是：这里假设 $m(w)$ 是 RVoG 模型中唯一受极化影响的变量，这使得模型的未知变量小于等于极化干涉 SAR 的独立观测量的维数，这是 RVoG 模型可应用于全极化干涉 SAR 数据以反演森林参数的主要原因。$m(w)$ 的大小是由单位散射矢量 w 来决定的，不同的单位散射矢量会有不同的地体散射比，因而也就会得到不同极化状态下的干涉相干。

由式（5.3）可以看出，复相干分布在复平面内，经过 γ_v 并且方向为 $(1 - \gamma_v)$ 的直线上（CLOUDE et al., 2003），如图 5.2 所示。

图 5.2 中黑色粗线部分表示 PolInSAR 所观测到的复相干，其范围的大小取决于基线、雷达频率、植被冠层的平均消光系数，以及地体散射比的大小。直线上各复相干与 γ_v 的距离对应着不同的 $m(w)$，距离越大则表示复相干中地面散射贡献越大，反之复相干则越接近于植被冠层体散射复相干。RVoG 模型的这一几何特点，可以使得 PolInSAR 森林高度反演过程大大简化。本节所述几种 PolInSAR 森林高度反演方法，都是对该模型不同程度上的几何求解。

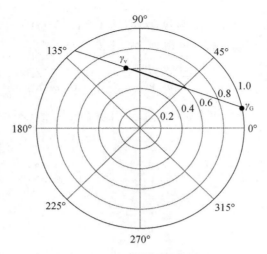

图 5.2　相干散射模型的几何描述

5.2.2　森林高度反演方法

极化干涉是极化空间内的干涉，能够为参数反演提供更多维度的信息。基于对散射机制的理解，便可以用极化干涉的不同复相干进行参数反演，相应的方法可以是简单的 DEM 差分法，也可以是基于 RVoG 模型或其简化形式的反演方法。

1. DEM 差分法

这种方法的核心是通过选择一定的单位散射矢量来分离出两种极化状态下的干涉复相干，分别对应于植被冠层散射和地表散射，进而通过两相位差进行森林高度的直接估计（CLOUDE, 2008）。严格来讲，这种方法所得高度并非真实森林高度，因为其仅为两种地物散射中心的距离差。该反演方法可用式（5.5）表示。注意"DEM 差分法"只是一种不严格的叫法，因为即便能够找到两种散射机制，一个的干涉相位中心在冠层顶部，一个在林下地表，所对应的高程也只能是一个称为 DSM，一个称为 DEM，因此森林高度并不是严格意义上的两个 DEM 的差分，而是 DSM 与 DEM 之间的差分。

$$h_{v} = \frac{\arg\left(\gamma_{w_{v}}\right) - \arg\left(\gamma_{w_{s}}\right)}{k_{z}} \tag{5.5}$$

式中，w_{v} 是植被冠层体散射矢量，$\gamma_{w_{v}}$ 是与其相对应的冠层体散射去相干；w_{s} 则为地表散射矢量，与其相对应的地表散射复相干为 $\gamma_{w_{s}}$。通常可认为 L-波段的 HV 极化为 w_{v}，HH-VV 极化为 w_{s}，也可以通过各种相干优化算法来确定 w_{v} 与 w_{s}，在 5.3 节中将进行介绍。

2. RVoG 地相位反演法

在 DEM 差分法中，选择可以准确代表地相位的散射矢量 w_{s} 是十分关键的。然而，对 L-和 P-波段散射数据的大量分析表明（CLOUDE, 2008）：一般情况下很难选择出可对地相位进行无偏估计的散射矢量。为了对地相位进行较为准确的估计，RVoG 地相位反演法通过 RVoG 模型的几何特点和所测复相干综合确定地相位，将其带入 DEM 差分法中得到森林高度。

$$h_v = \frac{\arg\left(\gamma_{w_v}\right) - \phi_0}{k_z} \tag{5.6}$$

该方法中一般以 HV 极化作为 w_v，地形相位 ϕ_0 可以通过下面过程求出：对于 RVoG 模型 [式（5.3）]，假设对于体散射占主导作用的极化状态 w_v =HV，则其地体散射比 $m(w) \approx 0$；而对于表面散射占主导作用的极化状态 w_s =HH-VV，假设其地体散射比为 $m(w_s)$，则有

$$\left.\begin{array}{l} \gamma_{w_v} = e^{j\phi_0}\gamma_v \\ \gamma_{w_s} = e^{j\phi_0}[\gamma_v + \dfrac{m(w_s)}{1+m(w_s)}(1-\gamma_v)] \end{array}\right\} \xrightarrow{L_{w_s} = \frac{m(w_s)}{1+m(w_s)}} \gamma_{w_s} = \gamma_{w_v} + L_{w_s}e^{j\phi_0} - L_{w_s}\gamma_{w_v}$$

$$\to e^{j\phi_0} = \frac{\gamma_{w_s} - \gamma_{w_v}\left(1-L_{w_s}\right)}{L_{w_s}} \to \phi_0 = \arg[\gamma_{w_s} - \gamma_{w_v}(1-L_{w_s})] \tag{5.7}$$

其中 $0 \leqslant L_{w_s} \leqslant 1$，利用 $e^{j\phi_0}e^{-j\phi_0} = 1$ 有

$$\left.\begin{array}{l} AL_{w_s}^2 + BL_{w_s} + C = 0 \Rightarrow L_{w_s} = \dfrac{-B - \sqrt{B^2 - 4AC}}{2A} \\ A = \left|\gamma_{w_v}\right|^2 - 1 \\ B = 2\,\mathrm{Re}((\gamma_{w_s} - \gamma_{w_v})\gamma^*_{w_v}) \\ C = \left|\gamma_{w_s} - \gamma_{w_v}\right|^2 \end{array}\right\} \tag{5.8}$$

由此可求得 L_{w_s}，从而可求出地形相位 ϕ_0 和高度 h_v。

3. 三阶段反演法

RVoG 地相位反演法尽管能够较为准确地估计出地相位，但由于植被冠层散射中心同植被的消光系数和垂直结构密切相关，因此该方法依旧会有较大偏差。为了更准确地反演森林高度，一种可行的方法是牺牲消光系数的准确度，使消光系数的变化包含植被垂直结构的影响，然后通过相干散射模型反演森林高度。这个过程大体上可分为三步，故为三阶段反演法（CLOUDE and PAPATHANASSIOUS, 2003），其实质是对 RVoG 地相位反演算法的进一步扩展，具体如下。

第一步：通过计算各极化状态下的复相干，根据 RVoG 模型在复平面内拟合一直线。该直线与复平面内单位圆的两个交点作为潜在的地相位点，在第二步中加以区别选择。

第二步：判断不同极化复相干与两地相位点的距离关系，然后基于对极化干涉信息的先验理解，据此距离关系就可判断出地相位点。另一种判断方法是，直接把第一步中的两个候选地相位点分别用在第三步中反演森林高度，根据所反演的森林高度是否在合理的范围内，就可选择出真正的地相位点，进而计算得到地相位。

第三步：计算不同极化干涉复相干与地相位点的直线距离，选择距离最大（距地相位最远）的复相干作为体散射复相干 γ_{w_v}，代入式（5.9）就可同时反演出森林高度与消光系

数。具体实现时，可先利用式（5.4）拟合一个以森林高度和消光系数为输入，以 γ_v 为模拟结果的二维查找表，反演过程就是在查找表中搜索与 γ_{w_v} 的距离最小的 γ_v 所对应的森林高度、消光系数的值，也就是最终的反演结果。

$$\min_{h_v,\sigma} L_1 = \left\| \gamma_{w_v} - \mathrm{e}^{\mathrm{j}\phi_0} \frac{p}{p_1} \frac{\mathrm{e}^{p_1 h_v}-1}{\mathrm{e}^{ph_v}+1} \right\| \tag{5.9}$$

4. 相干幅度法

在三阶段反演法和 RVoG 地相位反演法中，地相位的估计都是基于直线拟合和距离判断准则来确定的。但是当极化干涉复相干非常低的时候，就会引起判断模糊，无法识别地相位。在这种情况下，一种潜在的办法是直接利用复相干的幅度信息，而完全忽略其相位信息（CLOUDE，2008）。如式（5.10）所示，首先基于极化干涉信息的先验理解，选取一极化干涉复相干为植被体散射复相干 γ_{w_v}，然后将其模（相干系数）与采用植被体散射模型计算得到的相干系数进行比较，两者的大小尽量一致（差值最小）的 h_v 就是反演结果。该方法通常进一步假设消光系数为零，此时森林高度与体散射相干系数之间符合 SINC 函数关系，如式（5.11）所示，具体推导见第 4 章（4.2.2 节）。后续实验中我们将假设 HV 极化复相干为植被体散射复相干，即假设 $\gamma_{w_v} = \gamma_{\mathrm{HV}}$。

$$\min_{h_v,\sigma} L_1 = \left\| \gamma_{w_v} - \mathrm{e}^{\mathrm{j}\phi_0} \frac{p}{p_1} \frac{\mathrm{e}^{p_1 h_v}-1}{\mathrm{e}^{ph_v}+1} \right\| \tag{5.10}$$

$$h_v \approx \frac{2\pi}{k_z}\left(1 - \frac{2}{\pi}\sin^{-1}\left(\left|\gamma_{w_v}\right|^{0.8}\right)\right) \tag{5.11}$$

5. 相位与幅度联合反演

由于单一的复相干幅度信息和相位信息都易受到植被消光系数和垂直结构的影响而导致森林高度估计不准，因此（CLOUDE，2008）提出了将 DEM 差分法与 SINC 模型法相结合的森林高度反演方法，如式（5.12）所示。通过选择合理的 ε，利用干涉相干幅度（相干系数）信息弥补 DEM 差分法的不足，以期提高反演精度。

$$h_v = \frac{\arg\left(\gamma_{w_v}\right) - f_0}{k_z} + \varepsilon \frac{2\,\mathrm{sinc}^{-1}\left(\left|\gamma_{w_v}\right|\right)}{k_z} \tag{5.12}$$

该方法可以这样理解：随着极化通道间相位中心分离加大，有效的体散射高度在减少，结构函数在冠层的顶部被"压缩"，变得更加局部化，体散射去相干也在减少，这时可用 SINC 函数来弥补由相位信息求算高度中没有考虑的植被顶部高度的"压缩"现象。

ε 在不同的结构下取不同的值，有两种极限情况：结构函数均匀分布（没有衰减），$\varepsilon=1/2$，散射中心在植被层的中部，由第一项（差分法）贡献 $k_z h_v/2$，第二项（相干幅度法）也贡献 $k_z h_v/2$；还有一种情况是衰减趋于无穷大，$\varepsilon=0$，散射相位中心在树冠的顶部，第一项贡献了 $k_z h_v$，第二项为 0。由此可以看出，该方法能够对这两个极端之间的任意情况做较好的估计，ε 取值一般为 0.4。

5.2.3 森林高度反演实验

为了更好地介绍经典的 PolInSAR 森林高度反演模型和方法,本部分将主要采用一对德国 E-SAR 机载系统获取的 L-波段 PolInSAR 数据开展森林高度反演实验,并利用实验区的地面实测标准样地数据对各种模型和方法的森林高度反演效果进行分析评价。

1. 实验区及数据

实验区位于德国 Traunstein 城西南部(图 5.3),主要土地覆盖类型为森林、农田、草地、裸地和建筑物等。海拔 600～650 m,地形相对平坦,年平均气温 7.8℃,年降水量 1600 mm/a。森林优势树种以云杉(*Picea asperata* Mast.)、山毛榉(*Fagus sylvatica*)和冷杉(*Abies fabri* (Mast.)Craib)为主。

图 5.3　实验区航空影像及样地分布

实验所用的雷达数据为德国宇航局(DLR)E-SAR 航空系统于 2003 年获取的 L-波段全极化干涉数据,水平基线长度 5m,飞行高度 3000m,两轨之间的时间间隔(时间基线)为 20min,距离向空间分辨率 1.5m、方位向 3.0m,入射角在 25°～60°之间。

主辅 SLC 影像均以散射矩阵形式提供,并且都已经过精确的辐射定标和极化定标处理,影像大小均为 1414 列×4642 行,这里列方向为距离向,行方向为方位向。SLC 影像经过多视(方位向 6 视,距离向 2 视)处理后,大小都变为 707 列×773 行。主辅 SAR 影像的 4 个极化的强度影像分别见图 5.4、图 5.5。主辅极化 SAR 影像的 Pauli 基显示如图 5.6 所示。图 5.3 中黑色长方形所示区域为主辅极化 SAR 影像在地理坐标空间中的覆盖范围。

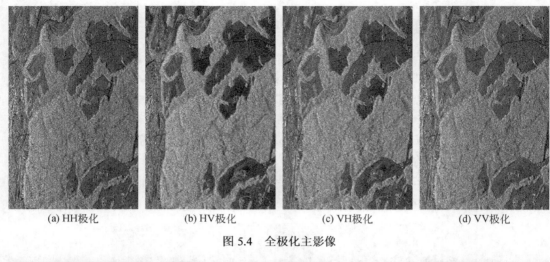

(a) HH极化   (b) HV极化   (c) VH极化   (d) VV极化

图 5.4　全极化主影像

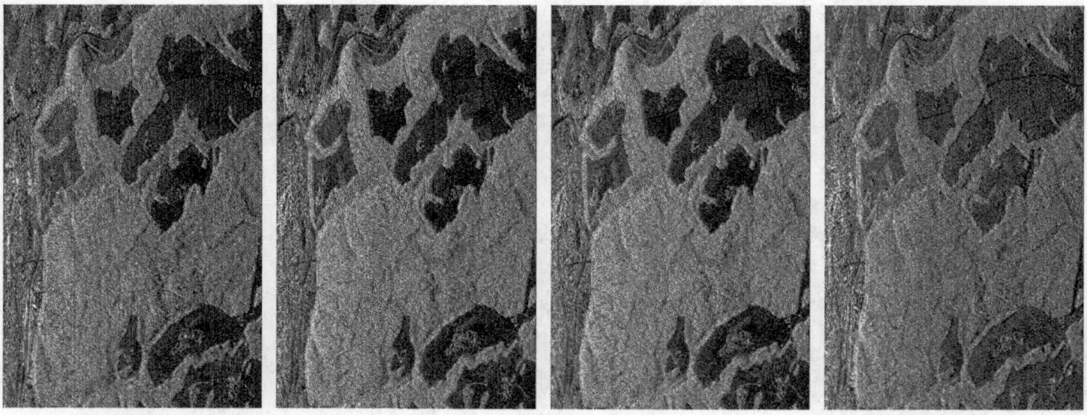

(a) HH极化   (b) HV极化   (c) VH极化   (d) VV极化

图 5.5　全极化辅影像

　　主辅影像之间已经过精确配准，并且相应的平地相位影像（图 5.7）和垂直波数影像（图 5.8）也由 DLR 提供。图 5.7 是缠绕的平地相位，随着距离向的增加而呈现出周期性的变化，每周期对应相位 2π。图 5.8 干涉垂直波数的变化范围为 0.038～0.204（单位为 rad/m）。

　　通过 DLR 获取了实验区 20 个林分（图 5.9 中的白色多边形为个林分的边界）的样地抽样调查数据，计算得到每个林分的平均优势高（h_{100}），其含义是每公顷林分中最高的 100 株树的算术平均高。图 5.9 展示了地理坐标空间中的 20 块林分的边界，背景影像为一幅高空间分辨率光学遥感影像。为了在 SAR 影像斜距坐标空间中检验森林高度的干涉 SAR 估测精度，将这 20 块林分的矢量格式的平均优势高进行栅格化处理，并将得到的栅格影像通过雷达定位模型地理反编码到 SAR 影像斜距坐标空间中，结果如图 5.9 所示。影像大小为 707 列×773 行，和上面介绍的多视化处理后的 SLC 影像大小一致。

(a) 主影像的Pauli基显示   (b) 辅影像的Pauli基显示

图 5.6　主、辅影像的 Pauli 基显示（彩图附后）

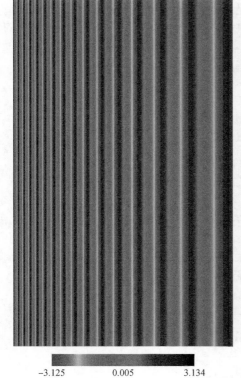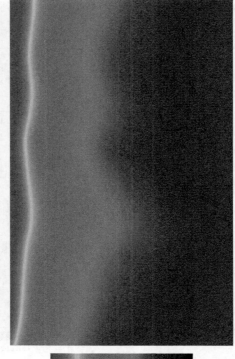

−3.125　　0.005　　3.134   0.204　　0.121　　0.038

图 5.7　平地相位（彩图附后）　　图 5.8　垂直波数（彩图附后）

0.00m　　10.00m　　20.00m　　30.00m

图 5.9　斜距坐标空间的林分优势木平均高 h_{100} 分布图

2. PolInSAR 数据处理

在森林参数反演前，需要对 PolInSAR 数据（主辅全极化 SAR 散射矩阵）进行一些基本处理（图 5.10）。首先是预处理，包括图 5.10 中虚线框内的处理步骤：主辅影像间的亚

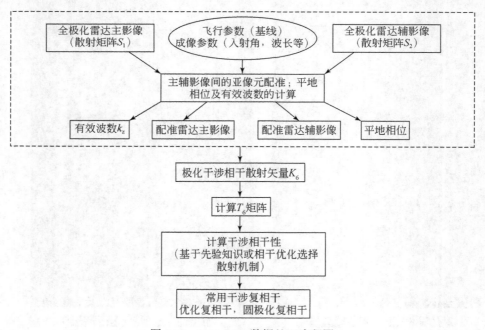

图 5.10　PolInSAR 数据处理流程图

像元配准、平地相位和有效波数的计算等。这些处理过程均已由 E-SAR 系统运行方 DLR 完成。其次是以预处理结果为输入，提取森林参数反演模型所需要的其他输入数据（主要是各种干涉相干性数据），处理步骤包括 k_6 矢量的生成、T_6 矩阵的计算和干涉相干性的计算等。这里在由 SLC 散射矩阵生成 T_6 矩阵时，对散射矩阵进行了多视化（方位向 6 视，距离向 2 视）处理。由 T_6 矩阵计算干涉相干性时，采用的窗口大小均为（7×7）。

采用以上数据处理步骤生成了典型极化的干涉相干性数据：HH_HH、HV_HV、HH-VV_HH-VV、HH+VV_HH+VV、VV_VV、LL_LL、LR_LR、RR_RR，这些复数形式的相干性幅度影像如图 5.11 所示，干涉相位影像如图 5.12 所示。从图 5.12 可见，各个极化的相干相位已经进行过平地相位去除处理，且已不存在相位缠绕现象。另外，还采用由 2.4.2 节介绍的极化相干优化算法提取了三幅最优相干影像：opt1_opt1、opt2_opt2、opt3_opt3，如图 5.13、图 5.14 所示。

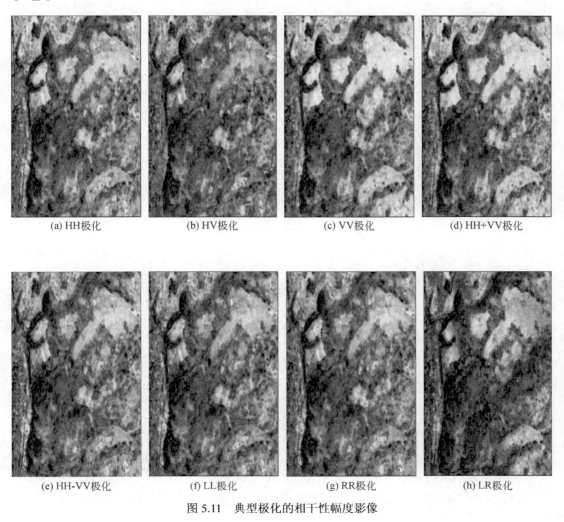

(a) HH极化　　　　　(b) HV极化　　　　　(c) VV极化　　　　　(d) HH+VV极化

(e) HH-VV极化　　　　(f) LL极化　　　　　(g) RR极化　　　　　(h) LR极化

图 5.11　典型极化的相干性幅度影像

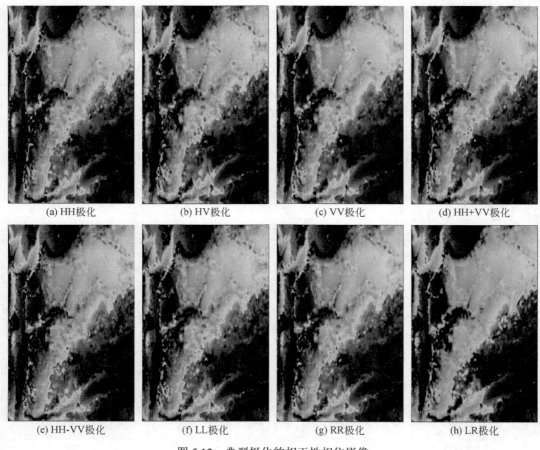

(a) HH极化 (b) HV极化 (c) VV极化 (d) HH+VV极化

(e) HH-VV极化 (f) LL极化 (g) RR极化 (h) LR极化

图 5.12 典型极化的相干性相位影像

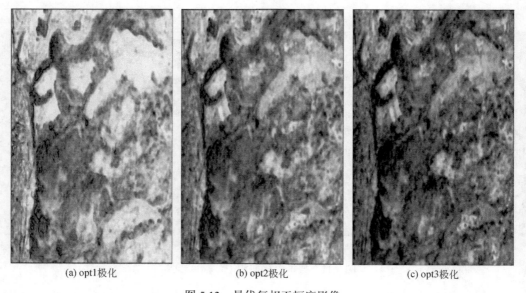

(a) opt1极化 (b) opt2极化 (c) opt3极化

图 5.13 最优复相干幅度影像

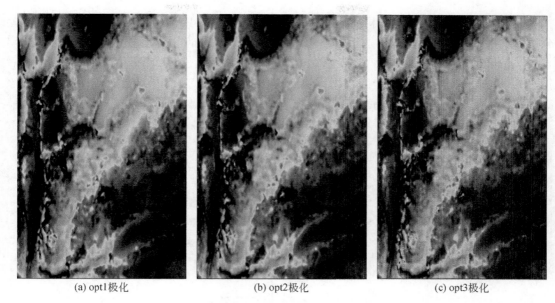

| (a) opt1极化 | (b) opt2极化 | (c) opt3极化 |

图 5.14 最优复相干相位影像

3. 实验结果与分析

5.2.2 节中介绍了各种 PolInSAR 森林高度估测方法，其流程及其相互间关系如图 5.15 所示。本节采用这些方法估测森林高度，并以决定系数（R^2）和均方差（RMSE）作为统计分析指标，在林分尺度上进行验证。

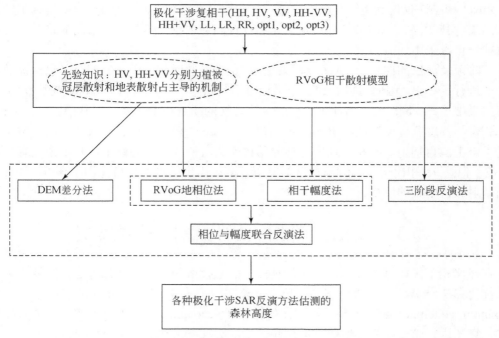

图 5.15 PolInSAR 森林高度反演方法

图 5.16 给出上述各种森林高度反演方法的 R^2 和 RMSE。从中可以看出，基于 DEM 差分法的结果最差，R^2 只有 0.28，而 RMSE 则高达 25.25 m。如前文所述，这里所实验的 DEM 差分法，分别采用 HV、HH-VV 极化代表植被冠层体散射、林下地表表面散射机制，然后将两种散射机制的散射相位中心距离作为植被高度。显然，我们所选择的这两种极化对该实验数据来说，并不能代表植被冠层的体散射机制和林下地表的表面散射机制，对应的体散射相位、表面散射相位中心误差大，导致反演得到的森林高度误差较大。

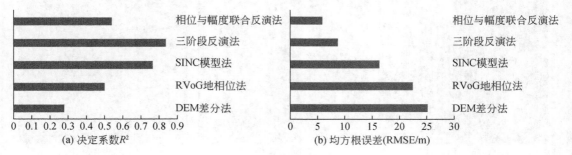

图 5.16   反演结果比较

RVoG 地相位反演法就是利用 RVoG 模型较为准确地估计出地相位，然后再做差分。可以看到 RVoG 地相位法在 R^2 和 RMSE 上较 DEM 差分法均有所改进，说明相比于采用 HH-VV 极化通道作为地表散射机制，RVoG 模型估测的地相位要更准确一些。但 RVoG 地相位法的 RMSE 仍高达 22.53 m，其原因可能是模型虽然能在一定程度上纠正表面散射相位中心估测误差，但对体散射相位中心的高度的估测误差仍然较大。

SINC 模型法仅仅利用了复相干的幅度信息（完全忽略其相位信息），却得到了较好的反演结果，其 R^2 高达 0.767。尽管估测结果存在高估现象，但是这种偏高的趋势具有一定的规律，可以采用地面实测数据进行标定。

三阶段反演法同样基于 RVoG 模型，在纠正表面散射相位中心的同时，也对体散射相位中心进行了纠正，因而可以看到其结果相对于其它方法有很大的改善，R^2 高达 0.839。在所有结果中最好，同时具有较小的 RMSE。该方法的缺点在于计算过程复杂，运算量较大。

相位与幅度联合反演法将 RVoG 地相位法与 SINC 模型法结合起来，在用相位信息估计的基础上，再加上基于相干幅度的估测结果作为对低估结果的修正，其结果具有很低的 RMSE，但是 R^2 相比于 SINC 模型法却有所下降，出现这种结果可能由于该方法中 RVoG 表面散射相位中心的反演误差较大所致。

5.3   极化干涉相干优化森林高度反演

在极化相干优化算法方面，除了最早提出的复拉格朗日算子优化方法，陆续有多种不同的优化算法出现，包括 PD（phase diversity）相干优化算法（Tabb et al., 2002）和 MCD（maximum coherence difference）相干优化算法（Neumann et al., 2006）等，本节首先对这些优化算法进行简要介绍，然后讨论这些优化算法对森林高度反演的影响。

5.3.1 极化相干优化算法

1. PD 相干优化算法

在 DEM 差分算法与 RVoG 地相位反演算法中，需要通过先验知识或基于 RVoG 模型的几何结构来选择代表植被冠层体散射和林下地表表面散射的极化通道，目的都是为了达到植被冠层与地表散射相位中心不断地分离，使两者间距离最远，直至接近森林真实高度。本节介绍的 PD 相干优化算法则是从数学的角度出发，寻找可代表植被冠层体散射、林下地表表面散射的散射机制。

这种相干优化方法的基本思想是找到使复相干相位角有最大余切的极化组合，这可以通过解决式（5.14）的特征值问题实现。

$$\cot(\angle\gamma) = \frac{\text{Re}\{\gamma\}}{\text{Im}\{\gamma\}} = \frac{w^*(\Omega_{12} + \Omega_{12}^*)w}{w^*[-j(\Omega_{12} - \Omega_{12}^*)]w} \tag{5.13}$$

$$\left.\begin{array}{c} (\hat{\Omega}_{12} + \hat{\Omega}_{12}^*)w = -j\lambda(\hat{\Omega}_{12} + \hat{\Omega}_{12}^*)w \\ \hat{\Omega}_{12} = \Omega_{12}e^{j(\frac{\pi}{2} - \angle\text{tr}(\Omega_{12}))} \end{array}\right\} \tag{5.14}$$

Ω_{12} 中既含有极化信息，又有干涉信息，是极化干涉相干矩阵 T 中的元素。

$$\left.\begin{array}{c} T = <\begin{bmatrix} k_1 \\ k_2 \end{bmatrix} \begin{bmatrix} k_1^{*\text{T}} & k_2^{*\text{T}} \end{bmatrix}> = \begin{bmatrix} [T_{11}] & [\Omega_{12}] \\ [\Omega_{12}]^{*\text{T}} & [T_{22}] \end{bmatrix} \\ k_i = \frac{1}{\sqrt{2}}\begin{bmatrix} S_{\text{HH}} + S_{\text{VV}} \\ S_{\text{HH}} - S_{\text{VV}} \\ 2S_{\text{HV}} \end{bmatrix} \quad i = 1, 2 \end{array}\right\} \tag{5.15}$$

其中，<>表示多视操作，下标 1、2 分别表示在空间基线两端的测量。

式（5.14）的特征矢量矩阵中，3×3 矩阵的(2, 2)位置相应于高相位中心极化矢量，(0, 0)位置相应于低相位中心极化矢量。该方法使相位中心得到最大的分离，高相位对应到较为"纯净"的植被冠层散射相位，而低相位对应到较为"纯净"的地表散射相位。

分别用高相位中心极化矢量和低相位中心极化矢量代入下式，则可以分别得到 γ_{w_v} 和 γ_{w_s}，进而估测森林高度。

$$\left.\begin{array}{c} \gamma = \frac{w^{*\text{T}}\Omega_{12}w}{w^{*\text{T}}Tw} \\ T = (T_{11} + T_{22})/2 \end{array}\right\} \tag{5.16}$$

2. MCD 相干优化算法

MCD 相干优化算法的步骤如下。

（1）先计算 T_6 矩阵中的 T_{11}、T_{22} 及 Ω_{12}。

（2）假设天线两端目标散射机制相同，即 $w_1 \approx w_2 \approx w$，2.4.2 节中的复拉格朗日相干优化算法变成

$$\left.\begin{array}{l} \boldsymbol{\Omega}_{12}\boldsymbol{w} - \lambda_1 \boldsymbol{T}_{11}\boldsymbol{w} = 0 \\ \boldsymbol{\Omega}_{12}^{*\mathrm{T}}\boldsymbol{w} - \lambda_2^*\boldsymbol{T}_{22}\boldsymbol{w} = 0 \end{array}\right\} \Rightarrow \left(\boldsymbol{T}_{11} + \boldsymbol{T}_{22}\right)^{-1}\left(\boldsymbol{\Omega}_{12} + \boldsymbol{\Omega}_{12}^{*\mathrm{T}}\right)\boldsymbol{w} = -\left(\lambda_1 + \lambda_2^*\right)\boldsymbol{w}$$

$$\Rightarrow \left(\boldsymbol{T}^{-1}\boldsymbol{\Omega}\right)\boldsymbol{w} = \lambda(\phi)\boldsymbol{w} \begin{cases} \boldsymbol{\Omega} = \dfrac{1}{2}\left(\boldsymbol{\Omega}_{12}\mathrm{e}^{\mathrm{j}\phi} + \boldsymbol{\Omega}_{12}^{*\mathrm{T}}\mathrm{e}^{-\mathrm{j}\phi}\right) \\ \boldsymbol{T} = \dfrac{1}{2}\left(\boldsymbol{T}_{11} + \boldsymbol{T}_{22}\right) \end{cases} \tag{5.17}$$

（3）取 N 个 ϕ_k，通常设：

$$\phi_k = k\frac{180^\circ}{N}, 1 \leqslant k \leqslant N \tag{5.18}$$

（4）分别计算矩阵 $\boldsymbol{\Omega}$ 和 $\boldsymbol{T}$，通过对 $\left(\boldsymbol{T}^{-1}\boldsymbol{\Omega}\right)\boldsymbol{w} = \lambda(\phi)\boldsymbol{w}$ 进行特征分解，找到 N 个最大特征值和最小特征值之间的距离 $\left|\lambda_{\max}(\phi_k) - \lambda_{\min}(\phi_k)\right|, 1 \leqslant k \leqslant N$，然后找到距离最大的特征值对应的特征矢量，求得相应的干涉相干，该过程为

$$\max_{\phi}\left(\lambda_{\max}(\phi) - \lambda_{\min}(\phi)\right) \Rightarrow \begin{cases} \lambda_{\max} \to \boldsymbol{w}_{\max} \to \gamma_{\max} \\ \lambda_{\min} \to \boldsymbol{w}_{\min} \to \gamma_{\min} \end{cases} \tag{5.19}$$

通过投影到参考体散射机制上的大小确定体散射占主导作用的极化通道，在 HV 极化下有 $\boldsymbol{w}_{\mathrm{HV}} = \begin{bmatrix} 0 & 0 & 1 \end{bmatrix}^{\mathrm{T}}$，那么

$$\begin{cases} \boldsymbol{w}_{\mathrm{v}} = \boldsymbol{w}_{\min}, & \boldsymbol{w}_{\max}^{*\mathrm{T}}\boldsymbol{w}_{\mathrm{hv}} < \boldsymbol{w}_{\min}^{*\mathrm{T}}\boldsymbol{w}_{\mathrm{hv}} \\ \boldsymbol{w}_{\mathrm{v}} = \boldsymbol{w}_{\max}, & \boldsymbol{w}_{\max}^{*\mathrm{T}}\boldsymbol{w}_{\mathrm{hv}} > \boldsymbol{w}_{\min}^{*\mathrm{T}}\boldsymbol{w}_{\mathrm{hv}} \end{cases} \tag{5.20}$$

由于对于每个像元，要做 N 次特征分解，然后再比较大小，和 PD 相干优化算法相比，计算量增加。

结合 2.4.2 节中的复拉格朗日相干优化算法，现将各优化算法总结如下：

（1）无约束的相干幅度最优法，也常称为复拉格朗日相干优化算法，不对天线两端目标散射机制做假设，即 $\boldsymbol{w}_1 \neq \boldsymbol{w}_2$。

（2）约束的相干优化方法，认为 $\boldsymbol{w}_1 \approx \boldsymbol{w}_2 \approx \boldsymbol{w}$，主要包括两种：PD 相干优化算法与 MCD 相干优化算法。

5.3.2 相干优化对森林高度反演的影响

1. 对 DEM 差分法的影响

由 2.4.2 节可知，由复拉格朗日相干优化方法（又称 SVD 法）得到三对正交散射机制如下：

$$\left\{\boldsymbol{w}_{1\mathrm{opt}_i}, \boldsymbol{w}_{2\mathrm{opt}_i}\right\} \quad \text{且} \quad \arg\left(\boldsymbol{w}_{1\mathrm{opt}_i}^{*\mathrm{T}}\boldsymbol{w}_{2\mathrm{opt}_i}\right) = 0 \quad i = 1, 2, 3 \tag{5.21}$$

然后利用极化干涉相干定义，分别计算三种散射机制上的干涉相干幅度和相位，且有 $\left|\gamma_{\mathrm{opt}_i}\right| = \sqrt{v_i}\ (i = 1, 2, 3)$ 和 $\left|\gamma_{\mathrm{opt}_1}\right| \geqslant \left|\gamma_{\mathrm{opt}_2}\right| \geqslant \left|\gamma_{\mathrm{opt}_3}\right|$，对于森林来说，第一种散射机制对应着表面散射占主导作用的散射，其复相干为

$$\gamma_{w_s} = \frac{\left\langle w_{1opt_1}^{*T} \boldsymbol{\Omega}_{12} w_{2opt_1} \right\rangle}{\sqrt{\left\langle w_{1opt_1}^{*T} T_{11} w_{1opt_1} \right\rangle \left\langle w_{2opt_1}^{*T} T_{22} w_{2opt_1} \right\rangle}} \qquad (5.22)$$

第三种散射机制相应于体散射占主导作用的散射，对应的复相干为

$$\gamma_{w_v} = \frac{\left\langle w_{1opt_3}^{*T} \boldsymbol{\Omega}_{12} w_{2opt_3} \right\rangle}{\sqrt{\left\langle w_{1opt_3}^{*T} T_{11} w_{1opt_3} \right\rangle \left\langle w_{2opt_3}^{*T} T_{22} w_{2opt_3} \right\rangle}} \qquad (5.23)$$

应用 5.2.2 中第 1 节的 DEM 差分法式（5.5），求出 h_v，进而求得林分尺度上的平均高度，和地面实测林分平均高做散点图［图 5.17（a）］，图中 MAD 是指平均绝对误差（单位为 m），RMSE 为均方根误差，R^2 表示决定系数。基于 5.3.1 中第 1 节所述的 PD 相干优化算法获得 γ_{w_v} 和 γ_{w_s}，用 DEM 差分法求得的林分平均高和地面实测林分平均高的散点图如图 5.17（b）。同样，对于 MCD 相干优化算法，相应的散点图如图 5.17（c），为了便于比较，基于先验知识选择 HV 极化作为 γ_{w_v}，HH-VV 极化作为 γ_{w_s}，相应的散点图如图 5.17（d），可以看出，基于相干幅度最大化的 SVD 相干优化算法对基于相位信息的 DEM 差分

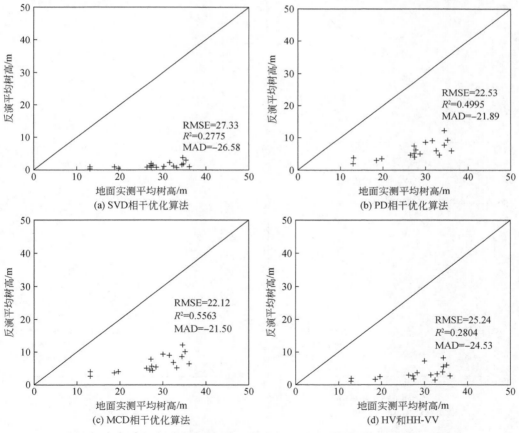

图 5.17　基于不同方法确定的 γ_{w_v} 和 γ_{w_s}，分别用 DEM 差分法反演的
森林高度和地面实测平均树高的散点图

法的估测精度并没有改善，而 PD 和 MCD 相干优化算法有一定的改善效果，但两者之间差别不大，MCD 算法的结果相关性略好于 PD 算法，这也说明 PD 算法不是全局最优的，而 MCD 算法通过 N 次特征分解可以达到全局最优。

2. 对 SINC 模型法的影响

对于 SVD、PD 和 MCD 相干优化算法确定的 γ_{w_v}，基于 SINC 模型法［式（5.12）］，分别求出森林高度，和地面实测数据的散点图如图 5.18（a）～（c）所示，同样为了比较，图 5.18（d）给出了基于 HV 极化的 SINC 模型法森林高度估测结果。可以看出，SVD 算法对仅基于幅度信息的 SINC 模型法并没有改善作用，而约束的 MCD 算法对反演性能略有改善，但相关系数反而降低了，在 DEM 差分法中有较好表现的 PD 算法，对 SINC 模型法也没有改善作用，这说明基于相位信息的相干优化算法对基于幅度信息的反演方法并没有改善作用，而只对仅基于相位信息的反演法有改善作用，但是 SVD 算法对两种方法的效果都很差，原因有可能是在森林下层有较稠密的灌木层，有待进一步探索。

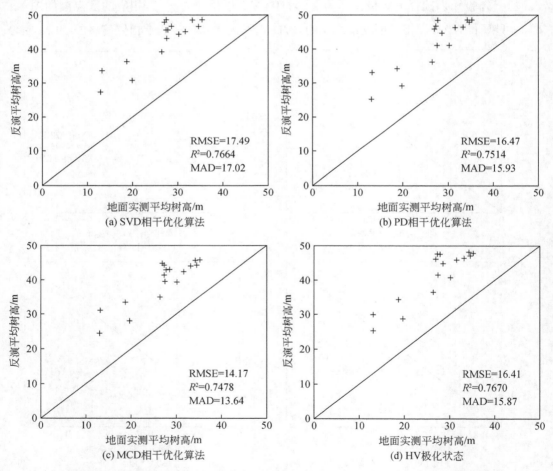

图 5.18　基于不同方法确定的极化状态的相干 γ_{w_v}，分别用 SINC 模型法反演的
森林高度和地面实测平均树高的散点图

3. 对相位与幅度综合反演法的影响

应用 5.2.2 中第 5 节的相位与幅度综合反演方法，输入 SVD、PD 和 MCD 相干优化算法确定的 γ_{w_v} 和 γ_{w_s}，相应反演结果的散点图分别如图 5.19（a）～（c）所示。图 5.19（d）是以 HV、HH-VV 极化干涉相干性为输入的反演结果。可以看出，在几种相干优化算法中，PD 算法的效果最好。MCD 算法是同时基于幅度和相位信息的，性能也较好，对于这种相位和幅度信息线性叠加的高度反演方法，在相关性方面反而不如 PD 算法，并且这种算法的计算量也远高于 PD 算法。另外，SVD 算法对反演性能的改善仍然较差，这种基于相干幅度最大的优化算法不如基于散射机制分离最大的优化算法。

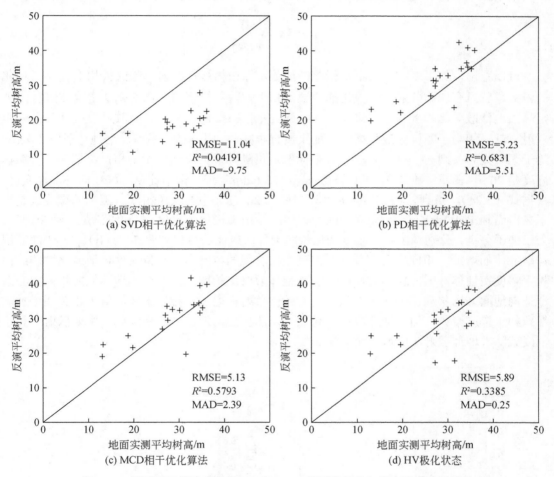

图 5.19　基于不同算法确定的 γ_{w_v} 和 γ_{w_s}，分别用相位与幅度综合法反演的
森林高度和地面实测平均树高的散点图

相位与幅度综合反演法中的 ε 取 0.4，对于森林结构的变化，可使估计误差控制在 10% 以内（CLOUDE, 2006），那么，为了进一步提高反演精度，如何让森林结构信息的变化体现在 ε？下面将对此展开讨论。

5.4 森林高度反演方法的改进

以上分析可以看出，结合 PD 相干优化的相位与幅度综合反演方法性能较好，能提高反演精度，但 ε 是定值，不能够随森林结构变化。对此，我们进一步探索，尝试将和森林结构密切相关的地体散射比融入到模型中去，进而发展一种反演性能更好的方法。

5.4.1 地体散射比对相干性的影响

由 5.2.1 节可知，RVoG 模型的形式为

$$\gamma_{\mathrm{VoG}} = \mathrm{e}^{\mathrm{j}\phi_0}\left[\gamma_{\mathrm{v}} + \frac{m(\boldsymbol{w})}{1+m(\boldsymbol{w})}(1-\gamma_{\mathrm{v}})\right] \tag{5.24}$$

可以看出，如果衰减系数不是极化的函数，即由植被体散射引起的去相干 γ_{v} 不是极化的函数，就只有地体散射比是极化的函数，相干性随着极化的变化就完全由地体散射比决定，当地体散射比趋于 0 时，式（5.24）变成 $\gamma_{\mathrm{VoG}} = \mathrm{e}^{\mathrm{j}\phi_0}\gamma_{\mathrm{v}}$，没有表面散射的贡献，只有体散射贡献，相当于随机体散射模型；如果没有衰减，则为 SINC 模型。当地体散射比 $m(\boldsymbol{w})$ 趋于无穷大时，则 $\gamma_{\mathrm{Vol}} = \mathrm{e}^{\mathrm{j}\phi_0}$，就只有表面散射贡献，参数反演由相干相位决定。假若森林高度是 20m，衰减系数是 0，垂直波数 $k_z=0.125\ \mathrm{rad/m}$，地体散射比从-30dB 向+30dB 变化，根据式（5.24），得到复相干相应的变化如图 5.20（a）中的灰色粗线；黑色的螺旋线是为了参考而画出的 SINC 函数曲线。可形象地看到，由于极化的变化，复相干满足"线模型"，为了便于分析，分别画出相干幅度和相位随地体散射比的变化如图 5.20（b）、（c），随着地体散射比的增加，相位一直在减小，但只是在有限的范围中，相位对地体散射比敏感；而相干幅度在地体散射比较小时，由于随着地体散射比的增加，混合的地体散射相位中心渐渐地向地面方向移动，干涉"看到"的有效体散射在增加，相当于体散射去相关在增加，导致相干幅度减少，但当地体散射比超过一定的值后，地表散射逐渐成为主要散射，相干幅度就随着地体散射比的增加而增加。

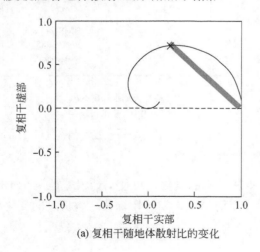

(a) 复相干随地体散射比的变化

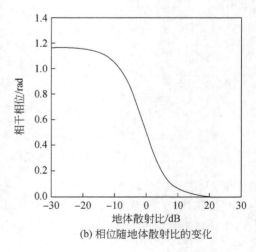

(b) 相位随地体散射比的变化

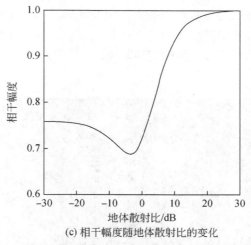

(c) 相干幅度随地体散射比的变化

图 5.20   地体散射比对相干性的影响

5.4.2   地体散射比对高度反演精度的影响

由以上分析可知，对于 RVoG 模型，相干是表面散射和体散射共同作用的结果，而体散射贡献的大小和地体散射比相关；也可以这样理解，反演模型中，森林结构和类型不同通过地体散射比的差异来体现，在森林稀疏且相对低矮的地方，地体散射比较大，纯体散射相对较弱；而对于稠密且较高的森林，地体散射比较小，纯体散射相对较强，由此可以推断，对于相位与幅度综合反演法，如果 ε 用一个可反应森林结构变化的参数来表示，应该能提高森林高度的反演精度。下面，我们通过实测数据对该推断加以验证。

由 5.3.2 中第 2 节可知，基于相干分离的优化算法能改善散射中心的分离效果，特别是 PD 算法，运算效率高，分离效果好，在利用由 5.2.2 中第 5 节中的公式求地体散射比时，仍采用 PD 算法来确定 w_v 和 w_s，相应的地体散射比分布如图 5.21 所示。

地体散射比见图 5.22，可以看出地体散射比分布在 0.3 附近，说明在该试验区，L-波段的电磁波能够穿过大部分森林，到达地面，能够看到的地表的多少与森林的密度、高度等森林结构因素有关，如果完全充分地"看到"地面，则没有多少体散射去相关，高程由相位决定；如果没有"看到"地面，则体散射去相关量大，高程由相干"相位"和幅度各贡献一半。据此思路，现将 5.2.2 第 5 节中的相位与幅度联合反演模型修改为

$$h_v = \frac{\arg(\gamma_{w_v}) - \phi_0}{k_z} + (1 - \mu_{w_s}) \frac{2\operatorname{sinc}^{-1}\left(\left|\gamma_{w_v}\right|\right)}{k_z} \qquad (5.25)$$

并基于 PD 优化算法做 w_v 和 w_s 选择，反演的林分平均高与地面实测高的散射图如图 5.23 所示，和直接用 ε=0.4 的情况相比，R^2 从 0.68 提高到 0.85，而 RMSE 也从 5.24m 减少到 4.00m，性能得到较大改善。

综上所述，地体散射比对森林结构的变化比较敏感，如果在相位与幅度联合反演方法中加以利用，能够改善反演的精度，但是在理论上还有待进一步思考，地体散射比的计算误差对反演精度的影响也有待进一步的实验验证。

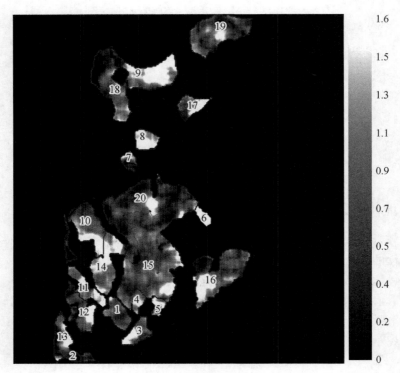

图 5.21　样区内地体散射比分布图

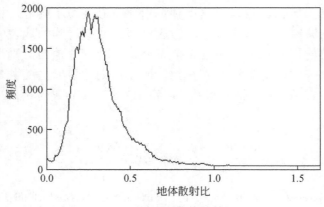

图 5.22　样区内地体散射比

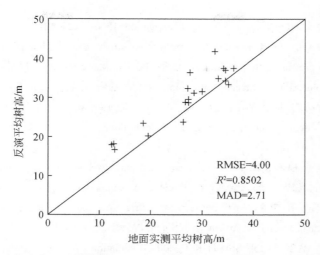

图 5.23　综合考虑了地体散射比和 PD 相干优化算法的相位与幅度反演法得到的森林高度与地面实测平均树高的散点图

参 考 文 献

白璐，曹芳，洪文. 2010. 相干区域长轴的快速估计方法及其应用. 电子与信息学报，32(3)：548~553.

陈尔学，李增元，庞勇，等. 2007. 基于极化合成孔径雷达干涉测量的平均树高提取技术. 林业科学，43(4)：66~70.

陈曦，张红，王超. 2008. 双基线极化干涉合成孔径雷达的植被参数提取. 电子与信息学报，30(12)：2858~2861.

付兵. 2010. 极化干涉 SAR 植被参数估计方法研究. 成都：电子科技大学硕士学位论文.

胡庆东，毛士艺，洪文. 1999. 干涉合成孔径雷达系统的最优基线. 电子学报，27(5)：93~95.

李新武. 2002. 极化干涉 SAR 信息提取方法及其应用研究. 北京：中国科学院研究生院(遥感应用研究所)博士学位论文.

李哲，陈尔学，王建. 2009. 几种极化干涉 SAR 森林平均高反演算法的比较评价. 兰州：甘肃省遥感学会学术会议.

韦顺军. 2009. 极化干涉 SAR 植被高度估计方法研究. 成都：电子科技大学硕士学位论文.

吴一戎，洪文，王彦平. 2007. 极化干涉 SAR 的研究现状与启示. 电子与信息学报，29(5)：1258~1262.

张腊梅. 2006. L 波段 PolInSAR 图像地表参数反演方法研究. 哈尔滨：哈尔滨工业大学硕士学位论文.

郑芳，马德宝，裴怀宁. 2005. 合成孔径雷达干涉测量中的最优基线模型. 现代雷达，27(3)：9~11.

周勇胜，洪文，王彦平，等. 2008. 基于 RVoG 模型的极化干涉 SAR 最优基线分析. 电子学报，36(12)：2367~2372.

CLOUDE S. 2010. Polarisation: applications in remote sensing. Oxford: Oxford University Press.

CLOUDE S R, PAPATHANASSIOU K P. 1997. Polarimetric optimisation in radar interferometry. Electronics Letters, 33(13): 1176~1178.

CLOUDE S R, PAPATHANASSIOU K P. 2003. Three-stage inversion process for polarimetric SAR interferometry. IEE Proceedings Radar, Sonar and Navigation, 150(3): 125~134.

CLOUDE S R, PAPATHANASSIOU K P. 2008. Forest vertical structure estimation using coherence tomography. Geoscience and Remote Sensing Symposium, IGARSS. Boston, Massachusetts, USA.

CLOUDE S R. 2006. Polarization coherence tomography. Radio Science, 41(04): 1~27.

COLIN E, TITIN-SCHNAIDER C, TABBARA W. 2005. An interferometric coherence optimization method in radar polarimetry for high-resolution imagery. IEEE Transactions on Geoscience & Remote Sensing, 44(1): 167~175.

HAJNSEK I, KUGLER F, LEE S K. 2009. Tropical forest parameter estimation by means of PolInSAR: The INDREX-II Campaign. IEEE Transactions on Geoscience & Remote Sensing, 47(2): 481~493.

KRIEGER G, CLOUDE S R. 2005. Spaceborne polarimetric SAR interferometry: Performance analysis and mission concepts. Eurasip Journal on Advances in Signal Processing, (20): 1~21.

KUGLER F, LEE S K, PAPATHANASSIOU K P. 2009. Estimation of forest vertical structure parameter by means of multi-baseline Pol-InSAR. Geoscience and Remote Sensing Symposium, IEEE International, IGARSS. Cape Town, South Africa.

LAVALLE M, SIMARD M, POTTIER E, et al. 2010. PolInSAR forestry applications improved by modeling height-dependent temporal decorrelation. IEEE International Geoscience and Remote Sensing Symposium，4772~4775.

LEE S K, KUGLER F, HAJNSEK I, et al. 2006. The impact of temporal decorrelation over forest terrain in polarimetric SAR interferometry. International Workshop on Applications of Polarimetry and Polarimetric Interferometry. Cologne, Germany.

LEE S K, KUGLER F, PAPATHANASSIOU K, et al. 2009. Polarimetric SAR interferometry for forest application at P-band: Potentials and challenges. Geoscience and Remote Sensing Symposium, IEEE International, IGARSS. Cape Town, South Africa.

METTE T, KUGLER F, PAPATHANASSIOU K, et al. 2006. Forest and the random volume over ground - nature and effect of 3 possible error types. European Conference on Synthetic Aperture Radar. DLR, Germany.

NEUMANN M. 2009. Remote sensing of vegetation using multi-baseline polarimetric SAR interferometry: Theoretical modeling and physical parameter retrieval, Rennes, France: Ph. D. dissertation of Univ. Rennes.

NEUMANN M, FERRO-FAMIL L, REIGBER A. 2008. Multibaseline polarimetric SAR interferometry coherence optimization. IEEE Geoscience & Remote Sensing Letters, 5(1): 93~97.

NEUMANN M, REIGBER A, FERRO-FAMIL L. 2006. Polinsar coherence set theory and application. European Conference on Synthetic Aperture Radar EUSAR. Dresden, Germany.

PAPATHANASSIOU K P, CLOUDE S R. 2001. Single-baseline polarimetric SAR interferometry. Geoscience & Remote Sensing IEEE Transactions on, 39(11): 2352~2363.

TABB M, ORREY J, FLYNN T, et al. 2002. Phase diversity: A decomposition for vegetation parameter estimation using polarimetric SAR interferometry. EUSAR. Cologne, Germany.

TREUHAFT R N, MADSEN S N, MOGHADDAM M, et al. 1996. Vegetation characteristics and underlying topography from interferometric radar. Radio Science, 31(6): 1449~1485.

TREUHAFT R N, SIQUEIRA P R. 2000. Vertical structure of vegetated land surfaces from interferometric and polarimetric radar. Radio Science, 35(1): 141~177.

ULANDER L M H, ASKNE J. 1995. Repeat-pass SAR interferometry over forested terrain. IEEE Transactions on Geoscience & Remote Sensing, 33(2): 331~340.

YAMADA H, OKADA H, YAMAGUCHI Y. 2005. Accuracy improvement of ESPRIT-based polarimetric SAR interferometry for forest height estimation. Geoscience and Remote Sensing Symposium, IGARSS. Seoul, Korea.

ZHOU Y S, HONG W, CAO F, et al. 2008. Analysis of Temporal decorrelation in dual-baseline PolInSAR vegetation parameter estimation. Geoscience and Remote Sensing Symposium, IGARSS. Boston, Massachusetts, USA.

第6章 层析 SAR 森林参数反演

如前几章所述，作为一种主动微波遥感手段，SAR/InSAR/PolInSAR 在森林资源遥感调查、监测方面具有重要应用价值。层析 SAR（TomoSAR）是近些年来新出现的一种 SAR 遥感手段，可以认为是传统二维 SAR 成像原理在第三维（垂直于斜距向，本章也称为法向方向）上的扩展，也就是通过增加法向方向上的合成孔径实现地表垂直方向的分辨能力。以在提取层析信息时是否对结构函数 $f(z)$ 进行参数化建模为标准，可将层析 SAR 技术概括为两类：一类是假设 $f(z)$ 为高斯函数或将其表达为傅里叶-勒让德级数展开式，比如极化相干层析（polarization coherence tomography，PCT）技术；另一类不需要对 $f(z)$ 进行参数化，直接采用频谱分析算法提取 $f(z)$，本章所讨论的多基线干涉层析 SAR 和极化干涉层析 SAR 所采用的层析成像技术都属于这一类。本章首先介绍了层析 SAR 森林参数反演技术的国内外研究进展；其次介绍了 PCT 原理，并从信号模拟仿真和真实 SAR 数据实验等两个方面论述了 PCT 用于森林参数反演的潜力和局限性；然后介绍了多基线干涉层析 SAR 成像方法及森林高度估测实验结果；最后介绍了极化干涉层析 SAR 森林地上生物量估测方法和实验结果。

6.1 层析 SAR 森林参数反演国内外研究现状

层析 SAR 最早是用来分析体（volumetric）结构的，如用于森林、城市等的垂直结构信息提取（Guillaso et al., 2005）。目前，基于层析 SAR 提取体结构信息的频谱分析方法主要有 Beamforming，Capon，子空间方法（如 MUSIC、WSF 等），稀疏矩阵算法（如压缩感知，优化压缩感知算法等），基于先验信息的截断算法（如截断 SVD、PCT 等）和基于模型的算法（如 NLS、COMET 等）等。

国外，基于 TomoSAR 提取目标体结构信息的主要方法有三类。第一类是经典算法如 Beamforming 和 Capon，其主要思想是将系统聚焦于与散射体高度对应的一个特定高度，通常通过扫描有效高度范围来获取最大能量，并且估测的能量与高度有关。第二类是子空间算法 如 MUSIC，ESPRIT 和 WSF 等，子空间算法不依赖于信噪比，而是给出对散射体高度的无限分辨率的估计。第三类是压缩感知算法，其主要思想是利用信号的稀疏特性，在远小于奈奎斯特采样率的条件下，用随机采样获取信号的离散样本，然后通过求解凸优化问题来重构信号。TomoSAR 提取目标结构信息时，Capon、MUSIC、ESPRIT、CS 等频谱分析方法常被用于天线阵接收波的波达处理。这些方法不仅能够用于确定优势散射体的高度，使得在立体空间内提取散射体的垂直结构信息成为可能，而且如果有研究场景的真实地表信息，还能用来提取散射体的物理特性信息。

已有研究表明（GUILLASO and REIGBER, 2005），TomoSAR 可用于分析散射体的高

度及散射特性。高分辨率 TomoSAR 研究大多集中在信号处理领域。另外一种生成 TomoSAR 的方法是通过物理模型实现的，通过散射模型将观测信息用 Legendre 级数展开取近似值得到层析结果（CLOUDE, 2007, 2006）。TREUHAFT 等（2004）将多基线 InSAR 测得的森林剖面特性与 LAD 建立联系，提高了垂直结构估测能力，并提取了对生态学者来说比较重要的生态物理参数，如生物量。对于多基线 PolInSAR 数据，TEBALDINI 和 ROCCA(2010) 已经通过代数合成（AS）和 SKP 技术将多基线 PolInSAR 数据用于森林垂直结构参数反演。HUANG 等（2012）通过 NSF 方法与多基线极化干涉层析 SAR 技术提取了林下地形及林下硬目标信息。CLOUDE（2006）提出的 PCT 技术，既能够应用单基线 Pol InSAR 数据，也可以应用多基线 PolInSAR 数据。原理是通过极化信息，采用相干优化或者 ESPRIT 算法估测地相位和森林高度，然后通过 Legendre 展开式建立 PCT 层析模型，将森林高度和地相位代入模型得到层析结果，其计算量随着基线数量的增加而增加。有研究发现 PCT 方法是稳定的，双基线比单基线的分辨率高，并且基线数量越多所能达到的垂直结构分辨率也越高。但当基线数量超过 3 时，PCT 方法的稳定性下降，因此，要综合考虑垂直分辨率与稳定性（PRAKS et al., 2008; CLOUDE, 2007）。CLOUDE(2007)提出了双基线 PCT 并介绍了计算步骤，研究结果表明垂直剖面有利于理解基本的散射机制和极化特性。FONTANA 等(2009) 应用模拟数据研究发现影响 PCT 估测森林垂直结构的因素：体散射随机性，森林高度误差，DEM（或地相位）误差和时间去相干。体散射随机性与 DEM 误差都可以通过增加视数在一定程度上补偿，时间去相干是影响森林垂直结构估测的重要因素。

TEBALDINI 等（2010, 2009）提出应用 AS 方法将 SAR 信号分解为只有地面贡献和体散射贡献两部分，地面散射为数据集相位定标提供了简单可行的方法，体散射贡献部分如果识别正确，可以直接应用 Capon 方法生成植被层的层析影像。BASELICE 等（2010）比较了 SAR 统计层析（假设回波信号服从特殊的分布形式）和 SAR 压缩采样层析方法在解决叠掩，恢复真实高度方面的优缺点，研究发现，采用不同的相干系数都能够有效提取散射体的高度。REIGBER 等（2012）就压缩感知方法（compressed sensing, CS）在森林高度层析 SAR 反演中的应用进行了研究，提出利用小波基作为森林高度信号表示的稀疏基，并详细分析了 CS 方法在森林高度层析 SAR 反演中的性能。AGUILERA 等（2013）进一步研究了基于小波基的 CS 方法在层析 SAR 森林区域成像上的应用潜力。

国内，TomoSAR 的研究已经取得了不少研究成果。柳祥乐（2007）研究了多基线 TomoSAR 三维层析成像原理及相干技术，指出采用现代谱估计技术可以得到比傅里叶变换高得多的分辨率。龙泓琳（2010）研究了 TomoSAR 实现的机理与成像处理中的关键技术，探讨了图像配准算法与高度维聚焦算法，并提出了基于现代谱估计的成像算法，实验仿真结果表明该方法可提高 TomoSAR 成像效率。王金峰（2010）针对 TomoSAR 三维成像中复杂的噪声环境，提出了可适应复杂噪声环境的 TomoSAR 三维成像算法，初步设计了一种多天线机载 SAR 层析三维成像系统，降低了 SAR 层析三维成像对机载平台的导航精度和飞行密度的要求。陈钦（2011）研究了多基线 SAR 层析图像配准并探讨了多基线 SAR 层析三维成像算法。王彦平等（2008）给出了实现三维成像的数据处理流程，分析了长序列星载 SAR 数据配准、相位补偿、基线估计等关键技术，进行了星载多基线 SAR

数据的层析处理实验，评价了多基线 SAR 层析的应用潜力。张红等（2010）总结了多基线 SAR 层析技术和 PCT 的基本思想，给出了具体的实现流程，并总结分析了这两项 SAR 层析技术星载实施的可行性。罗环敏等(2011)应用单基线 PCT 技术得到森林植被垂直结构剖面，并通过参数化剖面与森林地上生物量建立关系模型，进而估测出研究区域的森林地上生物量。庞礴等（2013）总结了 SAR 层析成像系统及其信号处理技术的发展历程和研究进展，对各种信号处理算法的性能优劣进行了研究与讨论，并对其发展趋势进行了展望。李文梅等（2014）概括了应用层析 SAR 技术反演森林垂直结构参数的技术方法与信号模型，分析了应用层析 SAR 技术提取森林垂直结构参数可能的发展方向。梁雷（2015）和 LI 等（2016）通过分布式压缩感知极化层析方法对森林的三维参数进行了反演，提高了结构参数的反演精度。李兰等（2016）利用 MUSIC、Capon 等多种频谱分析方法进行了森林垂直结构参数的提取，并探讨了不同频谱分析方法在森林垂直结构参数提取上的应用潜力。

6.2 极化相干层析森林高度反演

6.2.1 极化相干层析基本原理

极化相干层析（PCT）技术利用 PolInSAR 数据，将目标高度与地相位作为先验知识，应用干涉相干重建垂直结构剖面，以反映目标内部垂直方向散射体分布。因此，PCT 技术的应用一方面要求目标为可穿透的体散射目标，如森林等，另一方面对波长也有一定的要求，L-波段和 P-波段以其较强的穿透性更适合用于层析。PCT 的体散射目标垂直分布信息提取能力来源于体散射去相干。体散射去相干是由于地表之上的植被或冰雪层的体散射而使得干涉相干减小，但由于高度方向的距离取决于干涉相位，体散射去相干不能通过距离向光谱滤波予以消除 (CLOUDE et al., 2009; TREUHAFT et al., 1996)。如果散射能量随高度的变化可以用垂直结构函数 $f(z)$ 来表示，散射目标高度为 h_v，下限为 z_0，上限为 $h_v + z_0$，那么干涉相干可以看作一个不同高度散射能量权重和的复信号，如式（6.1）所示。垂直结构函数 $f(z)$ 可以表征从底层到顶层任意的散射剖面（如指数剖面），并且观测干涉复相干与散射层的垂直结构特征之间存在近似直接关系。CLOUDE 提出将式（6.1）中分子与分母分别采用傅里叶-勒让德级数展开，得到式（6.2），式中 a_n 为勒让德系数，p_n 为勒让德多项式(CLOUDE, 2006)。

$$\gamma = \frac{s_1 s_2^*}{\sqrt{s_1 s_1^*}\sqrt{s_2 s_2^*}} = \frac{\int_{z_0}^{z_0+h_v} f(z) e^{jk_z z}\,\mathrm{d}z}{\int_{z_0}^{z_0+h_v} f(z)\,\mathrm{d}z}$$

$$\xrightarrow{z'=z-z_0} = e^{jk_z z_0}\frac{\int_0^{h_v} f(z') e^{jk_z z'}\,\mathrm{d}z'}{\int_0^{h_v} f(z')\,\mathrm{d}z'} = e^{jk_z z_0}|\gamma| e^{j\arg(\bar{\gamma})}$$

$$(6.1)$$

$$\begin{aligned}
\gamma &= \mathrm{e}^{jk_z z_0}\mathrm{e}^{j\frac{k_z h_v}{2}}\frac{\displaystyle\int_{-1}^{1}[1+f(z_\mathrm{L})]\mathrm{e}^{j\frac{k_z h_v}{2}z_\mathrm{L}}\mathrm{d}z_\mathrm{L}}{\displaystyle\int_{-1}^{1}[1+f(z_\mathrm{L})]\mathrm{d}z_\mathrm{L}} \\
&= \mathrm{e}^{jk_z z_0}\mathrm{e}^{jk_v}\frac{\displaystyle\int_{-1}^{1}\left[1+\sum_n a_n P_n(z_\mathrm{L})\right]\mathrm{e}^{jk_v z_\mathrm{L}}\mathrm{d}z_\mathrm{L}}{\displaystyle\int_{-1}^{1}\left[1+\sum_n a_n P_n(z_\mathrm{L})\right]\mathrm{d}z_\mathrm{L}} \\
&= \mathrm{e}^{jk_z z_0}\mathrm{e}^{jk_v}\frac{(1+a_0)f_0+a_1 f_1+a_2 f_2+\cdots+a_n f_n\cdots}{1+a_0} \\
&= \mathrm{e}^{jk_z z_0}\mathrm{e}^{jk_v}(f_0+a_{10}f_1+a_{20}f_2+\cdots+a_{n0}f_n) \\
a_{i0} &= \frac{a_i}{1+a_0} \qquad\qquad f_i = \frac{1}{2}\int_{-1}^{1}z^i\mathrm{e}^{jk_v z}\mathrm{d}z \\
k_v &= \frac{k_z h_v}{2} \qquad\qquad z_\mathrm{L} = \frac{2z'-h_v}{h_v}
\end{aligned} \qquad (6.2)$$

应用不同极化方式的干涉复相干可以提取散射体高度和地相位，同时也可应用 DEM 计算地相位，并应用 LiDAR 提取散射体高度。将散射体高度与地相位作为输入可以得到垂直有效波数 k_z 和任意极化方式的干涉复相干 $\gamma(w)\mathrm{e}^{-jk_z z_0}$，进而可以得到垂直结构函数表达式，如公式（6.3）所示。

从公式（6.3）可以发现基线数量越多，傅里叶-勒让德级数越高，所能得到的垂直结构函数越精确。但由于傅里叶-勒让德展开式是多种函数组合而成，级数越高，所需要的函数形式也越多，也越不稳定。为了简单起见，通常采用单基线或双基线 PCT 就能够获得较好的结果。

$$\left.\begin{aligned}
\hat{f}(w,z) &= \frac{1}{h_v}\left\{1-a_{10}(w)+a_{20}(w)+\frac{2z}{h_v}[a_{10}(w)-3a_{20}(w)]+a_{20}(w)\frac{6z^2}{h_v^2}+\cdots\right\} \\
a_{10}(w) &= \frac{\mathrm{Im}[\gamma(w)\mathrm{e}^{-jk_z z_0}]}{|f_1|} \\
a_{20}(w) &= \frac{\mathrm{Re}[\gamma(w)\mathrm{e}^{-jk_z z_0}]-f_0}{f_2}
\end{aligned}\right\} \qquad (6.3)$$

PCT 应用单基线或双基线 InSAR 数据在有先验知识（地相位与森林高度）的支持下能够获取目标垂直结构信息。需要注意的是 PCT 采用的是截断傅里叶-勒让德级数展开式，是对真实垂直结构函数的近似，更是对真实场景的近似表示。

PCT 是应用干涉相干随极化方式的变化来重建可穿透体散射体（penetratable scatterers）的垂直剖面函数（CLOUDE, 2006）。干涉相干及纯体散射复相干的表达式如式（6.4）所示：

$$\gamma = \exp(j\phi_0)\frac{\gamma_v + m}{1 + m}$$

$$
\begin{aligned}
\gamma_v &= \frac{I}{I_0} = e^{jk_z z_0}\frac{\displaystyle\int_0^{h_v} f(z')e^{jk_z z'}\mathrm{d}z'}{\displaystyle\int_0^{h_v} f(z')\mathrm{d}z'} = e^{jk_z z_0}\frac{\dfrac{h_v}{2}e^{j\frac{k_z h_v}{2}}\displaystyle\int_{-1}^{1}[1+f(z_L)]e^{j\frac{k_z h_v}{2}z_L}\mathrm{d}z_L}{\dfrac{h_v}{2}\displaystyle\int_{-1}^{1}[1+f(z_L)]\mathrm{d}z_L} \\[2mm]
&= e^{j(\phi + k_v)}\frac{\displaystyle\int_{-1}^{1}[1+\sum_n a_n P_n(z_L)]e^{j\frac{k_z h_v}{2}}\mathrm{d}z_L}{\displaystyle\int_{-1}^{1}[1+\sum_n a_n P_n(z_L)]\mathrm{d}z_L} \approx e^{j(\phi + k_v)}(f_0 + a_{10}f_1 + a_{20}f_2 + \cdots)
\end{aligned}
\tag{6.4}
$$

$$a_n = \frac{2n+1}{2}\int_{-1}^{1} f(z_L)P_n(z_L)\mathrm{d}z_L$$

其中，z_0 为地表高度，k_z 为垂直有效波数，h_v 为森林高度，m 为地-体散射比，$f(z')$ 为垂直结构函数，a_i 为勒让德系数，w 为极化方式。从式（6.4）我们可以发现，对分子的评价涉及函数 f_n，同时涉及式（6.5）等效展开式的重复使用。

$$\int z^n e^{k_z}\mathrm{d}z = \frac{e^{k_z}}{\beta}\left[z^n - \frac{nz^{n-1}}{\beta} + \frac{n(n-1)z^{n-2}}{\beta^2} + \cdots + \frac{(-1)^n n!}{\beta^n}\right]\tag{6.5}$$

式（6.6）为勒让德多项式的前 4 项，式（6.7）为结构函数的前 4 阶。

$$
\left.
\begin{aligned}
&P_0(z)=1 \quad P_1(z)=z \\
&P_2(z)=\frac{1}{2}(3z^2-1) \\
&P_3(z)=\frac{1}{2}(5z^3-3z) \\
&P_4(z)=\frac{1}{8}(35z^4-30z^2+3)
\end{aligned}
\right\}
\tag{6.6}
$$

$$
\left.
\begin{aligned}
f_0 &= \frac{\sin k_v}{k_v} \\
f_1 &= j\left(\frac{\sin k_v}{k_v^2} - \frac{\cos k_v}{k_v}\right) \\
f_2 &= \frac{3\cos k_v}{k_v^2} - \left(\frac{6-3k_v^2}{2k_v^3} + \frac{1}{2k_v}\right)\sin k_v \\
f_3 &= j\left[\left(\frac{30-5k_v^2}{2k_v^3} + \frac{3}{2k_v}\right)\cos k_v - \left(\frac{30-15k_v^2}{2k_v^4} + \frac{3}{2k_v^2}\right)\sin k_v\right] \\
f_4 &= \left[\frac{35(k_v^2-6)}{2k_v^4} - \frac{15}{2k_v^2}\right]\cos k_v + \left[\frac{35(k_v^4-12k_v^2+24)}{8k_v^5} + \frac{30(2-k_v^2)}{8k_v^3} + \frac{3}{8k_v}\right]\sin k_v
\end{aligned}
\right\}
\tag{6.7}
$$

从式（6.7）我们可以发现：①偶数项函数为实数，奇数项为纯虚数，所有未知系数 a_n 均为实数；②函数只随单一参数 k_v 的变化而改变，而 k_v 可由植被高度与干涉有效波数垂直分量计算得到。

如果已知植被高度与地形，其他未知项的估测则变得更加简单，即只需要解一系列线性方程即可。PCT 技术可以综合应用两种不同极化方式的干涉相干性提取植被高度与地形，然后将体散射干涉相干用结构函数表示，并应用等价代换及勒让德展开式表示体散射干涉相干。求解结构函数式时，截取勒让德展开式前 $2N$ 阶，重建函数有 $2N$ 个未知量 (f_i, a_{i0})，并能够由傅里叶-勒让德多项式计算得到［式（6.8）］，垂直结构函数由式（6.9）求算。

$$\left.\begin{aligned}
\mathrm{Re}(\gamma_k) - f_0 &= a_{20}f_2 + a_{40}f_4 + \cdots \\
\mathrm{Im}(\gamma_k) &= -\mathrm{j}(a_{10}f_1 + a_{30}f_3 + \cdots) \\
&= a_{10}\mathrm{Im}(f_1) + a_{30}\mathrm{Im}(f_3) + \cdots
\end{aligned}\right\} \tag{6.8}$$

$$\left.\begin{aligned}
\hat{f}_{\mathrm{L}}(\boldsymbol{w},z) &= \frac{1}{h_{\mathrm{v}}}\left\{1 - \hat{a}_{10}(\boldsymbol{w}) + \hat{a}_{20}(\boldsymbol{w}) + \frac{2z}{h_{\mathrm{v}}}[\hat{a}_{10}(\boldsymbol{w}) - 3\hat{a}_{20}(\boldsymbol{w}) + \hat{a}_{20}(\boldsymbol{w})\frac{6z^2}{h_{\mathrm{v}}^2}] + \cdots\right\} \\
a_{i0} &= \frac{a_i}{1 + a_0}, 0 \leqslant z \leqslant \hat{h}_{\mathrm{v}} \\
\hat{a}_{10} &= \mathrm{Im}(\gamma_k)/f_1 = \mathrm{Im}(\gamma(\boldsymbol{w})\mathrm{e}^{-i\phi})/f_1 \\
\hat{a}_{20} &= [\mathrm{Re}(\gamma_k) - f_0]/f_2 = \{\mathrm{Re}[\gamma(\boldsymbol{w})\mathrm{e}^{-i\phi}] - f_0\}/f_2
\end{aligned}\right\} \tag{6.9}$$

从式（6.9）可以发现，基线数量越多，垂直结构函数的级数越高，所能估测的垂直结构参数越多，计算复杂度也越大。但目前多基线测量存在费用高或很难获取大量基线的情形，如果单基线数据即能获得满足应用需求的结果，就不需要浪费大量的人力物力去获取多基线数据。同时，随着基线数量的增加，勒让德展开式的稳定性降低，能否适用于层析生成有待进一步研究探讨（PRAKS et al., 2008）。

6.2.2 极化相干层析模拟仿真实验

PCT 技术对基线数量没有要求，但基线数量越多所能得到的垂直结构剖面越近似于真实目标垂直结构，但随着基线数量的增加，构造的垂直结构函数稳定性也会降低。另外，PCT 虽然能够得到近似垂直结构函数，但是相对反射率垂直分布是按照一定间隔（如 0.2m）人为进行划分的，因此，有些学者对单基线 PCT 方法提取森林垂直相对反射率，甚至 PCT 本身提取垂直结构函数都存在质疑。为此，通过模拟 5 组不同高度森林场景的单基线 PolInSAR 数据，分析主辅影像各个极化方式平均后向散射能量垂直分布与相应极化方式 PCT 提取的垂直结构剖面的异同点。

模拟实验参照 E-SAR L-波段机载 SAR 系统进行设置，参见表 6.1，模拟影像大小为 100×100 像元，模拟场景为均匀分布的针叶林，平均森林高度从 13m 到 33m 每隔 5m 模拟一对影像，林下为平坦的裸地，空间基线为 4.5m，森林密度设置以从森林冠层向下看没有空隙为标准，不同的高度的森林的林分株数密度也不相同。图 6.1 为模拟场景的三维示意图，图 6.2 为模拟主影像的 Pauli 基及截取的森林覆盖区模拟影像。

表 6.1 模拟参数

系统参数	系统参数值	场景参数	场景参数值
波长	0.230544m	平均森林高度	13、18、23、28、33m
带宽	100MHz	场景大小	150m*150m
采样率	110MHz	林地大小	120m*120m
脉宽	5 us	树种	针叶松
PRF	400Hz	森林密度	150 株/ha-400 株/ha
距离向分辨率	1.5m	像素间隔	1.5m
方位向分辨率	2.0m	—	—
飞行高度	3024m	—	—
中心入射角	45°	—	—

图 6.1 模拟场景三维示意图（彩图附后）

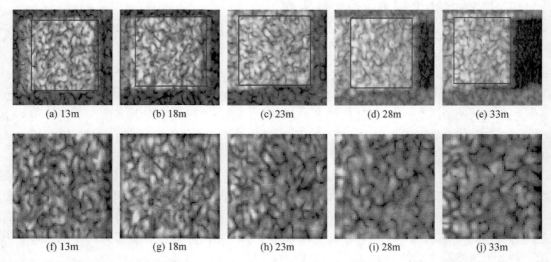

(a) 13m　　　(b) 18m　　　(c) 23m　　　(d) 28m　　　(e) 33m

(f) 13m　　　(g) 18m　　　(h) 23m　　　(i) 28m　　　(j) 33m

图 6.2 模拟森林不同高度主影像 Pauli 基［（a）～（e）］，对应高度的森林覆盖区截取图［（f）～（j）］（R：
HH-VV，G：2HV，B：HH+VV）（彩图附后）

1. 平均后向散射能量垂直分布

将模拟的针叶林场景在高度向以 0.2 m 为间隔进行分层，针对每一层分别计算主辅阵元的 HH, HV 与 VV 极化通道的后向散射能量，得到主辅阵元不同极化通道随归一化高度变化的平均后向散射能量分布图，如图 6.3 所示。从图 6.3 中不难发现，平均森林高度相同时，主、辅阵元同一极化通道平均后向散射能量垂直分布基本相同，而不同极化方式的平均后向散射能量垂直分布差异较大，其中以 HH 极化后向散射能量最大，VV 极化次之，HV 极化最小。对于所有极化通道而言，冠层散射峰随着森林平均高的增加而逐渐靠近顶部，如当森林平均高为 13 m 时，冠层散射峰位于森林高度的 30% 以上。当森林平均高为 18 m 时，冠层散射峰在森林高度的 45% 以上。当森林平均高为 23m 时，冠层散射峰在森林高度的 55% 以上。而当森林平均高为 28 m 和 33 m 时，冠层散射峰分别位于森林高度的 75% 以上和 78% 以上。同时，随着森林平均高的增加，冠层散射跨度逐渐减小，森林高度的 30%~70% 之间的平均后向散射能量回波逐渐降低。这说明，随着森林平均高的增加，电磁波衰减越来越厉害，电磁波所能穿透的森林厚度越来越小，而当森林高度达到一定高度，只有冠层散射与近地表较弱的二次散射和表面散射。这些现象与已有经典研究成果相吻合。对于任意一种特定的森林平均高 HH 与 VV 极化而言，平均后向散射能量随森林垂直方向高度的变化而变化，一般情况下，近地表有部分表面散射和二次散射，随着高度方向的增加平均后向散射能量降低，并且当达到一定高度后平均后向散射能量增加即产生冠层散射。平均后向散射能量的垂直分布轮廓表征了散射体垂直分布情况，有利于进一步理解 L-波段微波与森林的相互作用机理。另外，需要注意的是 HV 极化平均后向散射能量在近地表较小，并随着森林平均高的增加而减弱，没有明显的二次散射，冠层散射表现得较为明显。

2. 垂直相对反射率

为了验证 PCT 得到的垂直方向相对反射率分布是否能够表征平均后向散射能量的垂直分布，该实验将应用单基线 PolInSAR 模拟数据采用幅度-相位联合反演算法计算地相位与森林高度，并将二者作为 PCT 输入以反演模拟场景的垂直结构剖面。同样，PCT 获取的垂直结构剖面也以 0.2m 为间隔进行分割，得到每一层高度的相对反射率。为了对比起见，依然对森林平均高度进行归一化。

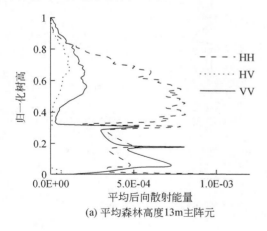

(a) 平均森林高度13m主阵元

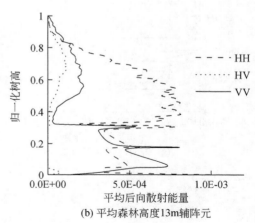

(b) 平均森林高度13m辅阵元

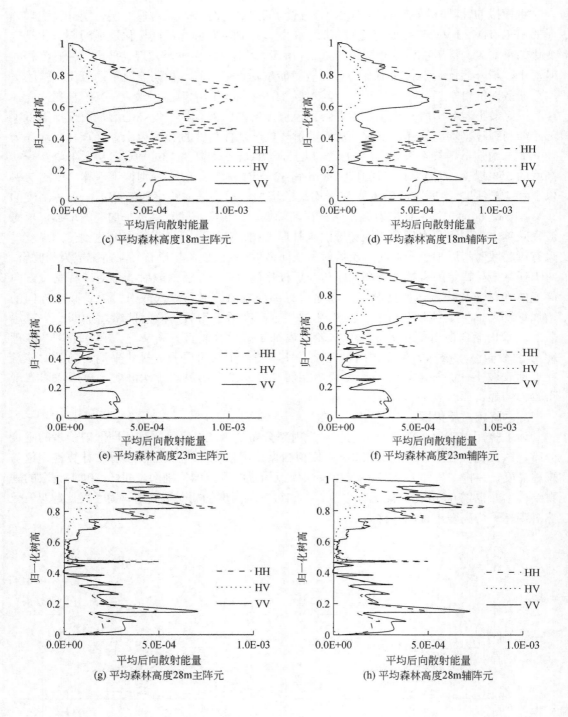

(c) 平均森林高度18m主阵元

(d) 平均森林高度18m辅阵元

(e) 平均森林高度23m主阵元

(f) 平均森林高度23m辅阵元

(g) 平均森林高度28m主阵元

(h) 平均森林高度28m辅阵元

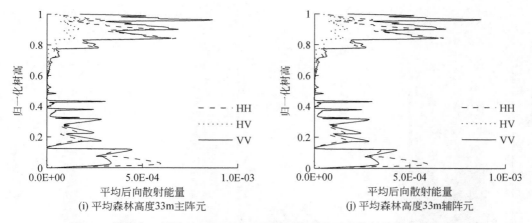

(i) 平均森林高度33m主阵元   (j) 平均森林高度33m辅阵元

图 6.3 模拟主、辅阵元 HH/HV/VV 极化通道平均后向散射能量垂直分布图

    图 6.4 为模拟数据 HH，HV 与 VV 极化通道的垂直结构剖面。从图 6.4 中可以看出，不同极化通道相对反射率垂直分布差异较大，且各极化通道垂直结构剖面近地表部分都不平滑，这是因为模拟数据为林区，近地表散射多为表面散射，周围阴影等区域已去除，相应的也会去除部分表面散射部分。

    随着模拟森林场景高度的增加，各极化通道冠层平均后向散射能量逐渐减小，并且随着模拟森林高度的增加冠层散射峰越来越靠近森林顶部。另外，冠层平均相对反射率随模拟森林高度的增加而逐渐减小：如对于 HH 极化通道而言，当模拟场景森林高度为 13m 时，冠层最大相对反射率为 0.098；当模拟场景森林高度为 18m 时，冠层最大相对反射率为 0.058；当模拟场景森林高度为 23m 时，冠层最大相对反射率为 0.031；当模拟场景森林高度为 28m 时，冠层最大相对反射率为 0.028；当模拟场景森林高度为 33m 时，冠层最大相对反射率为 0.016。

    值得注意的是，HV 极化通道，5 组极化干涉模拟数据 HV 极化通道相对反射率垂直分布剖面中，地表散射贡献均占有很大比例，且在森林平均高 35%～55% 之间相对反射率无效（负值），也可以认为该高度范围内无电磁波透过。VV 极化通道相对反射率垂直分布较为复杂，既有冠层散射峰，又有较强的二次散射与表面散射，并且散射机理之间的区分随模拟森林场景高度的增加而趋于明显。从图 6.4 中还可以发现，对于一定的模拟森林高度而言，HV 极化通道相对反射率衰减最为厉害，其次为 VV 极化通道，HH 极化通道相对反射率衰减较慢。

    将 5 组模拟数据的平均后向散射能量垂直分布与其 PCT 垂直结构剖面相比发现，各种极化通道除 HV 极化通道近地表外，所得平均后向散射能量垂直分布轮廓与其对应的垂直结构剖面近似。即 HH 极化通道都有一个较强的冠层散射峰，近地表离散的二次散射和表面散射；HV 极化通道都有一个较弱的冠层散射峰；VV 极化通道剖面较为复杂，但都有明显的冠层散射峰，近地表强烈的二次散射和地表散射；各极化通道平均后向散射能量垂直分布与其对应的垂直结构剖面中冠层反射峰都在森林平均高的 40% 以上；随模拟森林高度的增加垂直结构剖面与平均后向散射能量的冠层与地表散射的分离越来越明显。当然，二者的分布也有差别：①HV 极化通道平均后向散射能量主要分布在森林冠层，而其平均相对反射率不仅分布在冠层也分布在近地表；②平均后向散射能量垂直分布较粗糙，具有更多的细节信息，而平均相对反射率垂直分布较平滑，反映的是总体趋势。

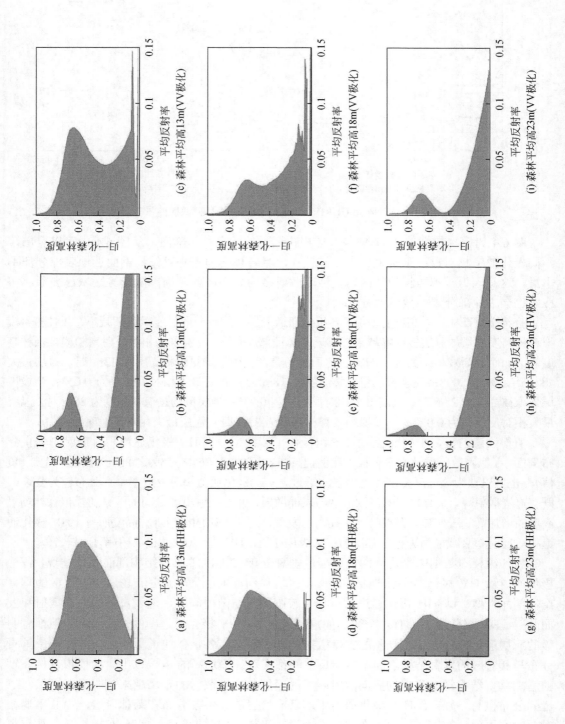

（a）森林平均高13m(HH极化)　（b）森林平均高13m(HV极化)　（c）森林平均高13m(VV极化)

（d）森林平均高18m(HH极化)　（e）森林平均高18m(HV极化)　（f）森林平均高18m(VV极化)

（g）森林平均高23m(HH极化)　（h）森林平均高23m(HV极化)　（i）森林平均高23m(VV极化)

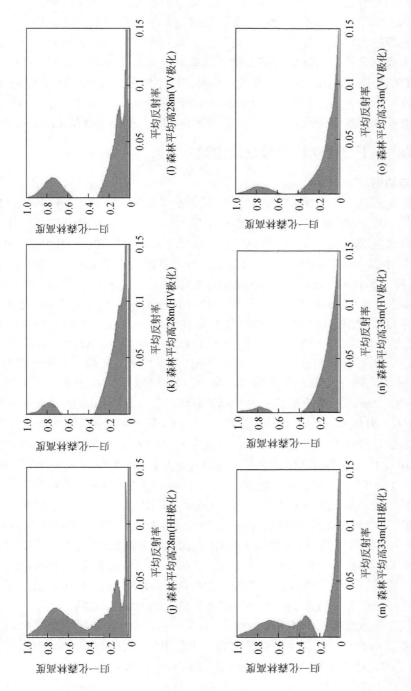

图 6.4　不同森林平均高度场景 HH、HV 与 VV 极化通道相对反射率垂直分布图

应用 5 组模拟数据开展的实验表明，采用 PCT 技术得到的 HH、HV 与 VV 极化通道森林垂直结构剖面能够近似反映其对应的平均后向散射能量垂直分布轮廓，尤其能够很好地表征冠层平均后向散射能量垂直分布，如冠层峰值，平均后向散射能量垂直走向等。这些特征能够表征森林与电磁波相互作用，对进一步理解森林内部散射体垂直分布具有一定的指示作用，为森林垂直结构参数反演提供了简单可行实用的方法。

不同高度的模拟数据说明，当森林密度与森林高度不同时，其对应的森林垂直结构剖面也不同。PCT 技术能够产生表征森林内部散射体垂直分布的剖面，有助于进一步了解森林内部散射体与代表森林生态状况的生物量、叶面积密度（leaf area density，LAD），蓄积量等。

6.2.3 极化相干层析森林参数反演实验

1. 实验区与数据

极化相干层析森林参数反演实验区位于法属圭亚那热带雨林的巴拉库研究基地，中心纬度为 5°16′N，中心经度为 52°56′W（图 6.5 右上方所示），常年炎热多雨，年平均气温 26℃，平均年降水量 2980mm，分雨季和旱季，旱季从 8 月中旬到 11 月中旬。地形以丘陵为主，起伏较为明显，海拔在 0 m 到 50 m 之间。森林资源调查结果显示，每公顷森林中有 140~160 个树种（胸径>10 cm），其主要树种有山榄科、苏木科、含羞草科等。森林垂直结构复杂，树高在 20 m 到 45 m 之间，森林 AGB 的分布范围一般为 200 t / hm^2 到 500 t / hm^2。

实验数据来自欧洲空间局（ESA）2009 年热带林机载 SAR 遥感实验（TropiSAR 2009），机载 SAR 系统为法国国家航空航天研究中心（ONERA）研制的 SETHI，成像时间为 2009 年 8 月。由 6 轨重复飞行获取的 P-波段全极化 SAR 数据组成。实验主影像航高为 3962 m，空间基线以 15 m 的间隔在垂直方向上均匀分布，时间基线为 2 小时，斜距向分辨率为 1.0 m，方位向分辨率为 1.2 m，入射角范围是 19°~52°。选取图 6.5 所示方框区域（影像大小为 2300 行×1500 列）开展验证，该区域主影像 PauliRGB 显示结果如图 6.5 右下方所示。

验证数据主要是法国农业发展国际合作研究中心（CIRAD）在该实验区的林业调查数据，其中包括 16 个固定大样地（图 6.5 左子图的右下方），包括 15 个大小为 250 m×250 m 的样地（编号 1~15）和一个大小为 500 m×500 m 的样地（编号 16）。除林业调查数据外该研究中心还提供了覆盖研究区的机载 LiDAR DEM 和 DSM 产品，用于辅助分析多基线 InSAR 层析成像结果。该数据由 ALTOA 系统于 2009 年 4 月飞行获取，航高在 120 m 到 220 m 之间，其数据获取范围相对较小，仅覆盖了 SAR 影像的部分区域（图 6.5 左子图的右下方）。所获取的 DEM 和 DSM 产品由 CIRAD 从原始 LiDAR 点云数据中提取，坐标系为 WGS84 坐标系，投影为通用横轴墨卡托投影（UTM），空间分辨率为 1 m，利用地面控制点对其精度进行检验，结果表明其高程平均误差为 0.02m（Vincent et al., 2012）。

2. 各极化状态干涉复相干分析

常见的干涉复相干主要包括线性基对应的干涉复相干（HH 极化、HV 极化、VV 极化）、Pauli 基对应的干涉复相干（HH-VV、HH+VV、HV+VH）、圆极化基对应的干涉复相干（LL、LR、RR）、通过相干性最优算法得到的干涉复相干（Opt1、Opt2、Opt3），以及通过最大相位中心分离法获得的干涉复相干（PDHigh、PDLow）。其中，相干性最优算法（通常采用奇异值分解法）是为了获取到最优相干系数，最大相位中心分离法是为了获取到最大和最小相位中心（**PDHigh** 和 **PDLow** 的相位中心得到最大程度上分离）。

以 11×11 的窗口进行相干性估计，得到各极化状态的干涉复相干，图 6.6 为各干涉复相干的相干系数影像，图 6.7 为各干涉复相干的干涉相位影像。

图 6.5　极化相干层析实验区位置及数据

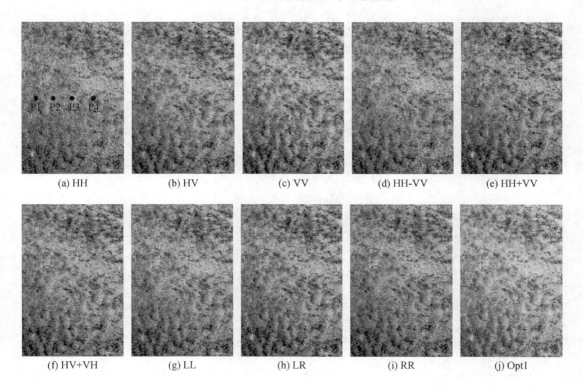

(a) HH　　(b) HV　　(c) VV　　(d) HH-VV　　(e) HH+VV

(f) HV+VH　　(g) LL　　(h) LR　　(i) RR　　(j) Opt1

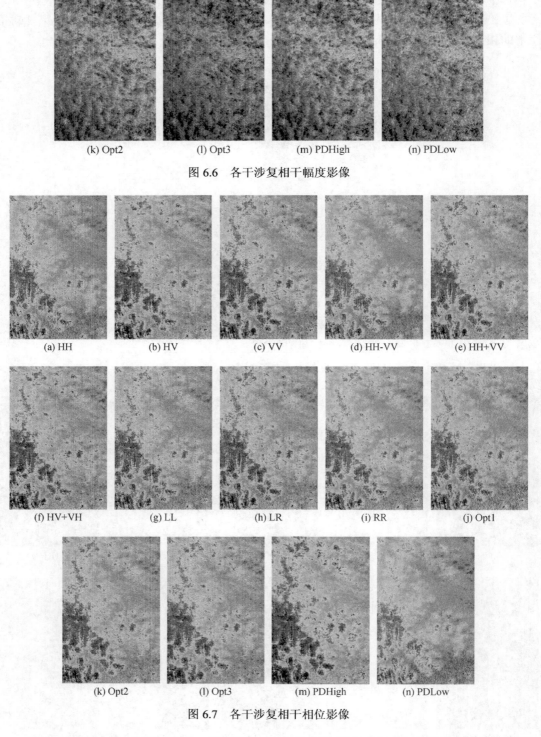

(k) Opt2　　　　(l) Opt3　　　　(m) PDHigh　　　　(n) PDLow

图 6.6　各干涉复相干幅度影像

(a) HH　　　(b) HV　　　(c) VV　　　(d) HH-VV　　　(e) HH+VV

(f) HV+VH　　　(g) LL　　　(h) LR　　　(i) RR　　　(j) Opt1

(k) Opt2　　　　(l) Opt3　　　　(m) PDHigh　　　　(n) PDLow

图 6.7　各干涉复相干相位影像

从图 6.6 和图 6.7 中可以看出，不同极化状态的干涉复相干具有不同的特点，不仅同一分辨单元内的相干系数有所不同，其干涉相位也有较大差异。其中，PDLow 通道的干涉相位较小，说明其对应的散射中心高程值较低；PDHigh 通道和 HV 通道的干涉相位较大，说明其对应的散射中心高程值较高。

RVoG 模型有三个假设条件：①观测到的总后向散射由体散射和地面散射构成，其中地面散射即包括地表的直接表面散射，又包括地表与树干的二次散射。体散射和地面散射统计独立。②"纯"体散射和"纯"地面散射均独立于极化方式，各干涉复相干在复平面单位圆内的分布形式为一条直线。③植被层较为均质，可用"水云模型"描述。

由于 RVoG 模型是针对 L-波段 Pol-InSAR 数据提出的，针对 P-波段 PolInSAR 数据，该模型的适用性还有待进一步实验分析。针对热带雨林场景，通常认为 RVoG 模型的第一个和第三个假设条件成立，下文将针对第二个假设条件进行分析。以 P1、P2、P3、P4（如图 6.6 黑色圆点位置所示）四个点所在分辨单元内的各干涉复相干进行分析，各干涉复相干在复平面单位圆内的位置如图 6.8 所示。

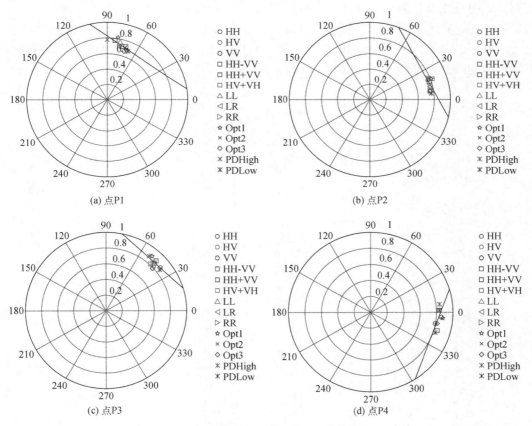

图 6.8   各干涉复相干在复平面单位圆内的位置（彩图附后）

由图 6.8 可以看出，各干涉复相干在复平面单位圆内的轨迹近似为一条线段，基于各干涉复相干点可在复平面内拟合一条直线，且拟合出来的直线与各干涉复相干点具有较好的相关性，说明"纯"体散射和"纯"地面散射均独立于极化方式，进而说明基于 RVoG

模型的森林高度反演算法仍然适用于该数据。

3. 地相位及体相位的提取

RVoG 地相位反演法和 DEM 差值法都属于相位差分类算法，通过分别提取对应于体散射和地表散射的相位中心高度，进而差分得到森林高度。DEM 差值法需要依据经验确定可代表体散射和地表散射的两个极化通道；RVoG 模型地相位反演法避免了人为选择极化通道的不确定性，根据 RVoG 模型的几何特点可自动确定体散射和地表散射的相位中心。由于基于 RVoG 模型可以提取到较为准确的地相位，RVoG 地相位反演法的森林高度估测精度相比 DEM 差值法较高，因此，本章采用 RVoG 地相位反演法进行森林高度反演。

首先，基于各干涉复相干在复平面单位圆内的位置，根据 RVoG 模型的几何特点，在复平面单位圆内拟合一条直线，该直线与单位圆的两个交点即为潜在的地相位点；然后，分别计算两个交点与 HV 极化和 HH-VV 极化干涉复相干的距离，由于 HH-VV 极化的散射中心相比 HV 极化更靠近地表，因此若交点与 HH-VV 极化的距离小于该交点与 HV 极化的距离，则将该交点作为地相位点，将距离地相位点最远的干涉复相干作为体散射点。针对 P1、P2、P3、P4（如图 6.6 中黑色圆点位置所示）四个点所在分辨单元，所提取的地相位点（Grd）和体散射点（Vol）如图 6.9 所示，可以看出，PDLow 通道的散射中心更靠近地表，PDHigh 通道的散射中心更靠近冠层。

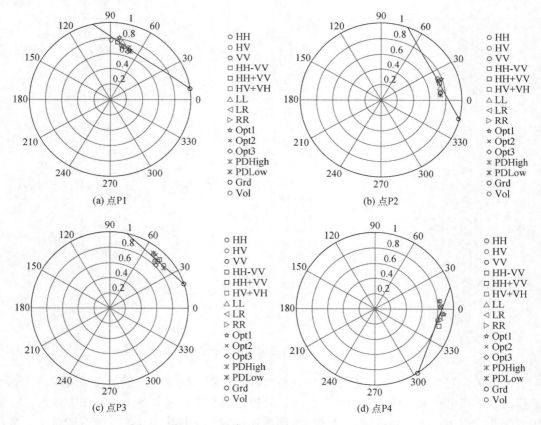

图 6.9　基于 RVoG 模型提取地、体相位（彩图附后）

4. DSM/DEM 的提取

利用提取的地相位和体相位，并计算得到 DEM 和 DSM 斜距产品，如图 6.10 所示。可以看出，所提取的 DSM 高程值明显大于所提取的 DEM 高程值，说明地、体散射在一定程度上得到了有效分离。

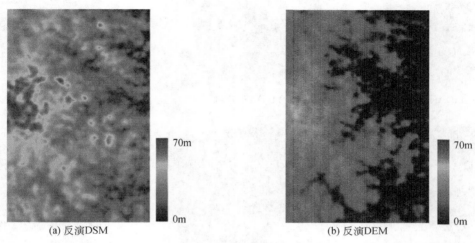

(a) 反演DSM   (b) 反演DEM

图 6.10　基于 RVoG 模型反演的 DSM 和 DEM（斜距坐标）（彩图附后）

完成 DSM 和 DEM 提取后，以提取的 DSM 高程为参考对反演的 DSM 进行地理编码，得到最终的位于地理坐标空间 DSM 正射产品；以提取的 DEM 高程为参考对反演的 DEM 进行地理编码，得到最终的位于地理坐标空间 DEM 正射产品。

5. 森林垂直参数提取结果与分析

将地理编码后的 DSM 和 DEM 正射产品进行差分，得到森林高度。由于 LiDAR 数据的空间分辨率较高，为使其空间分辨率保持一致，首先分别对 LiDAR 结果和反演结果以 50 m×50 m 的估计窗口进行均值滤波。图 6.11 为 LiDAR DSM、DEM、森林高度，以及最终反演得到的 DSM、DEM 和森林高度。可以看出，LiDAR DSM 大致分布在 20 m 到 70 m 之间，反演 DSM 大致分布在 10 m 到 60 m 之间，相比 LiDAR DSM 低估了 10 m 左右，但其空间分布格局与 LiDAR DSM 较为一致；反演 DEM 与 LiDAR DEM 均大致分布在 0 m 到 40 m 之间，反演 DEM 相比 LiDAR DEM 局部位置存在明显高估或低估趋势，且总体趋势为高估，大致高估 5 m 左右，但其空间分布格局与 LiDAR DEM 较为一致；LiDAR 森林高度大致分布在 20 m 到 40 m 之间，反演森林高度大致分布在 5 m 到 30 m 之间，相比 LiDAR 森林高度大致低估了 10 m 左右，其空间分布格局与 LiDAR 森林高度相差较大。

以获取的 LiDAR DSM、DEM 和森林高度为参考，利用研究区内 LiDAR 数据所覆盖的所有像素对反演结果进行精度评价，图 6.12 给出了在 50 m×50 m 的尺度上，像素对像素的散点图。评价结果显示，DSM 的反演精度为 75.44%，RMSE 为 11.64 m；DEM 的反演精度为 44.73%，RMSE 为 5.90 m；森林高度的反演精度为 59.79%，RMSE 为 12.06 m。其中，精度采用绝对平均精度来表示：（1-|反演值-参考值|/参考值*100%）。可以看出，DSM 存在严重低估现象，DEM 局部存在严重高估现象，森林高度存在严重低估现象，难以满足应用需求。

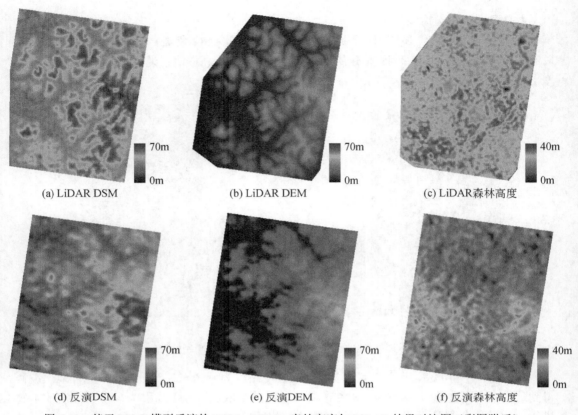

(a) LiDAR DSM   (b) LiDAR DEM   (c) LiDAR森林高度

(d) 反演DSM   (e) 反演DEM   (f) 反演森林高度

图 6.11 基于 RVoG 模型反演的 DSM、DEM、森林高度与 LiDAR 结果对比图（彩图附后）

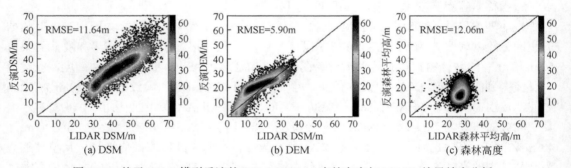

(a) DSM   (b) DEM   (c) 森林高度

图 6.12 基于 RVoG 模型反演的 DSM、DEM、森林高度与 LiDAR 结果精度分析

以反演出来的高度和地形相位作为输入参数，分别对各极化方式下的垂直结构函数进行重构。第 800 行共 1500 个像元的垂直结构剖面如图 6.13 所示，其中，横坐标为列号，纵坐标为垂直向的高程，相对反射率值的颜色映射范围为[-2 2]，小于-2 的值均用-2 所对应的色彩（蓝色）进行展示，大于 2 的值均用 2 所对应的色彩（红色）进行展示。

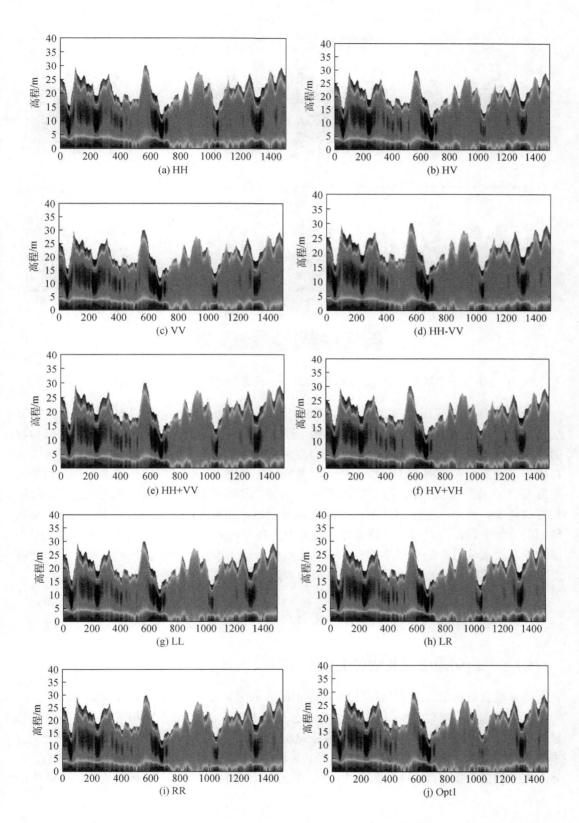

(a) HH

(b) HV

(c) VV

(d) HH-VV

(e) HH+VV

(f) HV+VH

(g) LL

(h) LR

(i) RR

(j) Optl

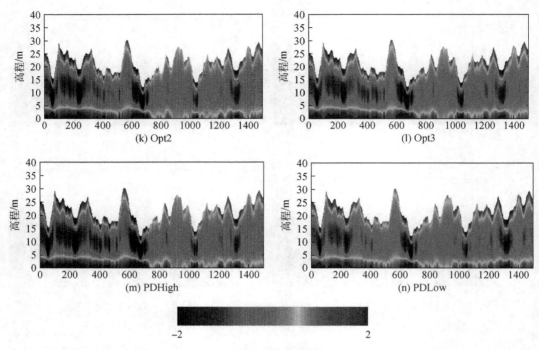

图 6.13　基于 PCT 方法提取的各极化方式下的垂直结构剖面（彩图附后）

由图 6.13 可以看出，PCT 方法重构的高度区间为 $0 \leqslant z \leqslant \hat{h}_v$，即只对地面以上森林冠层顶部以下高度范围内的散射体进行重构，通常将地面以下和森林冠层顶部以上的后向散射功率值设置为 0（理论上并非绝对为 0）；来自地表和冠层顶部的相对反射率值较大，来自冠层中间的相对反射率值较小，甚至出现负值（理论上不应当出现负值，由数据质量引起）；重构的森林垂直结构剖面的形状受极化方式的影响较弱，极化散射机理信息并未得到较好的体现。可见，通过 PCT 方法可以实现冠层顶部和地面的分离，但其重构的垂直结构剖面的分辨率较低，对精确反映森林垂直结构具有一定的影响。此外，由于 PCT 方法对外部数据有较大依赖，需要以地相位和森林高度作为输入参数，若所提供的地相位和森林高度的精度不够，则会直接影响森林垂直结构函数的重构精度。

6.3　干涉层析 SAR 森林高度反演

6.3.1　干涉层析 SAR 成像方法

森林垂直结构信息提取是层析 SAR 技术研究的重要专题，但由于 TomoSAR 构建过程中多基线重轨飞行难以保证基线等距，直接应用多基线干涉 SAR 数据很难实现垂直结构信息提取(TEBALDINI, 2012; SAUER, 2007; GUILLASO, 2005; GINI, 2002)。应用频谱分析技术提高 TomoSAR 垂直方向分辨能力已经被应用于城市(HUANG, 2012; SAUER, 2007)、森林垂直结构信息提取(TEBALDINI, 2010)。目前这些研究主要集中于应用数值模拟实验来改进频谱分析技术，以获得更好的信号识别效果和应用某种频谱分析技术来实现城市、森林三维信息提取。对于森林三维信息提取而言，选取合适的频谱分析方法，能够为后续 TomoSAR 提取森林垂直结构信息奠定基础。下面对 Beamforming，Capon，MUSIC，SSF，NSF 和 CS 等几种主流频谱分析方法进行介绍。

1. Beamforming 方法

Beamforming 即波束成形，是一种通用的信号处理技术，用于控制传播方向和射频信号的接收。VAN 等(1988)引入 Beamforming 方法来估计波达方向（directions of arrival, DOA），HOMER 等(2002)首次应用 Beamforming 来解决多基线 InSAR 数据集的叠掩问题。假设在空间白噪声场景下，Beamforming 方法用于空间频率估测可以认为是有限脉冲响应（finite impulse response, FIR）滤波（STOICA et al., 2005）。该滤波方法设计是为了保留特定频率的非歪曲信号，而减弱其他频率的信号。

Beamforming 波谱与接收多基线 InSAR 数据的功率谱密度（power spectral density, PSD）成正比，如式（6.10）所示。

$$P_{bf}(z) = \frac{1}{L} \sum_{l=1}^{L} \left| \boldsymbol{a}^{*T}(z) \boldsymbol{y}(l) \right|^2 = \boldsymbol{a}^{*T}(z) \boldsymbol{R} \boldsymbol{a}(z) \tag{6.10}$$

式中，D 个散射体的估测高度 $\hat{z} = [\hat{z}_1, \cdots, \hat{z}_D]$ 对应于 Beamforming 波谱的最大值。第 d 个散射体的反射率由 $P_{bf}(\hat{z}_d)$ 来决定。Stoica 等(2005)曾指出 Beamforming 估计算法适合于单源情形，而不适合于通常的多源数据情形，导致该估计算法对高度与反射率的估测出现偏差。

FERRARA 等(1983)将 Beamforming 方法推广到多极化某些特定应用场景，如城市楼高的估测。极化 Beamforming 估计波谱为

$$P_{bf}^{P}(z) = \lambda_{max}[\boldsymbol{B}^{*T}(z) \boldsymbol{R} \boldsymbol{B}(z)]$$
$$[\boldsymbol{B}^{*T}(z) \boldsymbol{R} \boldsymbol{B}(z)]\boldsymbol{k}_{max} = \lambda_{max} \boldsymbol{k}_{max} \tag{6.11}$$

式中，$\boldsymbol{B}(z) = \boldsymbol{I}_{(3 \times 3)} \otimes \boldsymbol{a}(z)$，$\lambda_{max}(\cdot)$ 为式（6.11）中线性系统的最大特征值，$\boldsymbol{k}_{max}$ 与最大特征值相对应，$\hat{z} = [\hat{z}_1, \cdots, \hat{z}_D]$ 为对 D 个散射体的估计高度，使用该估计方法与 D 最大波谱峰值相关，在 $\hat{z}_d$ 的极化反射率可以用 $P_{bf}^{P}(\hat{z}_d)$ 估计。单一的特征向量 $\boldsymbol{k}_{max}$ 可以看作极化散射机制，通过极化分析得到散射体的物理性质。

2. Capon 方法

Capon 方法的提出与 Beamforming 方法类似，都是为了降低干扰能量，但 Capon 方法考虑的是非白噪声场景的普通情况。Capon 滤波是为了保留特定的 DOA 或空间频率并减弱实际回到不同频率阵列的其他信号。Capon 方法曾被用于时间序列、阵列信号处理研究，以及多基线 InSAR 数据处理（GINI et al., 2002）。

在多基线 InSAR 架构中，接收数据的 Capon 频谱可以表示为

$$P_{cp}(z) = \frac{1}{\boldsymbol{a}^{*T}(z) \boldsymbol{R}^{-1} \boldsymbol{a}(z)} \tag{6.12}$$

D 个散射体估测的高度对应于 Capon 波谱的 D 个最大值的位置。那么第 d 个散射体的反射率估计由 $P_{cp}(\hat{z}_d)$ 决定。GINI 等（2002）研究表明，与 Beamforming 方法相比，Capon 方法在空间分辨率和旁瓣抑制方面表现较好。然而，GINI 等（2002）也指出通过 Capon 方

法估测得到的幅度（反射率）具有偏差。

FERRARA 等（1983）也将 Capon 方法推广到城市楼高的估测。在多基线 Pol-InSAR 中，Capon 估计式为

$$P_{cp}^{P}(z) = \frac{1}{\lambda_{min}[\boldsymbol{B}^{*T}(z)\boldsymbol{R}^{-1}\boldsymbol{B}(z)]} \tag{6.13}$$

$$(\boldsymbol{B}^{*T}(z)\boldsymbol{R}^{-1}\boldsymbol{B}(z))\boldsymbol{k}_{min} = \lambda_{min}\boldsymbol{k}_{min}$$

式中，$\lambda_{min}(\cdot)$ 为最小特征值，散射体的垂直位置可以由 $\hat{z} = \arg\max_{z_1,\dots,z_D}\left\{P_{cp}^{P}(z)\right\}$ 来估计，最佳散射机制可以用相应的 $\boldsymbol{k}_{min}$ 估计。

3. 多重信号分类方法

多重信号分类（multiple signal classification, MUSIC）方法是基于矩阵特征分解的一种功率谱估计方法。通常 MUSIC 方法被认为是基于子空间的技术，因为该方法应用了协方差矩阵的部分特征结构。MUSIC 方法把相关数据矩阵中的信息分类，把信息分配到信号子空间和噪声子空间。它适合于普遍情况下的正弦信号参数估计方法，能够在偏差和方差方面达到较好的平衡。与非参数方法如 Beamforming，Capon 方法相比，MUSIC 方法在数据满足基本协方差矩阵模型的条件时表现较好。

适用于干涉层析 SAR 的 MUSIC 算法可以表示为

$$P_{MU}(z) = \frac{1}{\boldsymbol{a}(z)^{*T}\hat{\boldsymbol{E}}_n\hat{\boldsymbol{E}}_n^{*T}\boldsymbol{a}(z)} \tag{6.14}$$

式中，$\hat{\boldsymbol{E}}_n$ 的估测需要对协方差矩阵 $\hat{\boldsymbol{R}}$ 一致的估测，进而需要大量的观测值。散射体的高度可以通过应用 MUSIC 波谱的 D 个最大峰值来估测。当有大量采样数据时，MUSIC 估测误差呈均值为 0 的高斯分布，其协方差矩阵为

$$\boldsymbol{C}_{MU} = \frac{\sigma_n}{2L}(\boldsymbol{H}\odot\boldsymbol{I})^{-1}\Re\left\{\boldsymbol{H}\odot(\boldsymbol{A}^{*T}\boldsymbol{T}_U\boldsymbol{A})^{T}\right\}(\boldsymbol{H}\odot\boldsymbol{I})^{-1} \tag{6.15}$$

式中，

$$\boldsymbol{T}_U = \boldsymbol{\Lambda}_s(\boldsymbol{\Lambda}_s - \sigma_n\boldsymbol{I}_D)^{-2}$$

$$\boldsymbol{H} = \boldsymbol{D}_A^{*T}\boldsymbol{P}_A^{\wedge}\boldsymbol{D}_A$$

$$\boldsymbol{D}_A = \left[\frac{\partial\boldsymbol{a}(z)}{\partial z}\bigg|_{z=z_1},\dots,\frac{\partial\boldsymbol{a}(z)}{\partial z}\bigg|_{z=z_D}\right]$$

Gini 等（2002）应用数值分析方法证明，与 Beamforming 和 Capon 方法相比，即使有乘性噪声的情形下，MUSIC 方法通常也能够得到较好的估测结果。当源信号不相关时，MUSIC 能够获得近似最大似然估计的效果。当散射体相关时，MUSIC 估计算法的能力降低，如果散射体完全相关，那么由于源信号协方差矩阵未满秩，按照 MUSIC 计算方法将无法分离这些散射体。此种情形下，属于信号子空间的特征矢量可能泄漏到噪声子空间。

Ferrara 等(1983)提出 MUSIC 方法可以用于具有极化特性的传感器，Guillaso 等(2005)采用多基线 PolInSAR 数据集将该方法应用于城市区域特征估计。在多基线 PolInSAR 几何结构中，MUSIC 方法估计的伪光谱可以表示为

$$P^P{}_{\text{MU}}(z) = \frac{1}{\lambda_{\min}[B(z)^{*\text{T}} \hat{E}_n \hat{E}_n^{*\text{T}} B(z)]} \quad (6.16)$$

对于一定的高度 z，最小特征值与特征矢量可以通过 $B(z)^{*\text{T}} \hat{E}_n \hat{E}_n^{*\text{T}} B(z) k_{\min} = \lambda_{\min} k_{\min}$ 来计算。式中，厄米特矩阵 $B(z)^{*\text{T}} \hat{E}_n \hat{E}_n^{*\text{T}} B(z)$ 必须非奇异，否则最小特征值将为 0，进而无法估测高度。最小单位矢量 $k_{\min}$ 可以认为是可以确定目标物理特性的极化散射机制。

4. CS 频谱分析方法

压缩感知方法（compressed sensing，CS）是近些年新发展的一种频谱分析方法。CS方法是利用尽可能少的样本去获取信号重构的重要信息，通过信号的稀疏表示、压缩采样、信号重构实现结构参数的反演。CS 方法的前提是信号具有稀疏特性，即信号能够稀疏表示。转化成矩阵形式的信号 P_{CS} 可以用稀疏基 Ψ 表示，其中 x 为系数向量：

$$P_{\text{CS}} = \Psi x \quad (6.17)$$

如果系数向量 x 中非零系数的个数远小于信号矩阵 P_{CS} 的维度 N，那么信号 P_{CS} 可以由一个 $M \times N$（其中 $M \ll N$）的观测矩阵 C 压缩观测，得到 M 个线性观测（或投影）B，其中 B 包含了信号的主要信息：

$$B = CP_{\text{CS}} \quad (6.18)$$

信号 P_{CS} 的重构是通过投影 B 进行的，重构过程可以转化为欠定线性方程组的求解问题。当前已经可以通过凸优化算法等重构算法，利用欠定方程 $B = CP_{\text{CS}}$ 进行法向方向上的信号重构，进而实现对森林结构信息的反演。

5. 加权子空间匹配方法

加权子空间匹配估计器（weighted subspace fitting estimator, WSF）是通过应用权重矩阵增加子空间匹配估计的自由度，以获取特定的估测信息，进而得到不同的估测方案（Viberg and Ottersten, 1991）。WSF 按照所应用的子空间的不同可以分为加权信号子空间匹配估计（weighted signal subspace fitting estimator, SSF）和加权噪声子空间匹配估计（weighted noise subspace fitting estimator, NSF）。

1）SSF 方法

SSF 是应用信号与导向矩阵正交积构建 WSF 中子空间匹配的代价函数来实现的。SSF 表达式为

$$\hat{z} = \arg\min \text{tr} \left\{ P_A^{\perp} \hat{E}_S W_S \hat{E}_S^{*\text{T}} \right\} \quad (6.19)$$

式中，$P_A^{\perp}(z) = \{ I_{(M \times M)} - A(z)[A^{*\text{T}}(z)A(z)]^{-1} A^{*\text{T}}(z) \}$，$W_S$ 为信号加权矩阵，可以通过调整 W_S 获得 SSF 估测的最小值。Stoica 和 Moses（1997）曾指出，SSF 方法对高相关信号表现更为突出，但随着信号之间相关性的降低，如信号来自森林覆盖区，SSF 方法难以获取目标的有效信息。

2）NSF 方法

NSF 是基于 WSF，通过将噪声与导向矩阵子空间的正交计算，构建子空间匹配的代价函数，以最小化未知参数的方式实现的。NSF 表达式为

$$\hat{z} = \arg\min \operatorname{tr}\left\{ A(z)^{*\mathrm{T}} \hat{E}_n \hat{E}_n^{*\mathrm{T}} A(z) W_N \right\} \tag{6.20}$$

式中，权重矩阵 W_N 可以认为是附加自由度，通过对 W_N 的调整可得到噪声子空间匹配的最小化结果。当 W_N 不同时，将得到不同的子空间匹配方法。Stoica 和 Nehorai（1990）研究发现，NSF 方法比其他任何估计器都精确，但对高相关信号其估计结果表现将降低。

6.3.2　干涉层析 SAR 模拟仿真实验

干涉层析 SAR 模拟仿真实验的是基于 Matlab 计算和图形处理功能的仿真 Capon 波束形成，即在已知有用信号方向的前提下，通过自相关矩阵的计算求出信号方向的最优权。为了分析不同频谱分析技术对信号的识别能力，分别设定两个不同的附加噪声。接收信号分别为

$$\left.\begin{aligned} x &= \sin(2\pi \times 10t) + \sin(2\pi \times 20t) + \mathrm{randon}(\mathrm{size}(t)) \\ x &= \sin(2\pi \times 10t) + \sin(2\pi \times 20t) + 0.5 \times \mathrm{randon}(\mathrm{size}(t)) \end{aligned}\right\} \tag{6.21}$$

式中，$t = 0 : \dfrac{1}{t\_f} : 1 - \dfrac{1}{t\_f}$，$t\_f = 100$，$N(t) = \mathrm{randon}(\mathrm{size}(t))$ 为零均值高斯白噪声。

分别应用 Capon，MUSIC，SSF 与 NSF 估计器得到功率谱，为了比较几种不同的频谱分析方法的性能，将功率谱进行归一化。图 6.14 为高噪声条件下，不同频谱分析方法所得归一化功率谱，图 6.15 为将噪声减半后，不同频谱分析方法分析结果。从图 6.15 可以发现，当信噪比较低时，对于不相干基带信号，只有 Capon 方法能够正确识别出所有信号位置，MUSIC 方法与 NSF 方法所得功率谱类似，都只能识别出 ±20°处的信号，SSF 方法只能够识别出 ±10°处的信号；Capon 方法与 MUSIC，NSF 和 SSF 相比抑制噪声能力较弱，NSF 方法抑制噪声能力最强。从图 6.15 可以看出，当信噪比较高时，Capon、MUSIC 和 NSF 三种方法均能正确识别出信号位置；SSF 方法能够大概识别出信号位置，但对 ±20°处信号的识别较差。

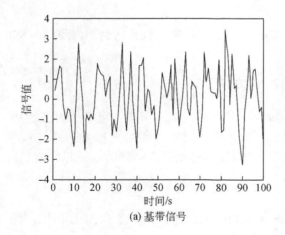

(a) 基带信号

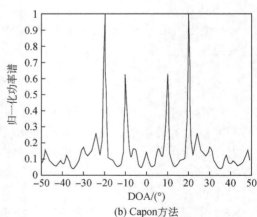

(b) Capon 方法

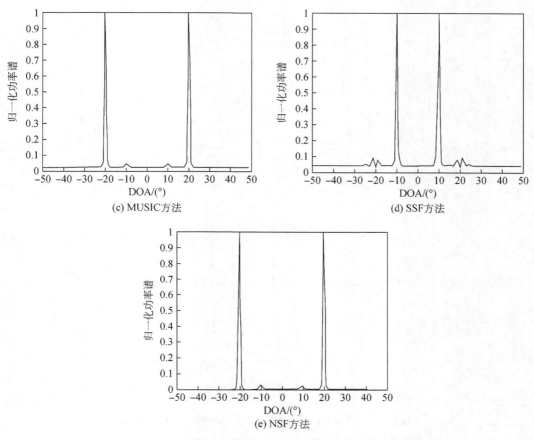

(c) MUSIC方法

(d) SSF方法

(e) NSF方法

图 6.14　高噪声背景下频谱分析方法的归一化功率谱图

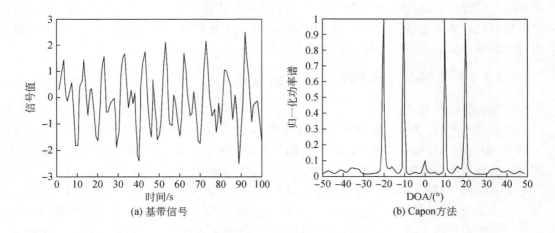

(a) 基带信号

(b) Capon方法

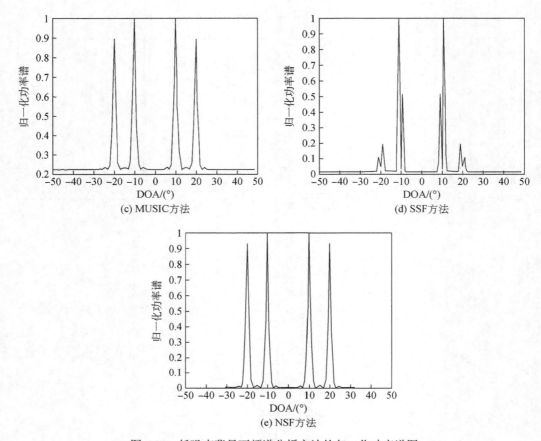

图 6.15　低噪声背景下频谱分析方法的归一化功率谱图

综上所述，在该信号仿真参数设置下，Capon 方法在高噪声背景条件下依然能够准确识别信号位置，NSF、MUSIC 和 SSF 方法只能识别出两个信号；随着信噪比增加，Capon 方法抑制噪声的能力增强，NSF 与 MUSIC 方法能够更好地识别出信号位置，SSF 方法具有较好的噪声抑制能力，但信号识别能力较差。

6.3.3　干涉层析 SAR 森林高度反演实验

1. 实验区与数据

干涉层析 SAR 森林参数反演实验利用 BioSAR 2007 数据展开。实验区位于瑞典北部 Västerbotten 省 Vindeln 自治市的林区（64°12′N，19°46′E），该区绝大部分位于 Krycklan 流域。林地类型为针阔混交林，主要的树种类型为欧洲赤松（*Pinus Silvestris*），挪威云杉（*Pices abies*），白桦（*Betula platyphylla Suk*）和白杨（*Populus alba*）。海拔 160~320 m，主要的土壤类型是冰碛母质土壤，介于海洋性与大陆性气候之间。由于特定的地理位置，该区已经成为森林水文学，生物地球化学循环，气候变化等研究的重点实验区（图 6.16）。

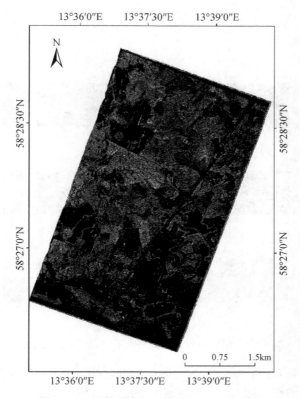

图 6.16　干涉层析 SAR 实验区及 SAR 数据

实验数据主要为 P-，L-波段多基线 PolInSAR 数据。该数据是德国 DLR 与瑞典国防研究局（Swedish Defence Research Agency）FOI 应用机载 E-SAR 系统于 2007 年 3 月到 5 月在瑞典 Remingstorp 获取的，为欧空局 BioSAR 计划的一部分，称为 BioSAR 2007。BioSAR 2007 获取的数据集的主要目的是基于层析 SAR 分析每一个极化通道从地表到冠层散射机制的变化及垂直结构参数提取的可行性。由于时间去相干影响，L-，P-波段可用于层析 SAR 提取森林垂直结构信息实验的分别有 6 个和 10 个航线。其中，L-波段 PolInSAR 数据有 1 景主影像，5 幅辅影像；P-波段 PolInSAR 数据有 1 景主影像，9 景辅影像。

P-波段数据水平基线间隔大约为 10m，水平总基线大约为 70m，空间分辨率斜距约为 3m，方位向为 1m，入射角由近距的 25°到远距的 55°变化，进而可以根据垂直分辨率与入射角和空间基线之间的关系估测垂直方向几何分辨率近距到远距从 10m 到 50m 变化。验证数据为 LiDAR 获取的归一化 DSM 数据，最低为 0m，最高为 28.03m，将 DSM 数据去除地形影响得到的表征地表目标高度的参数，在林区称作冠层高度模型（canopy height model，CHM），由于干涉层析 SAR 实验位于林区，在此将该参数称为 CHM。

2. 基线数量对森林垂直结构信息提取影响

森林垂直结构信息提取主要包括对森林高度，森林后向散射功率垂直分布，森林地上生物量等的信息提取，由于地面实测数据和数据量的限制，森林垂直结构信息提取实验只限在一小部分研究区。以 P-波段为例，研究区部分影像 HH/HV/VV 极化后向散射强度及剖面线位置如图 6.17 所示。

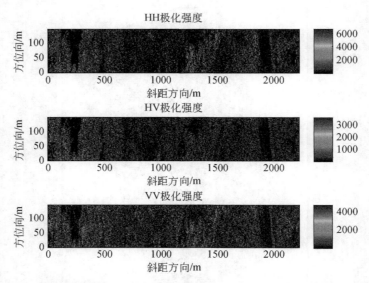

图 6.17　研究区部分影像 HH/HV/VV 极化后向散射强度及剖面线位置（彩图附后）

为了了解基线数量对森林垂直结构剖面信息提取的影响，对图 6.17 中的影像红色线位置的剖面通过改变基线数量进行分析。实验航线数量分别为 1~10，并且时间去相干最长为 31 天（2007 年 4 月 2 日到 2007 年 5 月 2 日），最短约为 25 分钟。基线数量的减少规则是逐渐缩短最大时间基线，即 10 基线垂直结构剖面包含所有时间基线 31 天之内的影像，2 基线垂直结构剖面只包含时间基线在 25 分钟之内的影像。图 6.18 为不同基线数量 HH/HV/VV 极化森林垂直结构剖面。

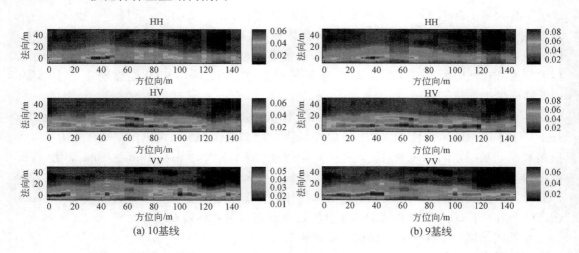

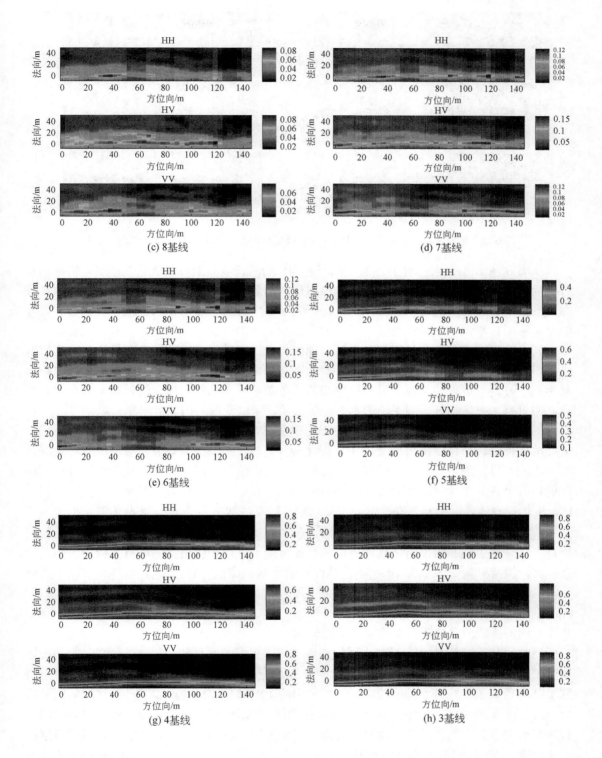

(c) 8基线   (d) 7基线

(e) 6基线   (f) 5基线

(g) 4基线   (h) 3基线

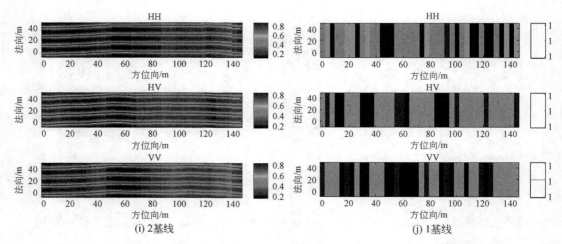

(i) 2基线   (j) 1基线

图 6.18　P-波段不同基线数量 HH/HV/VV 极化后向散射功率垂直分布（彩图附后）

从图 6.18 我们发现，对于 P-波段同一种极化方式而言，随着基线数量减少，森林垂直方向后向散射功率分布逐渐减弱，森林冠层后向散射功率逐渐减小，后向散射功率垂直分布逐渐集中于地表及近地表。当基线数量为 6~10 时，森林垂直方向后向散射功率分布具有明显的冠层与地表。当基线数量小于 6 时，冠层后向散射功率垂直分布较弱，主要集中在地表与近地表；当基线数量继续减少时，地表与近地表散射功率分布逐渐增大，冠层散射进一步减弱，但当只有 2 条航线时，即只有两幅影像主影像和辅影像（主影像本身也作为辅影像）时，只能得到类似散射相位中心的四条条带，无法得到后向散射功率垂直分布信息。当只有 1 条航线时，即主辅影像为一景影像，无法获取后向散射功率信息。

当基线数量相同时（基线数量>2），HV 极化包含更多的冠层与地表近地表信息，能够更好地表征森林垂直结构信息变化，HH 极化与 VV 极化主要包含地表及较弱的森林冠层信息。由此可以发现，HV 极化更有利于森林垂直结构信息提取，也能够使我们更好地理解散射体的垂直分布情况，从而可能能够与生物量建立联系。该结果也能够进一步证实假设 HV 极化代表体散射机制具有一定的实验基础。当基线数量为 2 时，此时为通常所说的单基线情形，多基线层析 SAR 的几何架构说明多基线构成的合成孔径才能够实现目标的层析，当只有两个观测角度时，法向方向的孔径可能不足以提供足够的垂直方向分辨率，而针叶林，混交林树高大多为 20~30m，从而导致单基线层析 SAR 无法提取针叶林区垂直结构信息。但单基线 InSAR 数据由于观测角度不同，可以观测到不同的散射相位中心，即图 6.18（i）中的条带分布。

3. 时间基线对森林垂直结构信息提取影响

当时间基线较长时（约 31d），层析功率谱包含更多的垂直结构信息，而当时间基线较短时（1h 到 25min），层析功率谱包含的信息主要是冠顶和地表近地表信息。为此，分别研究了 P-波段 5 条航线时间间隔约在 1 小时之内的短时间基线和 P-波段 5 条航线时间间隔约 31 天的长时间基线的层析功率谱，如图 6.19 所示。从图 6.19 可以发现，较短时间基线层析功率谱垂直分布范围较窄，功率主要集中于地表近地表和冠顶部分；较长时间基线层析功率谱垂直方向分布范围较大，但所得功率谱分辨率有限。因此，在层析 SAR 提取森林垂直结构信息中，较长时间基线可能对某些目标，如森林具有较好的用途，但长时间基线自身的缺陷，即时间失相干严重也可能含有虚假信息导致不真实层析结果。较短时间基线能够获得精细的地表近地表信息与较弱的冠层信息，但较短时间基线获取的功率谱垂直方向分布是非连续的，即可能无法获取有效的森林垂直结构信息。有效结合长、短时间基线数据获取层析功率谱将更有利于提取森林垂直结构信息，弥补二者各自的缺陷。

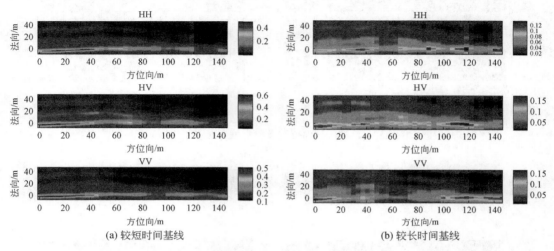

(a) 较短时间基线   (b) 较长时间基线

图 6.19　P-波段层析功率谱（彩图附后）

4. 波长对森林垂直结构信息提取影响

不同波长的电磁波对森林的穿透能力不同，散射回波所包含的信息也不同。对于应用干涉层析 SAR 提取森林垂直结构信息而言，选取较长波长的 L-和 P-波段较为合适。那么当基线数量相同时，L 与 P-波段提取的森林垂直结构信息是否相同，二者所包含的散射机制是否有差异。

对同一地区分别应用 L-，P-波段 6 航过 HH/HV/VV 极化数据，L-波段数据最长时间基线为 33d，P-波段数据最长时间基线约为 31d，二者剖面位置及对应层析功率谱如图 6.20 和图 6.21 所示。从图中可以发现 L-波段层析功率谱地表近地表相对不明显，但具有明显的冠层及垂直结构信息，而 P-波段层析功率谱则能够较好的表现森林垂直结构变化，地表近地表信息，但对冠顶识别较差。这种情形可能与 L-，P-波段波长不同对同一目标的穿透能力有关，L-波段穿透性较差，散射功率主要集中于冠层与部分地表，而 P-波段穿透性较强，能够穿透森林到达地表，但由于其穿透性较强对森林顶部信息描述较少。同时，P-波段与 L-波段相比与树干的相互作用更为强烈，这些相互作用从树干到地表再返回雷达的过程中很大程度上由二次散射主导。二次散射随森林高度增加而增加，因此在高生物量区域与来自枝叶的体散射相比二次散射变得更为显著；由于信号在经过冠层传播时只被较大的散射体（茎干）散射，衰减较少，二次散射在较长波长时更为突出，即 P-波段比 L-波段的后向散射功率更强。当然，这种现象还可能与散射机制稳定性有关，但具体物理机理还需进一步研究。

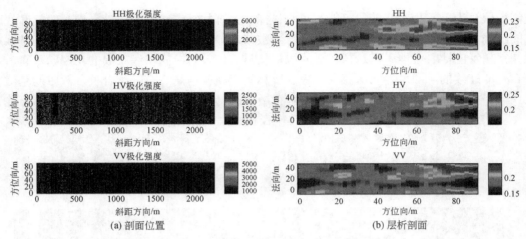

(a) 剖面位置　　　　　　　　　　　　　　　(b) 层析剖面

图 6.20　L-波段剖面位置及层析剖面（彩图附后）

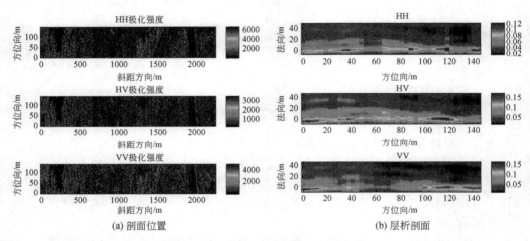

(a) 剖面位置　　　　　　　　　　　　　　　(b) 层析剖面

图 6.21　P-波段剖面位置及层析剖面（彩图附后）

　　为了充分研究层析 SAR 提取后向散射功率谱的能力，基线数量越多所能获取的层析分辨率可能越高，也才能更好地反映后向散射功率谱的垂直分布情况，进而更好地研究森林垂直结构分布。由于 L-波段重轨数据只有 6 个航线，而 P-波段重轨数据有 10 个航线，为了得到相对分辨能力较高的层析功率谱，接下来的后向散射功率信息提取等工作均基于 P-波段数据。

5. 后向散射功率垂直分布信息

　　为了能够更直观地了解森林垂直结构信息，分别提取出 P-波段特定高度处后向散射功率分布图。图 6.22（a）~（j）为 P-波段 HH 极化 0~45m 处后向散射功率分布图，从图中可以发现，随着垂直方向高度的增加，以体散射为主导的散射区域在 10~35m 范围内较为明显，而表面散射主导的散射机制具有先增加后降低的趋势。同样我们发现，HV 与 VV 极化也有类似的变化规律。而对于同一目标同一高度处后向散射功率 HV 后向散射功率最大，HH 极化其次，VV 极化最小。对于同一目标进行不同角度的多次观测可以获取该目标多个角度的观测信息，从而使得提取目标垂直结构信息成为可能。

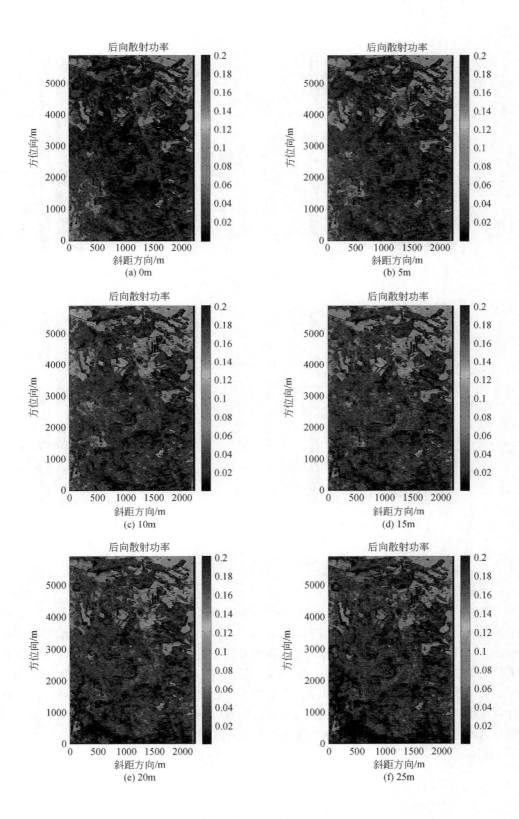

(a) 0m

(b) 5m

(c) 10m

(d) 15m

(e) 20m

(f) 25m

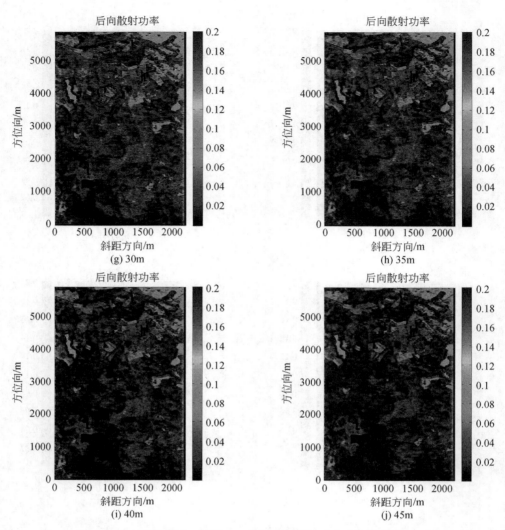

图 6.22　不同高度 P-波段 HH 极化后向散射功率（彩图附后）

6. 森林高度估测结果与验证

干涉层析 SAR 技术借助于频谱分析方法能够反映森林垂直结构信息，从而在一定程度上反映森林内部散射体垂直分布情况。相比 PCT 技术，干涉层析 SAR 技术的物理含义更为明确，且不依赖于地面先验信息。评定森林冠层高度的基本假设是后向散射功率分布可以大致分为三个区域：相位中心区、损失区、噪声区。大部分后向散射功率集中于相位中心区；接着为损失区，在该区后向散射功率由于层析处理的点扩散函数和森林密度的逐渐降低而逐渐损失；进一步沿垂直方向向上的后向散射功率绝大部分为噪声，其对森林冠层高度估计基本没有贡献。因此，通过确定功率损失区位置可以提取森林高度。图 6.23 为森林冠层高度提取的标准。

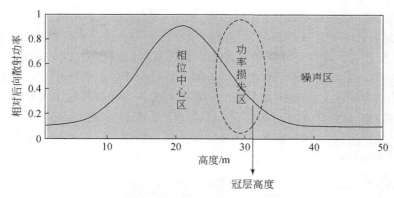

图 6.23　森林冠层高度提取标准（功率损失区）

在实际应用中功率损失区可以根据信号门限来确定。即可以采用最大后向散射功率位置处的功率减去 1dB，2dB，3dB，4dB 等来近似确定树冠位置或采用频率谱最大最小值等来确定。图 6.24 为根据此准则，利用 P-波段 HH/HV/VV 极化干涉层析 SAR 估测的森林高度分布图，从目视角度而言，VV 极化方式估测的森林高度较低，HV 极化估测的森林高度较高。为了更加准确的检验三种极化方式干涉层析 SAR 估测的森林高度精度，下面将应用实测样地进行验证。

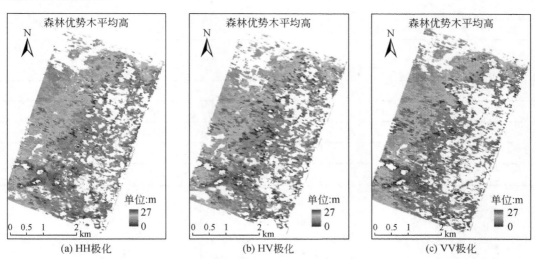

图 6.24　P-波段不同极化方式干涉层析 SAR 估测森林优势木平均高（彩图附后）

森林高度验证数据采用实测 LiDAR 数据的 80% 分位数（H80）作为树高验证数据，对干涉层析 SAR 估测的树高进行验证，验证样地依然是地面实测数据中的 15 块样地，并应用留一法计算其均方根误差（RMSE）。表 6.2 为 HH/HV/VV 极化干涉层析 SAR 估测森林高度与 LiDAR H80 的对比，以 LiDAR H80 为参考检验森林高度的估测精度。检验结果如图 6.25 所示，HH 极化估测值与 LiDAR H80 的 R^2 为 0.65，RMSE 为 2.35m，相关系数为 0.80。HV 极化估测结果与 LiDAR H80 的 R^2 为 0.55，RMSE 为 3.27m，相关系数为 0.74。VV 极化估测结果与 LiDAR H80 的 R^2 为 0.34，RMSE 为 5.13m，相关系数为 0.58。同时，从 15 个样地实测与估测森林高度的散点分布图还可以看出， HH 极化干涉层析 SAR 提取的结果与 LiDAR H80 的相关性最好，RMSE 最小，而 VV 极化相关性最差，RMSE 最大，HV 则居于二者之间。该结果可能与 P-波段本身的散射机制相关，即 V 极化方式受树干等的衰减作用较强，而来自于树干的后向散射回波贡献大于来自枝叶的后向散射贡献，进而导致 HH 极化所得到的后向散射功率比 HV 极化更强，而由其提取的森林高度和 HV 极化方式相比与 LiDAR H80 的相关性较高，RMSE 较低。同时该现象与传统的将 HV 极化看作体散射机制有些不吻合，可能是由于 P-波段穿透能力较强，三种极化方式的体散射相位中心均下移，甚至可能在一定程度上都趋近于地表。

表 6.2 LiDAR H80 与多极化数据干涉层析 SAR 估测的森林高度 （单位：m）

样地编号	LiDAR H80	HH 极化估测结果	HV 极化估测结果	VV 极化估测结果
1	28.0	18.8	19.6	15.0
2	21.7	17.2	20.0	19.8
3	22.5	18.2	17.2	17.1
5	23.7	16.4	19.1	18.1
6	17.3	18.1	18.9	18.0
8	24.6	20.4	18.4	19.1
9	19.0	17.7	17.5	17.1
10	18.6	16.0	16.4	17.7
11	23.4	14.0	14.0	13.1
12	3.5	6.6	6.1	3.0
13	23.3	17.4	17.8	17.2
14	14.6	14.0	17.9	17.2
16	12.4	12.7	16.0	18.0
17	20.4	12.7	14.9	12.2
18	23.3	16.0	18.3	17.2

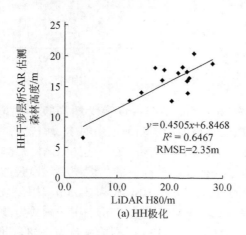

(a) HH极化

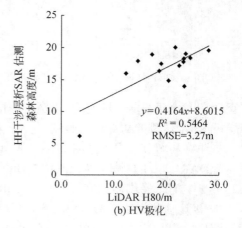

(b) HV极化

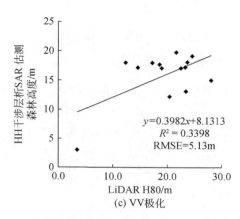

图 6.25　P-波段不同极化方式干涉层析 SAR 估测森林高度
与 LiDAR 测量 H80 之间的相关关系图

6.4　层析 SAR 森林地上生物量反演

　　森林地上生物量是定量化研究碳通量和对气候影响作用的重要量，当前迫切需要改善全球生物量制图。常规后向散射系数对生物量的敏感性随着生物量的增大而降低，极化干涉技术、层析技术估测森林 AGB 的能力随着生物量的增大而提高。MINH 等（2013，2014，2016）利用 P-波段多基线 InSAR 数据对热带雨林进行层析成像，指出层析得到的后向散射功率垂直分布信息对森林 AGB 的敏感性更高。森林 AGB 干涉层析 SAR 估测法可有效解决热带雨林森林 AGB 遥感估测常规方法的信号饱和问题，从而满足热带雨林森林生物量制图的需求。相比于干涉层析 SAR 生物量估测方法，极化干涉层析 SAR 数据同时具有极化干涉 SAR 和干涉层析 SAR 的优势，利用极化干涉层析 SAR 技术提取的后向散射功率垂直分布信息提高了森林 AGB 的估测性能。因此，本节的森林 AGB 反演主要围绕极化干涉层析 SAR 技术展开。极化干涉层析 SAR 森林地上生物量估测方法的主要利用极化频谱分析方法得到后向散射能量垂直分布，此时得到的垂直分布为各个极化后向散射能量垂直分布的综合效应，通过 SKP 分解和频谱分析方法可以得到体散射后向散射能量垂直分布，并以此为基础开展森林 AGB 的反演。

6.4.1　极化干涉层析 SAR 成像方法

1. 极化干涉层析 SAR 频谱分析方法

　　针对多基线 Pol InSAR 数据，基于极化敏感阵列信号处理理论（徐友根等，2013），将已有的频谱分析算法进行扩展，可获取到分辨单元内散射机制的高程分布信息（GINI et al.，2002）。鉴于极化 Beamforming、极化 Capon 和极化 MUSIC 等主流算法具有一定代表性，且发展较为成熟，较适用于大范围内应用，本书将对极化 Beamforming、极化 Capon、极化 MUSIC 等极化敏感阵列信号频谱分析方法进行分析和讨论。

　　为降低极化频谱估计计算量，通常采用特征值分解方法进行谱估计。极化 Beamforming 算法的谱估计公式为

$$
\left.\begin{array}{l}
P_{\mathrm{bf}}^{P}(z) = \lambda_{\max}[\boldsymbol{B}^{*\mathrm{T}}(z)\boldsymbol{R}\boldsymbol{B}(z)] \\
[\boldsymbol{B}^{*\mathrm{T}}(z)\boldsymbol{R}\boldsymbol{B}(z)]\boldsymbol{k}_{\max} = \lambda_{\max}\boldsymbol{k}_{\max}
\end{array}\right\} \tag{6.22}
$$

式中，$P_{\mathrm{bf}}^{P}(z)$ 为采用极化 Beamforming 算法估计得到的后向散射功率垂直分布函数，$\boldsymbol{B}(z) = \boldsymbol{I}_{(3\times3)} \otimes \boldsymbol{a}(z)$ [$\boldsymbol{I}_{(3\times3)}$ 表示 3×3 维度单位矩阵，$\boldsymbol{a}(z)$ 表示高度为 z 的导向矢量]，$\otimes$ 为 Kronecker 积，$\boldsymbol{R}$ 表示极化干涉层析 SAR 数据协方差矩阵，$\lambda_{\max}[\boldsymbol{B}^{*\mathrm{T}}(z)\boldsymbol{R}\boldsymbol{B}(z)]$ 表示取 $\boldsymbol{B}^{*\mathrm{T}}(z)\boldsymbol{R}\boldsymbol{B}(z)$ 特征分解之后的最大特征值，$\boldsymbol{k}_{\max}$（表示与最大特征值相对应的矢量）与极化散射机制相对应。

极化 Capon 算法的谱估计公式为

$$
\left.\begin{array}{l}
P_{\mathrm{cp}}^{P}(z) = \dfrac{1}{\lambda_{\min}[\boldsymbol{B}^{*\mathrm{T}}(z)\boldsymbol{R}^{-1}\boldsymbol{B}(z)]} \\
[\boldsymbol{B}^{*\mathrm{T}}(z)\boldsymbol{R}^{-1}\boldsymbol{B}(z)]\boldsymbol{k}_{\min} = \lambda_{\min}\boldsymbol{k}_{\min}
\end{array}\right\} \tag{6.23}
$$

式中，$P_{\mathrm{cp}}^{P}(z)$ 为采用极化 Capon 算法估计得到的后向散射功率垂直分布函数，$\boldsymbol{B}(z) = \boldsymbol{I}_{(3\times3)} \otimes \boldsymbol{a}(z)$ [$\boldsymbol{I}_{(3\times3)}$ 表示 3×3 维度单位矩阵，$\boldsymbol{a}(z)$ 表示高度为 z 的导向矢量]，$\boldsymbol{R}$ 表示极化干涉层析 SAR 数据协方差矩阵，$\lambda_{\min}[\boldsymbol{B}^{*\mathrm{T}}(z)\boldsymbol{R}^{-1}\boldsymbol{B}(z)]$ 表示取 $\boldsymbol{B}^{*\mathrm{T}}(z)\boldsymbol{R}^{-1}\boldsymbol{B}(z)$ 特征分解之后的最小特征值，$\boldsymbol{k}_{\min}$（表示与最小特征值相对应的矢量）与极化散射机制相对应。

极化 MUSIC 算法的谱估计公式为

$$
\left.\begin{array}{l}
P_{\mathrm{mu}}^{P}(z) = \dfrac{1}{\lambda_{\min}[\boldsymbol{B}(z)^{*\mathrm{T}}\hat{\boldsymbol{E}}_{n}\hat{\boldsymbol{E}}_{n}^{*\mathrm{T}}\boldsymbol{B}(z)]} \\
[\boldsymbol{B}(z)^{*\mathrm{T}}\hat{\boldsymbol{E}}_{n}\hat{\boldsymbol{E}}_{n}^{*\mathrm{T}}\boldsymbol{B}(z)]\boldsymbol{k}_{\min} = \lambda_{\min}\boldsymbol{k}_{\min}
\end{array}\right\} \tag{6.24}
$$

式中，$P_{\mathrm{mu}}^{P}(z)$ 为采用极化 Music 算法估计得到的向散射功率垂直分布函数，$\boldsymbol{B}(z) = \boldsymbol{I}_{(3\times3)} \otimes \boldsymbol{a}(z)$ [$\boldsymbol{I}_{(3\times3)}$ 表示 3×3 维度单位矩阵，$\boldsymbol{a}(z)$ 表示高度为 z 的导向矢量]，$\lambda_{\min}[\boldsymbol{B}(z)^{*\mathrm{T}}\hat{\boldsymbol{E}}_{n}\hat{\boldsymbol{E}}_{n}^{*\mathrm{T}}\boldsymbol{B}(z)]$ 表示取 $\boldsymbol{B}(z)^{*\mathrm{T}}\hat{\boldsymbol{E}}_{n}\hat{\boldsymbol{E}}_{n}^{*\mathrm{T}}\boldsymbol{B}(z)$ 特征分解之后的最小特征值，$\hat{\boldsymbol{E}}_{n}$ 表示极化干涉层析 SAR 数据噪声子空间的特征向量所张成的矩阵，$\boldsymbol{k}_{\min}$（表示与最小特征值相对应的矢量）与极化散射机制相对应。

2. SKP 分解原理

森林场景中，各轨道各极化方式测量的后向散射信号为分辨单元内信号与各散射机制相互作用的综合效应。假设各散射机制所返回信号满足以下 3 个条件：①不同散射机制统计独立；②各散射机制的干涉复相干独立于极化方式；③各散射机制的极化特征独立于轨道。则可将各极化干涉复相干分量表示为

$$
E\left[y_{n}(\boldsymbol{w}_{i})\,y_{m}^{*}(\boldsymbol{w}_{j})\right] = \sum_{k=1}^{K} c_{k}(\boldsymbol{w}_{i},\boldsymbol{w}_{i})\gamma_{k}(n,m) \tag{6.25}
$$

式中，$y_{n}(\boldsymbol{w}_{i})$ 表示第 n 轨道在极化状态 $\boldsymbol{w}_{i}$ 下的后向散射信号，$c_{k}(\boldsymbol{w}_{i},\boldsymbol{w}_{i})$ 表示第 k 个散射机制的极化散射信号，$\gamma_{k}(n,m)$ 表示第 k 个散射机制的干涉复相干信号。进一步将极化干涉协方差矩阵写成 Kronecker 积的和（sum of kronecker products，SKP）形式：

$$W = E[yy^H] = \sum_{k}^{K} C_k \otimes R_k \qquad (6.26)$$

式中，$y = [y_1(w_1)\cdots y_M(w_1), y_1(w_2)\cdots y_M(w_2), y_1(w_3)\cdots y_M(w_3)]^T$ 表示多轨全极化数据，W 为极化干涉协方差矩阵，对于 M 轨全极化数据而言其矩阵维度为 $3M \times 3M$，K 是所有对 SAR 信号有贡献的散射机制的总数量，C_k 是与第 k 个散射机制对应的极化协方差矩阵（矩阵维度为 3×3），反映的是极化信息，与散射机制电磁特性相对应，R_k 是与第 k 个散射机制相对应的干涉协方差矩阵（矩阵维度为 $M \times M$），反映的是不同基线之间的干涉信息，与散射体垂直结构相对应。

在森林场景中有多种散射机制存在，可以将其散射机制归纳为来自地表的散射机制和来自冠层的散射机制两类。其中，来自地表的散射机制（相位中心均固定在地表）主要包括来自地面的表面散射、地面与森林树干的二次散射以及地面与森林冠层的二次散射，来自冠层的散射机制（相位中心固定在冠层）主要来自冠层的体散射。因此，可认为对 SAR 信号有贡献的散射机制的总数量 K 为 2，将极化干涉协方差矩阵表示为地、体两部分散射信号的和的形式：

$$W = C_g \otimes R_g + C_v \otimes R_v \qquad (6.27)$$

式中，C_g 表示地面信号的极化散射矩阵，R_g 表示地面信号的干涉协方差矩阵，C_v 表示冠层信号的极化散射矩阵，R_v 表示冠层信号的干涉协方差矩阵。根据奇异值分解理论，可将极化干涉协方差矩阵表示为

$$W = \lambda_1 U_1 \otimes \mathrm{conj}(V_1) + \lambda_2 U_2 \otimes \mathrm{conj}(V_2) = \tilde{C}_1 \otimes \tilde{R}_1 + \tilde{C}_2 \otimes \tilde{R}_2 \qquad (6.28)$$

式中，λ_1、U_1、V_1、λ_2、U_2、V_2 分别为重排矩阵 $\wp(W)$ 经奇异值分解得到的特征值和特征矢量，$\tilde{C}_1 = \lambda_1 U_1$，$\tilde{R}_1 = \mathrm{conj}(V_1)$，$\tilde{C}_1 = \lambda_2 U_2$，$\tilde{R}_2 = \mathrm{conj}(V_2)$。经奇异值分解得到极化散射矩阵和干涉干涉矩阵并不对应真正的地、体散射信号，但真正的地、体散射信号可通过对其进行简单运算求得：

$$\left.\begin{array}{l} R_g = a\tilde{R}_1 + (1-a)\tilde{R}_2 \\[4pt] R_v = b\tilde{R}_1 + (1-b)\tilde{R}_2 \\[4pt] C_g = \dfrac{1}{a-b}[(1-b)\tilde{C}_1 - b\tilde{C}_2] \\[6pt] C_v = \dfrac{1}{a-b}[-(1-a)\tilde{C}_1 + a\tilde{C}_2] \end{array}\right\} \qquad (6.29)$$

需要说明的是，以上推导公式要建立在 $\tilde{R}_1$ 和 $\tilde{R}_2$ 矩阵的第一个元素值为 1 的基础上（可通过尺度转换来满足），参数 a、b 可通过基于模型的方法和非模型的方法进行求解，其中基于模型的方法指通过使所合成的极化散射矩阵与干涉协方差矩阵尽可能的符合物理模型来选择解，如针对极化特征的 Freeman 分解模型，针对结构特征的 RVoG 模型等；非模型方法指应用数学约束选择解，以使所合成的地、体极化散射矩阵或干涉协方差矩阵得到最大程度的分离。

6.4.2 极化干涉层析 SAR 森林地上生物量估测方法

极化干涉层析 SAR 成像几何与干涉层析 SAR 成像原理基本相同，利用极化干涉层

析 SAR 方法反演森林 AGB 的具体流程如图 6.26 所示。首先，基于地面散射结构矩阵（干涉协方差矩阵）估计地形相位，以此为参考对极化干涉层析 SAR 数据和冠层散射结构矩阵的地形相位进行去除，并对去除地形相位的极化干涉层析 SAR 数据采用极化频谱分析算法进行层析成像，对去除地形相位的冠层散射结构矩阵采用频谱分析算法进行层析成像；然后分别针对各自的层析结果，提取其不同高度处层析相对反射率，并对其进行地理编码；最后，对不同高度处层析相对反射率与地面样地森林 AGB 数据进行相关性分析。

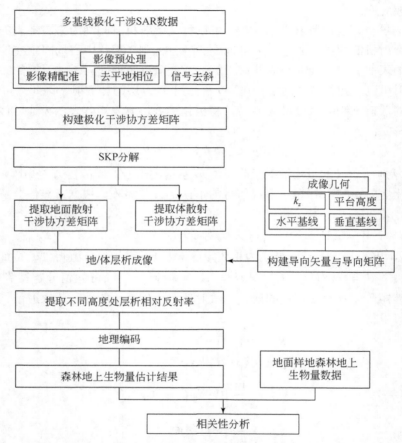

图 6.26　极化干涉层析 SAR 森林 AGB 反演流程图

　　首先，利用 SKP 分解理论将地、体散射进行分离，提取"纯"体散射和地表散射信息，采用 Beamforming 算法对合成的地面信号进行层析成像，并基于该层析结果估计林下地表高度；然后，由提取的林下地表高度，根据公式 $\phi_0 = k_z z_0$（ϕ_0 为待估计的地形相位，k_z 为垂直有效波数垂直有效波数，z_0 为林下地表高度）估计得到地形相位，并以此为参考对多基线 PolInSAR 数据和冠层散射结构矩阵的地形相位进行去除，进而分别利用（极化）Beamforming 算法对其进行层析成像。

　　利用极化频谱分析方法得到的后向散射能量垂直分布是各个极化后向散射能量垂直

分布的综合效应，不同高度处的"综合"层析相对反射率从不同层面反映了森林内部的垂直结构信息，基于多基线 Pol InSAR 数据的层析结果，按 5 m 间隔提取地表以上 0 m、5 m、10 m、15 m、20 m、25 m、30 m、35 m、40 m 高度处的层析相对反射率并对其进行地理编码。

通过 SKP 分解和频谱分析方法可以得到"纯"体散射后向散射能量垂直分布，不同高度处的"纯"体散射层析相对反射率从不同层面反映了森林内部的垂直结构信息，基于分离得到的"纯"体散射层析结果，按 5 m 间隔提取地表以上 0 m、5 m、10 m、15 m、20 m、25 m、30 m、35 m、40 m 高度处的层析相对反射率并对其进行地理编码。

与干涉层析 SAR 三维成像结果类似，极化干涉层析 SAR 数据的层析结果和"纯"体散射层析结果均存在高度向的"叠掩"现象，因此，需要分别以各自所对应的不同高度为参考进行地理编码，得到与实际地理位置相对应的各高度处层析相对反射率。

6.4.3 极化干涉层析 SAR 森林地上生物量反演实验

1. 实验区与研究数据

极化干涉层析 SAR 森林地上生物量反演实验数据与 6.2.1 节中极化相干层析森林参数反演试验采用数据一致，均为来自欧洲空间局 2009 年热带林机载 SAR 遥感实验数据（TropiSAR 2009），实验区位于法属圭亚那热带雨林的巴拉库研究基地。该数据在 6.2.1 中已经详细介绍，在此不再赘述。

2. 极化干涉层析 SAR 成像结果

按照极化干涉层析 SAR 森林地上生物量估测方法对实验数据进行处理，得到极化干涉层析 SAR 成像结果。其中，图 6.27 为去除了地形相位的极化干涉层析 SAR 成像结果，图 6.28 为去除了地形相位的冠层增强层析成像结果，其中黑色实线为去除地形相位后的林下地表高度（高程为 0 m），白色实线为 LiDAR DSM 与 LiDAR DEM 差分得到的 CHM。由图 6.27 和图 6.28 可以看出，地形相位去除后得到的层析相对反射率的高程独立于林下地表高度，据此可以提取地表以上不同高度处层析相对反射率。

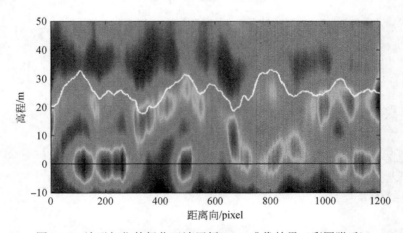

图 6.27　地形相位的极化干涉层析 SAR 成像结果（彩图附后）

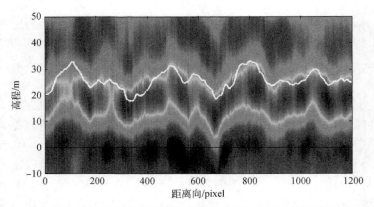

图 6.28　去除地形相位的冠层增强层析成像结果（彩图附后）

3. 不同高度层析相对反射率

经过地理编码的地表以上 0 m、5 m、10 m、15 m、20 m、25 m、30 m、35 m、40 m 高度处的极化干涉层析 SAR 相对反射率分布如图 6.29 所示。从图 6.29 中可以看出，不同高度处的层析相对反射率具有不同的分布特点，0 m 到 30 m 之间高度处层析相对反射率值较高，其中 0 m、20 m、25 m 高度处的层析相对反射率值最高，说明来自地表的能量以及来自冠层中间部位的能量较多，来其他高度处的能量相对较少。此外，各层受地形影响的程度有所不同，0 m 高度处层析相对反射率的贡献主要来自地表，受地形影响较为严重，地表以上各高度处层析相对反射率的贡献主要来自森林内部散射体，受地形影响较弱，其中，5 m、25 m、30 m 高度处层析相对反射率受地形影响最弱。

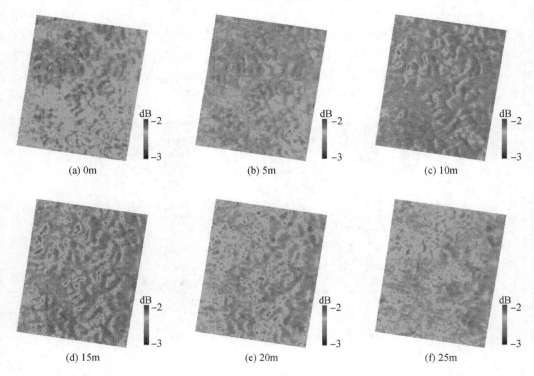

(a) 0m　　　　　(b) 5m　　　　　(c) 10m

(d) 15m　　　　　(e) 20m　　　　　(f) 25m

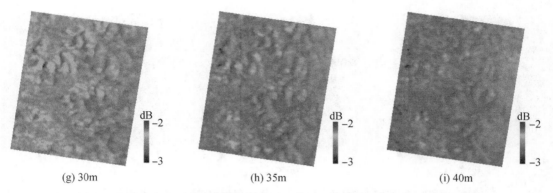

(g) 30m   (h) 35m   (i) 40m

图 6.29　地理编码后不同高度处极化"综合"层析相对反射率（彩图附后）

经过地理编码的地表以上 0 m、5 m、10 m、15 m、20 m、25 m、30 m、35 m、40 m 高度处的冠层增强层析相对反射率分布如图 6.30 所示，可以看出，不同高度处的层析相对反射率具有不同的分布特点，15 m 到 25 m 之间高度处层析相对反射率值最高，从 20 m 到地表 0m 各高度处层析相对反射率值依次降低，从 20 m 到 40 m 各高度处层析相对反射率值依次降低，说明来自冠层中间部位的能量较多，来自其他高度处的能量相对较少，同时说明来自冠层的能量得到增强处理，来自其他部位的能量得到了有效的抑制。此外，各层受地形影响的程度有所不同，0m 高度处层析相对反射率的贡献主要来自地表，受地形影响较为严重，地表以上各高度处层析相对反射率的贡献主要来自森林内部散射体，受地形影响较弱，其中，20m、25m 高度处层析相对反射率受地形影响最弱。

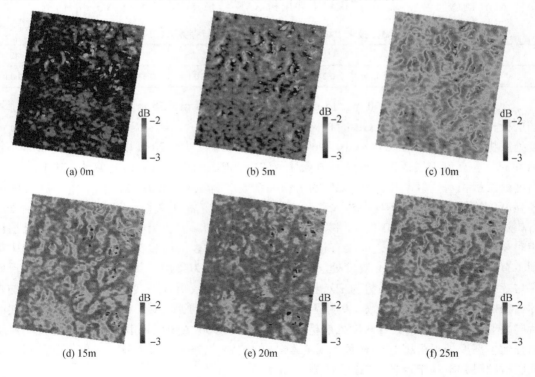

(a) 0m   (b) 5m   (c) 10m

(d) 15m   (e) 20m   (f) 25m

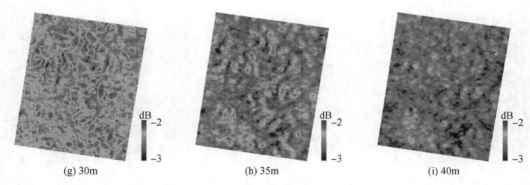

(g) 30m   (h) 35m   (i) 40m

图 6.30　地理编码后不同高度处冠层增强层析相对反射率（彩图附后）

4. 森林地上生物量估测结果分析

地表以上 0 m、5 m、10 m、15 m、20 m、25 m、30 m、35 m、40 m 高度处的极化"综合"层析相对反射率与森林 AGB 的相关性关系如表 6.3 所示。从表 6.3 中可以看出，20 m 以下各高度处层析相对反射率与森林 AGB 呈现不同程度的负相关关系，其中，5 m 高度处层析相对反射率与森林 AGB 的负相关系数最高（$R=-0.24$）；20 m 以上各高度处层析相对反射率与森林 AGB 呈现不同程度的正相关关系，其中，25 m 和 30m 高度处层析相对反射率与森林 AGB 的正相关系数最高（$R=0.32$）。需要指出的是，该相关性趋势与 HV 极化层析结果的各高度处层析相对反射率与森林 AGB 的相关性趋势相一致，但其各高度处层析相对反射率与森林 AGB 的相关性均较弱，说明极化"综合"的各高度处层析相对反射率对森林 AGB 的敏感性较弱，利用极化干涉层析 SAR 结果并不利于森林 AGB 的估测。

表 6.3　极化"综合"层析相对反射率与森林 AGB 的相关性

高度/m	0	5	10	15	20	25	30	35	40
相关系数	−0.19	−0.24	−0.14	−0.06	0.10	0.32	0.32	0.24	0.06

地表以上 0 m、5 m、10 m、15 m、20 m、25 m、30 m、35 m、40 m 高度处的冠层增强层析相对反射率与森林 AGB 的相关性关系如表 6.4 所示。从表 6.4 中可以看出，0 m 高度处层析相对反射率与森林 AGB 之间没有相关性；地表以上 20 m 以下（包括 20 m，不包括 0 m）各高度处层析相对反射率与森林 AGB 呈现不同程度的负相关关系，其中，10 m 高度处层析相对反射率与森林 AGB 的负相关系数最高（$R=-0.30$）；20 m 以上（不包括 20 m）各高度处层析相对反射率与森林 AGB 呈现不同程度的正相关关系，其中，35 m 高度处层析相对反射率与森林 AGB 的正相关系数最高（$R=0.19$）。需要指出的是，0 m 高度处层析相对反射率与森林 AGB 之间没有相关性是因为来自地表的能量在冠层增强层析结果中得到了有效抑制，得到的 0 m 高度处层析相对反射率主要为噪声；其他高度处层析相对反射率与森林 AGB 的相关性趋势与 HV 极化多基线 InSAR 层析各高度处层析相对反射率与森林 AGB 的相关性趋势相一致，说明冠层能量得到增强处理后，其层析结果仍然保留冠层的后向散射分布特点，但其各高度处层析相对反射率与森林 AGB 的相关性均较弱，说明冠层增强的各高度处层析相对反射率对森林 AGB 的敏感性较弱，利用 SKP 分解得到的冠层增强层析结果并不利于森林 AGB 的估测。

表 6.4　冠层增强层析相对反射率与森林 AGB 的相关性

高度/m	0	5	10	15	20	25	30	35	40
相关系数	0.04	−0.15	−0.30	−0.26	−0.21	0.08	0.18	0.19	0.17

参 考 文 献

陈钦. 2011. 多基线层析 SAR 成像方法研究. 成都：电子科技大学硕士学位论文.

李兰. 2016. 森林垂直信息 P-级段 SAR 层析提取方法. 北京：中国林业科学研究院博士学位论文.

李文梅. 2013. 极化干涉 SAR 层析估测森林垂直结构参数方法研究. 北京：中国林业科学研究院博士学位论文.

李文梅，李增元，陈尔学，等. 2014. 层析 SAR 反演森林垂直结构参数现状及发展趋势. 遥感学报, 18(4):741~751.

梁雷. 2015. 基于压缩感知的极化层析 SAR 建筑物与树林三维结构参数反演研究. 北京：中国科学院大学博士学位论文.

柳祥乐. 2007. 多基线层析成像合成孔径雷达研究. 北京：中国科学院研究生院 (电子学研究所)博士学位论文.

龙泓琳. 2010. 层析 SAR 三维成像算法研究. 成都：电子科技大学硕士学位论文.

罗环敏，陈尔学，李增元，等. 2011. 森林地上生物量的极化相干层析估计方法. 遥感学报, 15(6): 1138~1155.

庞礴，代大海，邢世其，等. 2013. SAR 层析成像技术的发展和展望. 系统工程与电子技术, 35(7):1421~1429.

王金峰. 2010. SAR 层析三维成像技术研究. 成都：电子科技大学博士学位论文.

王彦平，王斌，洪文，等. 2008. 长序列星载合成孔径雷达数据层析处理技术. 测试技术学报, 22(6):472~477.

徐友根，刘志文，龚晓峰. 2013. 极化敏感阵列信号处理. 北京：北京理工大学出版社.

张红，江凯，王超，等. 2010. SAR 层析技术的研究与应用. 遥感技术与应用, 25(2):282~287.

AGUILERA E, NANNINI M, REIGBER A. 2013. Wavelet-based compressed sensing for SAR tomography of forested areas. IEEE Transactions on Geoscience and Remote Sensing, 51(12): 5283~5295.

BASELICE F, BUDILLON A, FERRAIOLI G, et al. 2010. New trends in SAR tomography. Geoscience and Remote Sensing Symposium, IGARSS. Vancouver, Canada.

CLOUDE S R. 2007. Dual-baseline coherence tomography. IEEE Geoscience and Remote Sensing letters, 4(1): 127~131.

CLOUDE S R. 2009. Polarisation: Applications in Remote Sensing. New York: America. Oxford university press

CLOUDE S R. 2016. Polarization coherence tomography. Radio Science, 41(4): 20~22.

FERRARA JR E, PARKS T. 1983. Direction finding with an array of antennas having diverse polarizations. IEEE Transactions on Antennas and Propagation, 31(2): 231~236.

FONTANA A. 2009. On the Performance of multibaseline SAR interferometry for vertical structure estimation by means of polarization coherence tomopgraphy. Blood, 90(7):2555~2564.

GINI F, LOMBARDINI F, MONTANARI M. 2002. Layover solution in multibaseline SAR interferometry. Aerospace and Electronic Systems IEEE Transactions on, 38(4):1344~1356.

GUILLASO S, REIGBER A. 2005. Scatterer characterisation using polarimetric SAR tomography. Geoscience and Remote Sensing Symposium, IGARSS. Seoul, Korea.

GUILLASO S, REIGBER A, FERRO-FAMIL L. 2005. Evaluation of the ESPRIT approach in polarimetric interferometric SAR. Geoscience and Remote Sensing Symposium, IGARSS. Seoul, Korea.

HOMER J, LONGSTAFF I, SHE Z, et al. 2002. High resolution 3-D imaging via multi-pass SAR. IEE Proceedings-Radar. Sonar and Navigation, 149(1): 45~50.

HUANG Y, FERRO-FAMIL L, REIGBER A. 2012. Under-foliage object imaging using SAR tomography and polarimetric spectral estimators. IEEE Transactions on Geoscience and Remote Sensing, 50(6):2213~2225.

LI X, LIANG L, GUO H, et al. 2016. Compressive sensing for multibaseline polarimetric SAR tomography of forested areas. IEEE Transactions on Geoscience and Remote Sensing, 54(1): 153~166.

MINH D H T, TEBALDINI S, ROCCA F, et al. 2014. Capabilities of BIOMASS tomography for investigating tropical forests. IEEE Transactions on Geoscience and Remote Sensing, 53(2):965~975.

MINH D H T, TOAN T L, ROCCA F, et al. 2013. Relating P-band synthetic aperture radar tomography to tropical forest biomass. IEEE Transactions on Geoscience and Remote Sensing, 52(2):967~979.

MINH D H T, TOAN T L, ROCCA F, et al. 2016. SAR tomography for the retrieval of forest biomass and height: Cross-validation at two tropical forest sites in French Guiana. Remote Sensing of Environment, 175:138~147.

PRAKS J, HALLIKAINEN M, KUGLER F, et al. 2008. Coherence tomography for boreal forest: Comparison with HUTSCAT scatterometer measurements. European Conference on Synthetic Aperture Radar. VDE. Hamburg, Germany.

SAUER S, FERRO-FAMIL L, REIGBER A, et al. 2007. Multibaseline pol-insar analysis of urban scenes for 3d modeling and physical feature retrieval at l-band. Geoscience and Remote Sensing Symposium, IGARSS. Spain, Barcelona.

SAUER S, FERRO-FAMIL L, REIGBER A, et al. 2007. Physical parameter extraction over urban areas using l-band polsar data and interferometric baseline diversity. Geoscience and Remote Sensing Symposium, IGARSS. Spain, Barcelona.

TEBALDINI S. 2009. Algebraic synthesis of forest scenarios from multibaseline PolInSAR data. Geoscience and Remote Sensing, IEEE Transactions on Geoscience and Remote Sensing, 47(12): 4132~4142.

TEBALDINI S. 2009. An algebraic approach to ground-volume decomposition from multi-baseline PolInSAR data. Geoscience and Remote Sensing Symposium, IGARSS. Cape Town, South Africa.

TEBALDINI S, ROCCA F. 2012. Multibaseline polarimetric SAR tomography of a boreal forest at P-and L-bands. IEEE Transactions on Geoscience and Remote Sensing, 50(1): 232~246.

TEBALDINI S, D'Alessandro M, Monti Guarnieri A, et al. 2010. Polarimetric and structural properties of forest scenarios as imaged by longer wavelength SARS. Geoscience and Remote Sensing Symposium, IGARSS. Vancouver, Canada.

TEBALDINI S, ROCCA F. 2009. Algebraic synthesis of forest scenarios from sar data: Basic theory and experimental results at p-band and l-band. Proc Esa Fringe, 12(30):1653~1655.

TEBALDINI S, ROCCA F. 2010a. Forest structure from longer wavelength SARS. Geoscience and Remote Sensing Symposium, IGARSS. Vancouver, Canada.

TEBALDINI S, ROCCA F. 2010b. Single and multi-polarimetric SAR tomography of forested areas: A parametric approach. IEEE Transactions on Geoscience and Remote Sensing, 48(5): 2375~2387.

TREUHAFT R N, LAW B E, ASNER G P. 2004. Forest attributes from radar interferometric structure and its fusion with optical remote sensing. BioScience, 54(6): 561~571.

TREUHAFT R N, MADSEN S, MOGHADDAM M, et al. 1996. Vegetation characteristics and underlying topography from interferometric data. Radio Science, 31(6): 1449~1495.

VAN VEEN B D, BUCKLEY K M. 1988. Beamforming: A versatile approach to spatial filtering. ASSP Magazine IEEE, 5(2): 4~24.

彩　　图

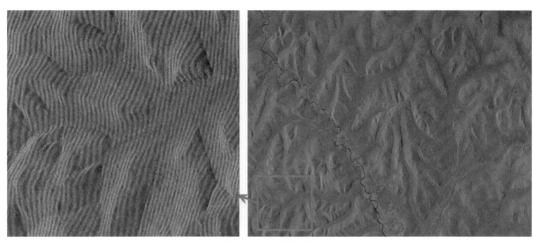

图 2.24　干涉纹图

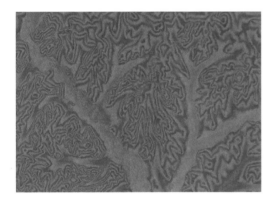

图 2.25　平地相位去除后的干涉纹图

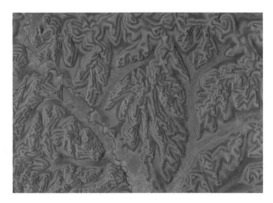

图 2.26　滤波后去平地干涉纹图

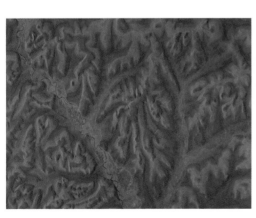

图 2.27　解缠后的相位信息

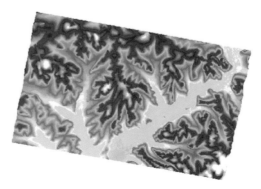

图 2.28　地理编码后的 DSM

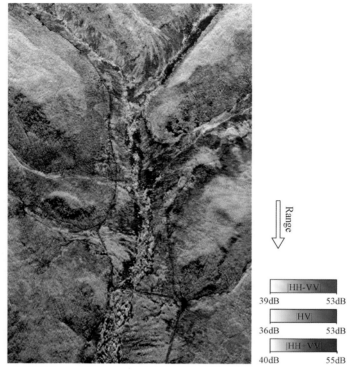

图 3.6　CASMSAR P- 波段 PolSAR 数据 Pauli RGB 显示

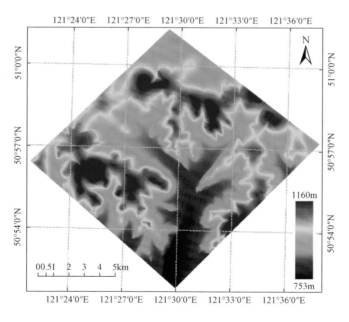

图 3.8　LiDAR DEM

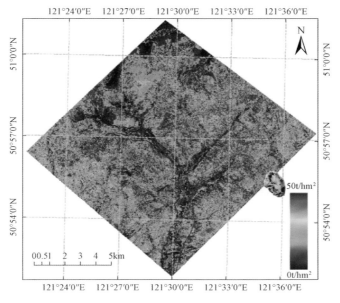

图 3.9　LiDAR 森林 AGB

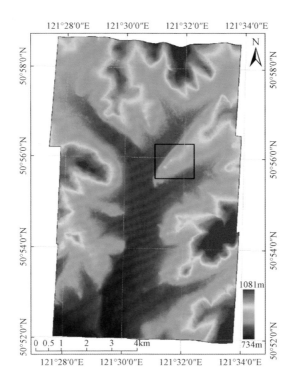

图 3.10　基于 X-InSAR 生产的 DSM

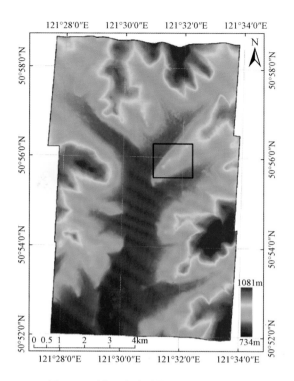

图 3.11　低通滤波后的 X-InSAR DSM

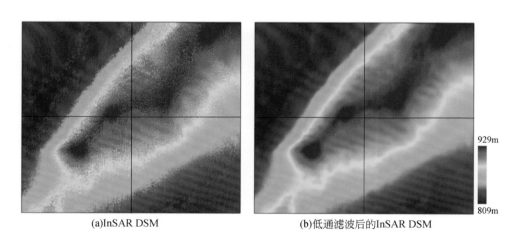

(a)InSAR DSM　　　　　　　　　　　(b)低通滤波后的InSAR DSM

图 3.12　滤波前后的 X-InSAR DSM 局部显示

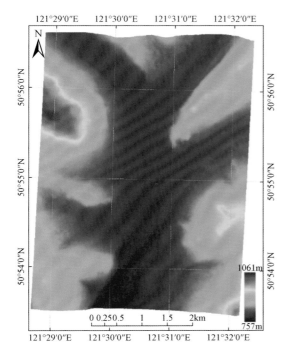

图 3.18 P-PolSAR 覆盖区域的 InSAR DSM

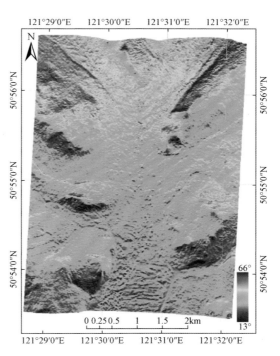

图 3.19 P-PolSAR 的投影角信息

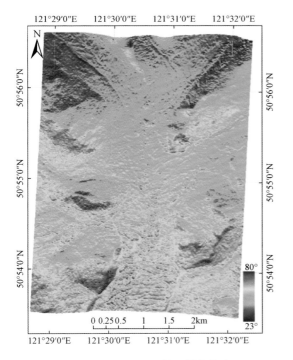

图 3.20 P-PolSAR 的入射角信息

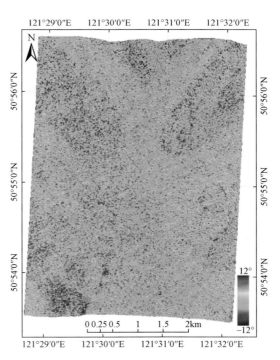

图 3.21 P-PolSAR 的极化方位偏移角信息

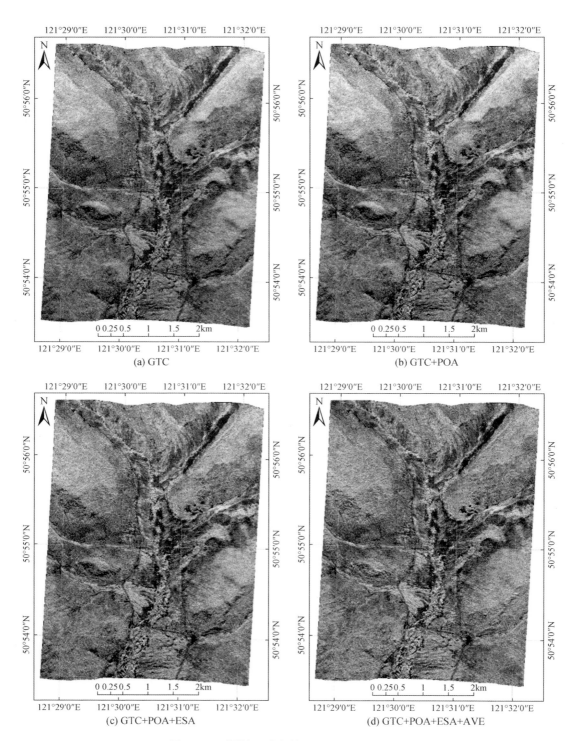

图 3.22　不同校正阶段的 P-PolSAR Pauli RGB

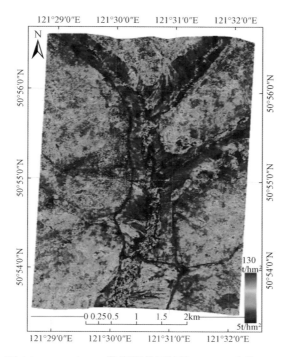

图 3.23 P-PolSAR 数据覆盖区域的 LiDAR 森林 AGB

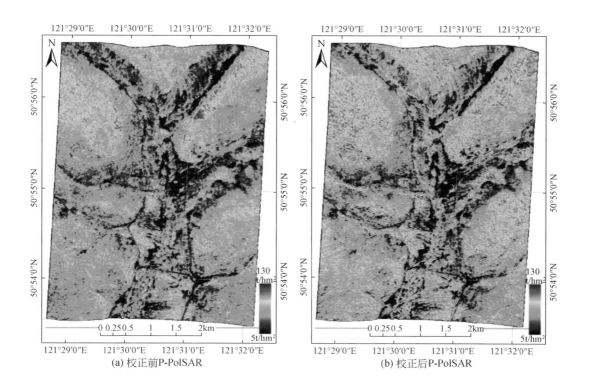

(a) 校正前P-PolSAR   (b) 校正后P-PolSAR

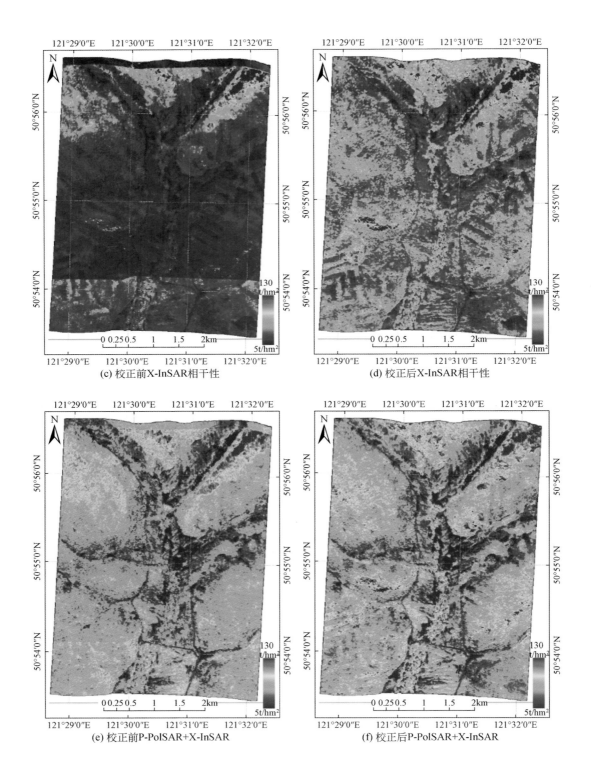

图 3.25　基于不同特征组合的森林 AGB 估测结果

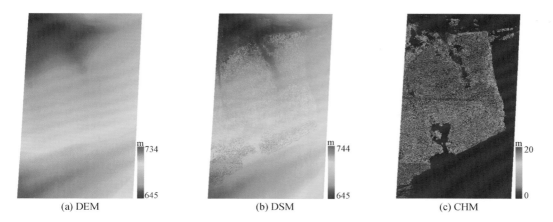

(a) DEM   (b) DSM   (c) CHM

图 4.2   LiDAR 提取的 DEM、DSM 和 CHM

图 4.6   检验样本分布图

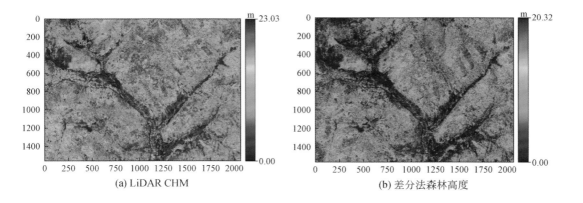

(a) LiDAR CHM   (b) 差分法森林高度

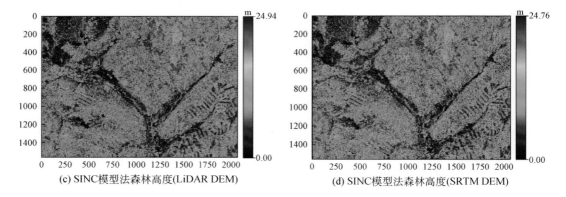

(c) SINC模型法森林高度(LiDAR DEM)　　　　(d) SINC模型法森林高度(SRTM DEM)

图 4.13　LiDAR CHM 和 InSAR 估测结果

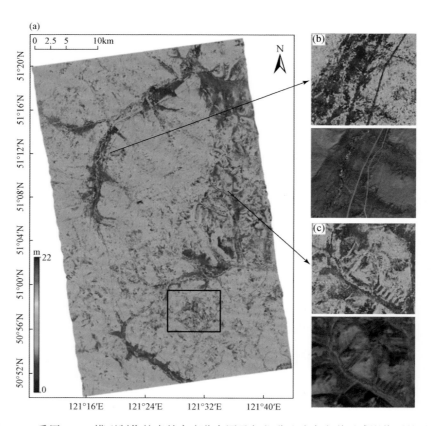

图 4.17　采用 SINC 模型制作的森林高度分布图及与谷歌地球多光谱遥感影像图的对比

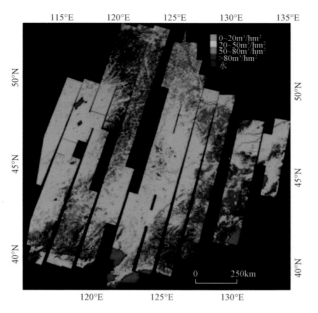

图 4.24　中国东北地区蓄积量反演图

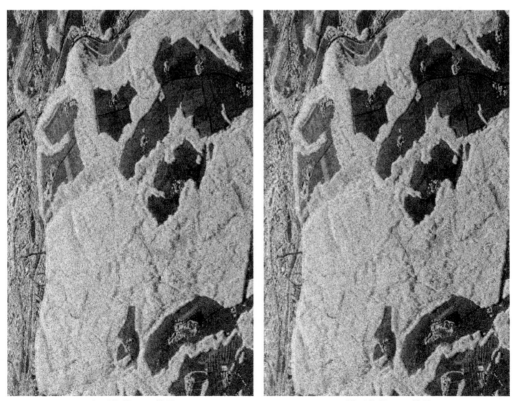

(a) 主影像的Pauli基显示　　　　　　　　(b) 辅影像的Pauli基显示

图 5.6　主、辅影像的 Pauli 基显示

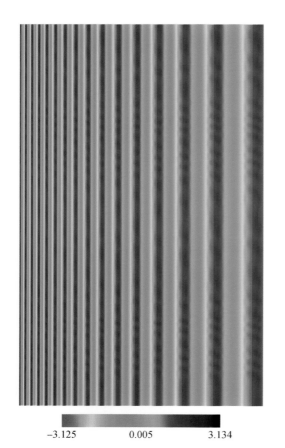

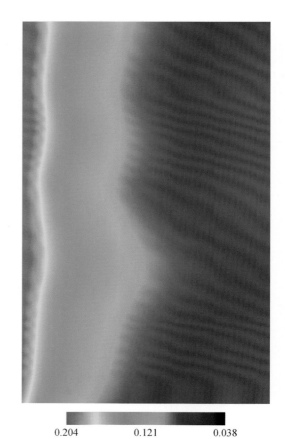

-3.125   0.005   3.134

0.204   0.121   0.038

图 5.7　平地相位

图 5.8　垂直波数

图 6.1　模拟场景三维示意图

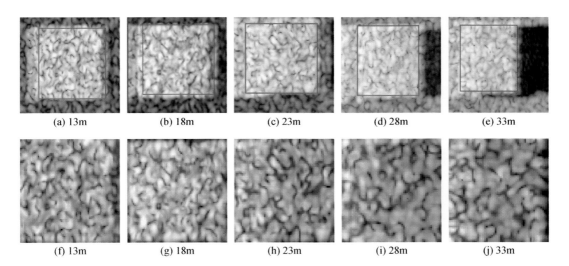

(a) 13m   (b) 18m   (c) 23m   (d) 28m   (e) 33m

(f) 13m   (g) 18m   (h) 23m   (i) 28m   (j) 33m

图 6.2　模拟森林不同高度主影像 Pauli 基〔(a)~(e)〕，对应高度的森林覆盖区截取图〔(f)~(j)〕（R：HH-VV，G：2HV，B：HH+VV）

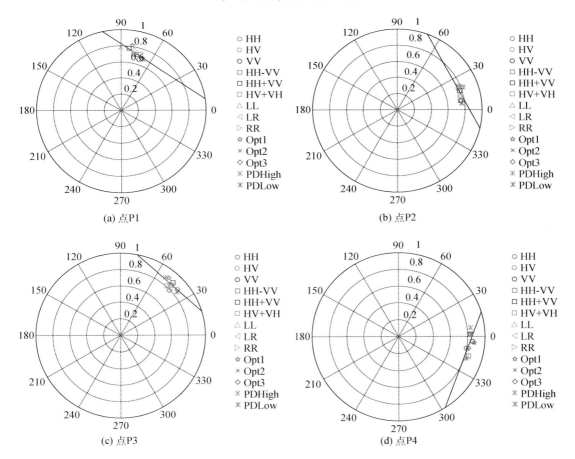

图 6.8　各干涉复相干在复平面单位圆内的位置

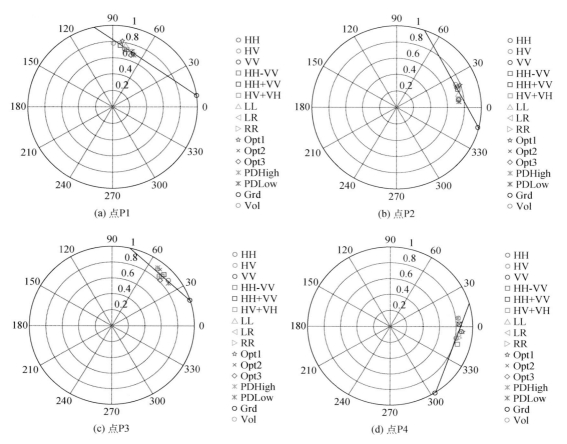

图 6.9　基于 RVoG 模型提取地、体相位

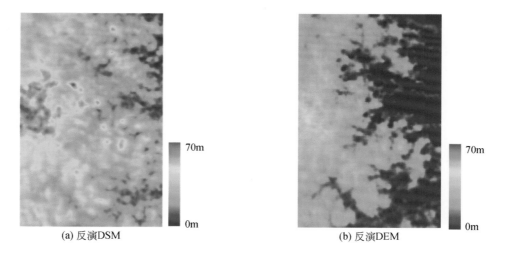

(a) 反演DSM

(b) 反演DEM

图 6.10　基于 RVoG 模型反演的 DSM 和 DEM（斜距坐标）

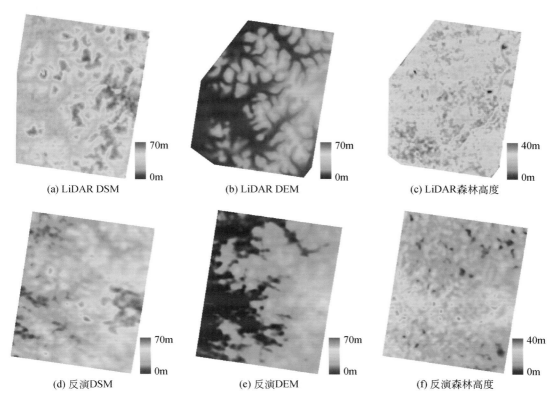

(a) LiDAR DSM   (b) LiDAR DEM   (c) LiDAR森林高度

(d) 反演DSM   (e) 反演DEM   (f) 反演森林高度

图 6.11　基于 RVoG 模型反演的 DSM、DEM、森林高度与 LiDAR 结果对比图

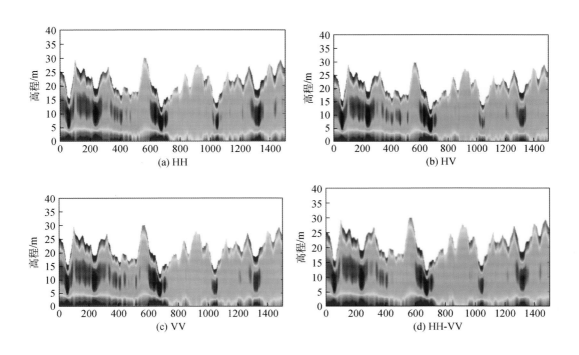

(a) HH   (b) HV

(c) VV   (d) HH-VV

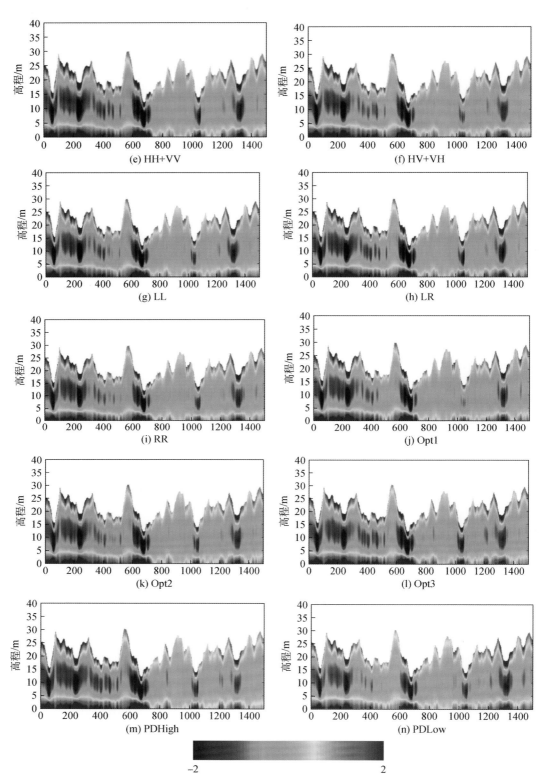

图 6.13　基于 PCT 方法提取的各极化方式下的垂直结构剖面

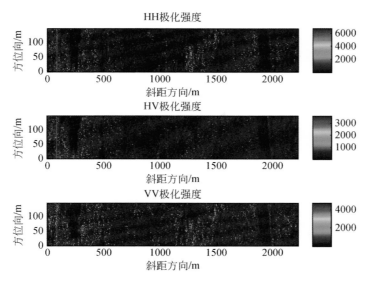

图 6.17　研究区部分影像 HH/HV/VV 极化后向散射强度及剖面线位置

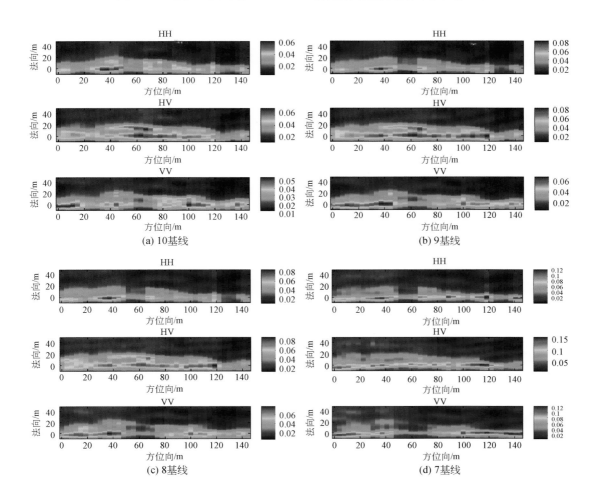

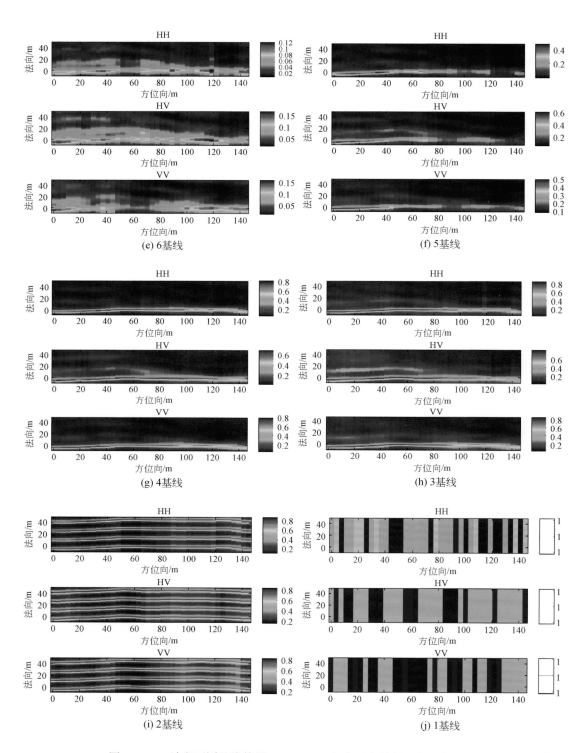

图 6.18 P- 波段不同基线数量 HH/HV/VV 极化后向散射功率垂直分布

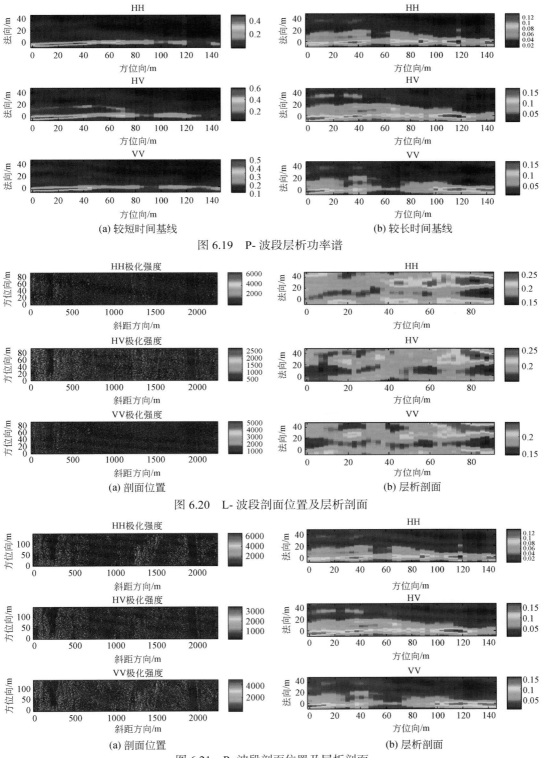

(a) 较短时间基线   (b) 较长时间基线

图 6.19   P- 波段层析功率谱

(a) 剖面位置   (b) 层析剖面

图 6.20   L- 波段剖面位置及层析剖面

(a) 剖面位置   (b) 层析剖面

图 6.21   P- 波段剖面位置及层析剖面

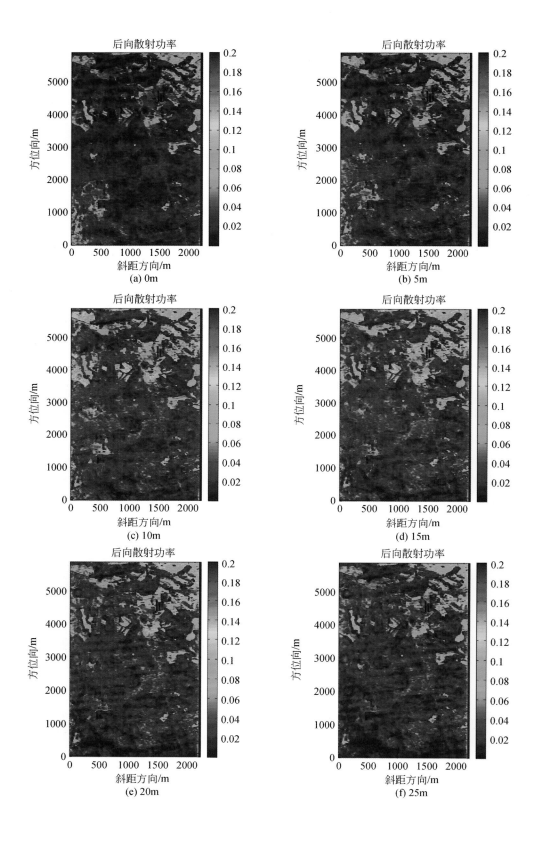

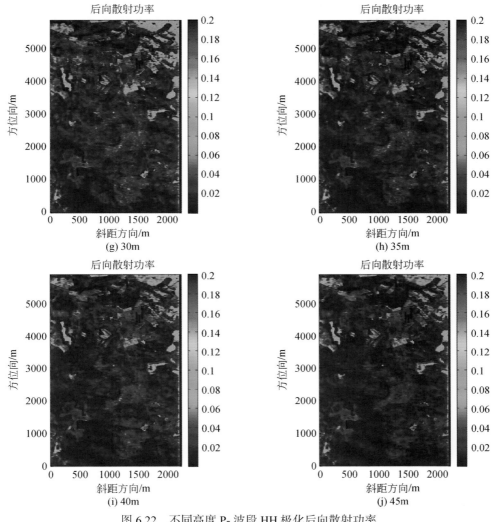

图 6.22　不同高度 P- 波段 HH 极化后向散射功率

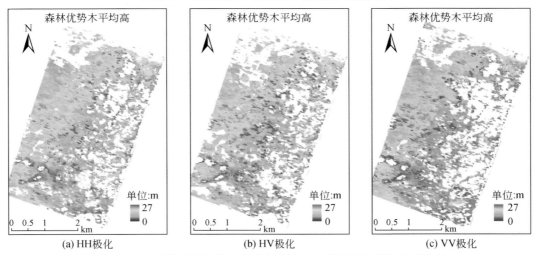

图 6.24　P- 波段不同极化方式干涉层析 SAR 估测森林优势木平均高

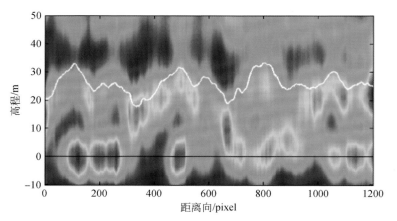

图 6.27 地形相位的极化干涉层析 SAR 成像结果

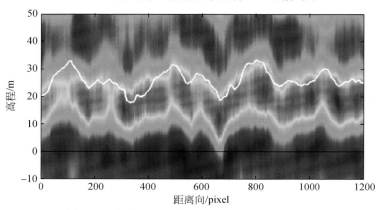

图 6.28 去除地形相位的冠层增强层析成像结果

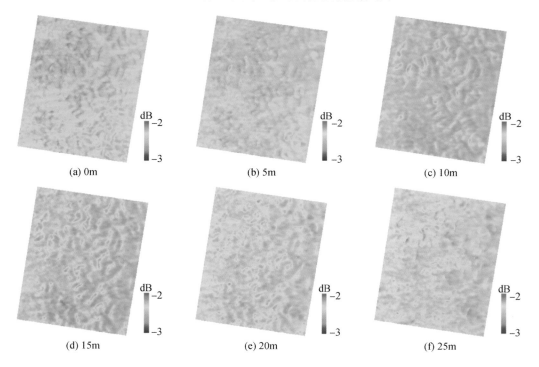

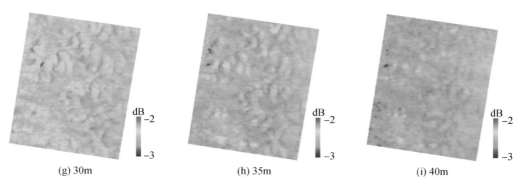

(g) 30m   (h) 35m   (i) 40m

图 6.29　地理编码后不同高度处极化"综合"层析相对反射率

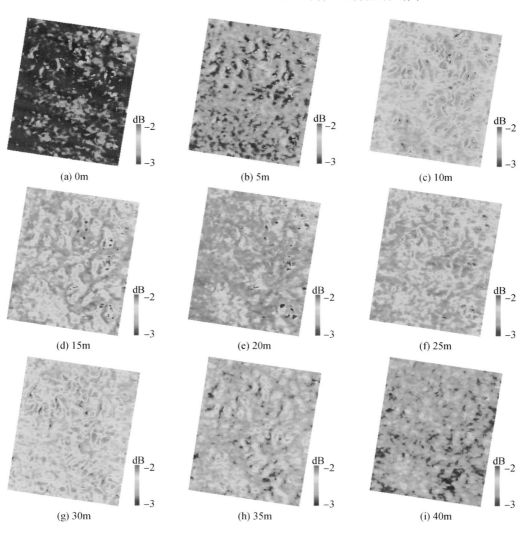

(a) 0m   (b) 5m   (c) 10m

(d) 15m   (e) 20m   (f) 25m

(g) 30m   (h) 35m   (i) 40m

图 6.30　地理编码后不同高度处冠层增强层析相对反射率